高等学校新工科计算机类专业系列教材

Java 语言程序设计

中国矿业大学网络空间安全系　编著
张爱娟　杨东平　主编
袁　冠　参编

西安电子科技大学出版社

内 容 简 介

本书详细介绍了 Java 语言及面向对象的程序设计思想和编程方法。全书内容由浅入深，实例丰富，主要讲解了使用 Java 语言进行程序开发需要掌握的知识。全书共 10 章，分为三部分：第一部分(第 1～3 章)介绍了 Java 语言基础，包括数据、表达式、控制结构、数组；第二部分(第 4～6 章)介绍了面向对象程序设计，包括类和对象、参数传递、封装修饰符、枚举类型、JVM 的数据区、多态、抽象类和接口、内部类、Lambda 表达式、注解、异常处理；第三部分(第 7～10 章)是常见的 Java 类库和应用，包括包装类、数学类、字符串类、泛型设计、泛型容器、容器工具类、反射、I/O 类、线程控制、线程互斥、线程协作通信、线程池与执行器、并发容器与框架、非阻塞同步与原子类以及图形用户界面。书中涉及目前常用的 Java 新特性，重要的知识点都给出了具体的实例，具有可操作性，以方便读者深入学习和理解。

本书适合作为软件开发入门者的自学用书，也可作为高校相关专业的教材或参考书。

图书在版编目(CIP)数据

Java 语言程序设计/ 张爱娟，杨东平主编. --西安：西安电子科技大学出版社，2023.8
ISBN 978–7–5606–6948–9

Ⅰ. ①J… Ⅱ. ①张… ②杨… Ⅲ. ①JAVA 语言—程序设计 Ⅳ. ①TP312.8

中国国家版本馆 CIP 数据核字(2023)第 132714 号

策　　划	高 樱
责任编辑	高 樱
出版发行	西安电子科技大学出版社(西安市太白南路 2 号)
电　　话	(029)88202421　88201467　　邮　编　710071
网　　址	www.xduph.com　　　　电子邮箱　xdupfxb001@163.com
经　　销	新华书店
印刷单位	陕西天意印务有限责任公司
版　　次	2023 年 8 月第 1 版　　2023 年 8 月第 1 次印刷
开　　本	787 毫米×1092 毫米　1/16　　印张　23
字　　数	543 千字
印　　数	1～1000 册
定　　价	53.00 元

ISBN 978–7–5606–6948–9 / TP

XDUP 7250001-1

*** 如有印装问题可调换 ***

前　言

　　Java 语言是应用最广泛的面向对象程序设计语言之一。自面世以来，Java 因其易学易用、跨平台及可移植性等特点得到了广泛的应用，目前已经成为网络环境下首选的软件开发语言。Java 语言适用于桌面应用、Web 应用、企业级分布式应用和移动终端应用。随着云计算与移动互联网的飞速发展，Java 技术会进一步融入我们生活的方方面面。

　　本书主要定位于高等学校各专业 "Java 程序设计" 课程的教材，也可以作为计算机技术的培训教材。

一、本书内容

　　本书以 Java 语言的设计原理为基础，提供了从 Java 入门到提高所必须掌握的知识体系。

　　(1) Java 语言基础知识(第 1~3 章)。这部分包括 Java 语言特点、Java 开发环境、Java 程序结构、基本数据类型、运算符、数组和流程控制。

　　(2) 面向对象技术(第 4~6 章)。这部分从面向对象程序设计的角度介绍各种语法规则的设计初衷和几种常用设计模式，主要包括类和对象、参数传递、封装修饰符、枚举类型、JVM 的数据区、多态、抽象类和接口、内部类、Lambda 表达式、注解以及异常处理。

　　(3) Java 的常用类库和应用(第 7~10 章)。Java 类库是用户编程的基础，类库中有丰富的分属于不同包的类，这些类的设计融入了很多程序设计理论和方法。这部分包括基础类、字符串类、泛型、反射、I/O 类、线程与并发编程、图形用户界面等。

　　Java 的更新一直很频繁，每半年就会发布一个 JDK 版本，因此，本书对 Java 的主要新特性也进行了介绍，如 JDK 的新工具、增强的 for 循环、switch 适配字符串、静态导入、枚举类型、注解、Lambda 表达式、函数式接口、接口的默认和静态方法、多重异常捕获、带资源的 try、流式处理、自动拆装箱、非阻塞同步的原子类等。

二、本书特点

　　本书以提高读者的程序设计能力和工程实践能力为目标，融合了作者多年的教学经验，通过深入浅出的讲解将 Java 语言语法及面向对象程序设计方法进行了融合，让读者知其然并知其所以然。本书具有以下特点：

　　(1) 强化面向对象程序设计。

　　Java 作为一门面向对象语言，其语言要素与 Java 语言的简单性、安全性、动态性、面向对象特性紧密相连,特别是其程序设计理念是面向对象的,因此在介绍 Java 语法规范时,大部分语法从面向对象的设计方法入手讲解其设计初衷,这样有利于读者接受各个语言要素在程序设计中的作用。

(2) 程序设计原理与工程实践并重。

本书每章的侧重点不同,有的章注重原理介绍,有的章注重工程实践。在讲解原理性知识点时,本书以快速入门的小型示例程序为主;在需要融会贯通强调工程实践时,则以成型的设计模式或实用示例进行扩展或深度延伸。

(3) 由浅入深、重点突出。

本书从 Java 基础知识开始,进而讲解面向对象编程,最后讲解 Java 应用。在每章中,首先给出概括性的认识,然后对实际项目开发中需要深耕的知识点进行剖析,并给出详尽的讲解,使读者能在快速入门后,在实际项目需要的知识主线上进行知识扩展。

三、课时安排与其他说明

本书的理想课时安排为 48 课时,基础编程最少为 32 课时。授课过程中可根据实际情况合理安排课堂授课内容。

章　名	基础&提高	基础	内　容
第 1 章　Java 概述	2 课时	2 课时	(1) Java 简介; (2) Java 开发环境; (3) 初识 Java 程序
第 2 章　基本程序设计	4 课时	4 课时	(1) 注释、数据; (2) 运算符和表达式; (3) 数组
第 3 章　流程控制	2 课时	2 课时	(1) 顺序结构及标准 I/O; (2) 分支结构、循环结构、跳转结构
第 4 章　面向对象与类	6 课时	6 课时	(1) 类的封装与对象创建; (2) 方法重载及参数传递; (3) 封装设计要素:static、包、访问控制符、final 修饰符; (4) 设计模式:单例模式; (5) 类的继承; (6) 枚举类型
第 5 章　类的进阶设计	8 课时	6 课时	(1) JVM 内存模型、多态程序设计; (2) 对象初始化; (3) 设计模式:工厂方法模式; (4) 抽象类和接口; (5) 类的关系、内部类; (6) Lambda 表达式、注解
第 6 章　异常处理	2 课时	2 课时	(1) 异常; (2) 异常处理、自定义异常

续表

章　节	基础&提高	基础	内　容
第 7 章　常用类	8 课时	4 课时	(1) 基础类、字符串类； (2) 泛型； (3) 容器及容器工具类； (4) Class 类与反射
第 8 章　I/O 类	4 课时	2 课时	(1) 流； (2) 字节流、字符流、File 类与文件流； (3) 处理流：缓冲流、数据流、对象序列化； (4) 随机读写类、Scanner 类； (5) NIO 中的文件系统工具类
第 9 章　线程与并发编程	8 课时	2 课时	(1) 线程创建与控制； (2) 线程同步：线程互斥、线程协作、显式锁 Lock 与条件 Condition； (3) 常用线程工具类：线程池、并发容器、并发框架、非阻塞同步、原子类
第 10 章　图形用户界面	4 课时	2 课时	(1) 组件、布局管理器、事件； (2) 事件监听器与回调设计； (3) 绘图、动画设计
总课时	48 课时	32 课时	

　　本书由中国矿业大学的老师共同编写。其中，张爱娟老师编写第 1~7 章、第 9 章，杨东平老师编写第 8、10 章，孙锦程老师提供了第 2、3 章素材和示例，陆亚萍老师提供了第 6 章的素材和示例。另外，袁冠老师、杨勇老师参与了本书的校对工作。

　　本书得到了中国矿业大学"十四五"规划教材项目的资助，在此深表感谢。

　　由于作者水平有限，书中难免存在欠妥之处，请各位读者多提宝贵意见。

　　本书有配套的多媒体课件供高校教师使用，有需要者可联系作者(E-mail:zaj@cumt.edu.cn)获取最新的课程资料。

作　者

2023 年 5 月

目　录

第 1 章　Java 概述 1
　1.1　Java 简介 1
　　1.1.1　Java 语言的主要特点 1
　　1.1.2　跨平台性原理 3
　1.2　Java 开发环境 5
　　1.2.1　JDK 5
　　1.2.2　JShell 8
　　1.2.3　文本编辑器 9
　　1.2.4　集成开发环境 IDE 10
　1.3　初识 Java 程序 12
　　1.3.1　第一个 Java 程序 12
　　1.3.2　Java 程序基本结构 14
　习题 14

第 2 章　基本程序设计 16
　2.1　标识符和关键字 16
　2.2　注释 17
　2.3　变量与常量 22
　　2.3.1　变量 22
　　2.3.2　常量 22
　2.4　基本数据类型 22
　　2.4.1　整型 23
　　2.4.2　浮点型 24
　　2.4.3　布尔型 25
　　2.4.4　字符型 26
　2.5　类型转换 28
　　2.5.1　自动类型转换 28
　　2.5.2　强制类型转换 29
　2.6　运算符与表达式 29
　　2.6.1　算术运算符 29
　　2.6.2　关系运算符 32

　　2.6.3　条件运算符 33
　　2.6.4　逻辑运算符 33
　　2.6.5　位运算符 34
　　2.6.6　赋值运算符 37
　　2.6.7　表达式及运算符的优先级 38
　2.7　数组 38
　　2.7.1　一维数组 39
　　2.7.2　二维数组 40
　习题 42

第 3 章　流程控制 44
　3.1　顺序结构及标准输入/输出 44
　　3.1.1　标准输入与 Scanner 45
　　3.1.2　标准输出 46
　3.2　分支结构 48
　　3.2.1　if 选择 48
　　3.2.2　switch 选择 51
　3.3　循环结构 54
　　3.3.1　while 语句 54
　　3.3.2　do-while 语句 55
　　3.3.3　for 循环 55
　　3.3.4　for-each 循环 57
　　3.3.5　循环嵌套 57
　3.4　跳转结构 58
　　3.4.1　break 语句 58
　　3.4.2　continue 语句 60
　　3.4.3　return 语句 61
　习题 62

第 4 章　面向对象与类 63
　4.1　面向对象程序设计 63
　　4.1.1　面向对象编程思想 63

4.1.2	基本概念	64
4.1.3	面向对象编程的主要特性	65
4.1.4	面向对象与面向过程的关系	67

4.2 类 ... 67
    4.2.1 类的定义 ... 67
    4.2.2 字段的定义 ... 68
    4.2.3 方法的定义与局部变量 ... 69
    4.2.4 var 局部变量 ... 70

4.3 对象与构造方法 ... 71
    4.3.1 构造方法 ... 71
    4.3.2 对象的创建 ... 73
    4.3.3 对象的使用 ... 74
    4.3.4 对象数组 ... 76

4.4 方法重载与参数传递 ... 77
    4.4.1 方法重载 ... 77
    4.4.2 this 关键字 ... 80
    4.4.3 参数传递 ... 81
    4.4.4 变长参数 ... 85

4.5 static 修饰符 ... 86
    4.5.1 static 字段 ... 86
    4.5.2 static 方法 ... 87
    4.5.3 static 语句块 ... 90

4.6 包 ... 90
    4.6.1 package 语句 ... 90
    4.6.2 import 语句 ... 92
    4.6.3 import static 语句 ... 93
    4.6.4 模块 ... 93

4.7 访问控制符 ... 94
4.8 实例：单例设计模式 ... 97
4.9 类的继承 ... 99
    4.9.1 子类的定义 ... 99
    4.9.2 隐藏与 super 关键字 ... 101
4.10 final 修饰符 ... 103
4.11 枚举类型 ... 107
习题 ... 109

第 5 章 类的进阶设计 ... 111

5.1 JVM 的数据区 ... 111
5.2 多态 ... 112
    5.2.1 对象类型转换与 instanceof ... 113
    5.2.2 方法重写 ... 116
    5.2.3 动态绑定 ... 117

5.3 对象初始化 ... 120
5.4 抽象类和接口 ... 122
    5.4.1 抽象方法 ... 122
    5.4.2 抽象类 ... 122
    5.4.3 接口 ... 123

5.5 实践：工厂方法模式 ... 128
5.6 类的关系及设计原则 ... 130
    5.6.1 类的关系 ... 130
    5.6.2 面向对象设计原则 ... 133

5.7 内部类 ... 135
    5.7.1 实例内部类 ... 135
    5.7.2 静态内部类 ... 137
    5.7.3 局部内部类 ... 138
    5.7.4 匿名内部类 ... 138

5.8 Lambda 表达式 ... 141
    5.8.1 函数式接口 ... 141
    5.8.2 Lambda 表达式的用法 ... 142
    5.8.3 方法引用 ... 145

5.9 注解 ... 148
习题 ... 151

第 6 章 异常处理 ... 156

6.1 异常 ... 156
    6.1.1 异常的概念 ... 156
    6.1.2 异常类 ... 157

6.2 异常处理 ... 160
    6.2.1 异常处理机制 ... 160
    6.2.2 捕获处理异常 ... 161
    6.2.3 带资源的 try ... 167
    6.2.4 throw 抛出异常及 throws 声明异常 ... 168

6.3 自定义异常 ... 170

习题 172

第7章 常用类 174

7.1 基础类 174
　　7.1.1 Java 常用 API 174
　　7.1.2 Object 类 175
　　7.1.3 包装类 177
　　7.1.4 数学相关类 178

7.2 字符串类 181
　　7.2.1 String 181
　　7.2.2 使用正则表达式 185
　　7.2.3 StringBuilder 189

7.3 泛型 189
　　7.3.1 泛型引入 189
　　7.3.2 泛型类/接口 190
　　7.3.3 泛型方法 193
　　7.3.4 类型通配符 194
　　7.3.5 有界泛型 194

7.4 泛型容器 195
　　7.4.1 容器 API 总览 196
　　7.4.2 容器遍历 199
　　7.4.3 常用 Set：HashSet 类和 TreeSet 类 201
　　7.4.4 常用 List：ArrayList 和 LinkedList 202
　　7.4.5 常用 Map：HashMap 和 TreeMap 205
　　7.4.6 遗留容器类 207

7.5 容器工具类 207
　　7.5.1 使用 Arrays 207
　　7.5.2 使用 Collections 209
　　7.5.3 使用 Stream 211

7.6 Class 类与反射 217
习题 219

第8章 I/O 类 220

8.1 流的概念与分类 220
8.2 字节流 222
8.3 字符流 224
8.4 File 类与文件流 225
　　8.4.1 File 类 225
　　8.4.2 文件流 228
8.5 处理流 230
　　8.5.1 缓冲流 231
　　8.5.2 数据流 233
　　8.5.3 对象序列化 234
8.6 随机读写类 239
8.7 Scanner 类 243
8.8 NIO 中的文件系统工具类 245
习题 247

第9章 线程与并发编程 248

9.1 线程的概念 248
9.2 线程创建 249
　　9.2.1 扩展 Thread 类 249
　　9.2.2 实现 Runnable 接口 251
　　9.2.3 使用 Callable 接口和 FutureTask 接口 252
9.3 线程控制 254
　　9.3.1 线程状态 254
　　9.3.2 线程控制方法 255
9.4 线程同步 262
　　9.4.1 线程互斥 264
　　9.4.2 线程协作 268
　　9.4.3 示例：生产者与消费者 ... 269
　　9.4.4 死锁 272
　　9.4.5 显式锁 Lock 273
　　9.4.6 条件 Condition 277
9.5 常用线程工具类 280
　　9.5.1 线程池与执行器 280
　　9.5.2 并发容器和框架 284
　　9.5.3 原子类与非阻塞同步 286
习题 290

第10章 图形用户界面 292

10.1 GUI 概述 292

10.2 Swing 容器组件 295
    10.2.1 JFrame 295
    10.2.2 JDialog 298
    10.2.3 JPanel 300
10.3 布局管理器 302
10.4 事件处理 311
    10.4.1 事件处理机制 312
    10.4.2 事件和事件分类 313
    10.4.3 事件监听器 314
    10.4.4 回调与事件监听器的实现 316
10.5 常用的 Swing 组件 324
    10.5.1 标签类 JLabel 325
    10.5.2 按钮类组件 327
    10.5.3 文本类组件 336
    10.5.4 列表类组件 339
10.6 绘图 344
    10.6.1 绘图基础 344
    10.6.2 组件绘图 348
    10.6.3 动画示例 350
习题 355
参考文献 357

第 1 章 Java 概述

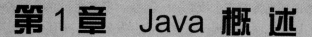

本章学习目标

(1) 了解 Java 语言的主要特征。
(2) 理解 Java 跨平台性的原理。
(3) 了解 Java 程序的执行方式。
(4) 掌握 Java 开发工具包 JDK 及其 IDE 开发程序平台的使用。
(5) 掌握 Java 应用程序的开发流程。

1.1 Java 简 介

随着互联网的蓬勃发展，人们迫切需要一种适用于网络编程的、小型的、跨平台的语言。1995 年，Sun Microsystems 公司在前期 Green 项目的基础上引入 Java 语言，此后 Java 深受程序员和用户欢迎，至今仍是开发各种 Web 应用程序的首选语言。

Java 并不只是一种语言，它还是一个完整的平台，包含丰富的类库和开发工具包。Java 语言和其开发工具包使得软件开发变得方便、高效。

1.1.1 Java 语言的主要特点

Java 语言是一门优秀的编程语言，它之所以应用广泛，受到大众欢迎，是因为它有许多独特之处，其中最主要的特点有以下几个。

1. 简单性

Java 语法是 C++ 语法的纯净版本，有与 C++ 相似的数据类型、运算符、表达式和语句，同时 Java 又剔除了 C++ 中许多很少使用或难以理解、易混淆的特性，如头文件、操作符重载、多继承、虚基类等，特别是 Java 语言不使用指针，而使用引用，并提供了自动垃圾回收机制，使程序员无须担忧内存管理。这些都使得 Java 应用起来简单自如。

另外，Java 开发的程序能够在小型机器上独立运行，其基本的解释器以及类支持模块大概为 40 KB，即使加入基本的标准库以及对线程的支持，也只需多加 175 KB，方便、小巧。

2. 面向对象

Java 语言是完全面向对象的设计语言，任何变量和方法都只能封装在某个类型中。Java 支持面向对象编程语言都支持的三个概念——封装、多态性和继承，这使得程序中的各个类独立、自由、可扩展，从而大大提高了程序的开发效率，并有利于提高程序的可维护性和可扩展性。

面向对象设计思想使人们分析和解决问题时更接近人类固有的思维模式。现实世界中，任何实体都可以看作对象，任何实体都可归属于某类事物，所以对象就是类的实例。面向对象的程序设计就是以需解决的问题中所涉及的各种对象为中心，以消息为驱动，进行程序设计。这种设计方式不仅更容易理解，也使得软件易于创建、维护、修改和重用。

3. 平台无关性

平台无关性也称为跨平台性，是 Java 取得成功的重要原因之一。Java 程序被编译成一种体系结构中立的 Java 字节码文件，它可以运行在安装了 Java 运行时环境(Java Runtime Environment，JRE)的不同的软硬件平台上。

平台无关性有两种：源代码级和目标代码级。如图 1-1(a)所示，C/C++ 具有一定程度的源代码级平台无关性，用 C 或 C++ 写的应用程序不用修改，只需重新编译就可以在不同平台上运行。如图 1-1(b)所示，Java 具有目标代码级平台无关性，Java 编译后生成的是与具体软硬件平台无关的字节码，该字节码一经生成，就可以在任何装有 Java 运行时环境的平台上执行，而无须再次编译，实现"一次编译，到处运行"。

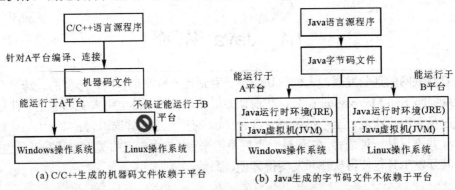

图 1-1　C/C++ 及 Java 可执行程序与平台的关系

4. 安全性

Java 的安全性是指其建立了一套防病毒、防篡改机制，以防止运行时的堆栈溢出破坏进程空间之外的内存，以及未经授权的读写。Java 程序的安全性体现在前期检测和后期运行时的动态检测上。

第一，Java 是强类型语言，要求显式的变量类型声明，这保证了编译器可以发现许多编程错误；第二，Java 不支持指针，杜绝了内存的非法访问；第三，Java 自动内存单元收集并处理了内存泄露等动态内存分配导致的问题；第四，JVM 可以自动发现数组和字符串的越界，防止堆栈溢出；第五，Java 提供了异常处理机制，以简化错误处理任务。

Java 在后期运行时环境的保护是通过类加载器、字节码校验器和安全管理器这三个组件来实现的。如图 1-2 所示，类加载器结合字节码校验器下载特定名称空间的类，当类加载器将新加载的字节码传递给虚拟机时，这些字节码首先要接受字节码校验器的校验，字节码校验器负责检查有明显破坏性的指令操作。当字节码校验器检查过代码后，Java 平台开始执行代码，这时安全管理器就会在实时运行模块中起作用，它控制具体操作是否允许执行。

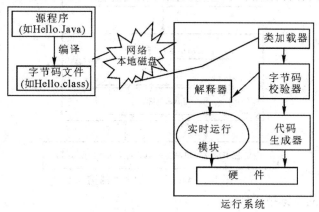

图 1-2　Java 字节码文件的执行过程

5. 多线程

Java 是第一个支持并发程序设计的主流语言，它在两方面支持多线程：一方面，Java 运行时环境本身就是多线程的，若干个系统线程负责必要的无用单元回收、系统维护等系统级操作；另一方面，Java 语言内置多线程控制功能，可以大大简化多线程应用程序的开发。Java 提供了 Thread 类，由它负责启动运行，终止线程，并可检查线程状态。Java 的线程还包括一组同步原语，这些原语负责对线程实行并发控制。利用 Java 的多线程编程接口，开发人员可以方便地写出支持多线程的应用程序，提高程序的执行效率。必须注意的是，Java 的多线程支持在一定程度上受运行时支持平台的限制。例如，如果操作系统本身不支持多线程，则 Java 的多线程特性可能就表现不出来。

6. 动态性

C 语言的基本程序模块是函数，程序执行过程中所调用的函数其代码已静态加载到内存中。Java 的类是程序构成的模块，Java 程序执行时所需要调用的类在运行时动态地加载到内存中，也就是具有"滞后联编"特性。这使得 Java 程序运行所需的内存开销小，这也是它可以用于许多嵌入式系统和部署在许多微小型智能设备上的原因。Java 还可以利用反射机制动态地维护程序和类。对于 Java 而言，其支持的类库升级之后，相应的应用程序不必重新编译也一样可以利用类库升级后的新增功能；而 C/C++不经代码修改和重新编译就无法做到这一点。

1.1.2　跨平台性原理

Java 是如何实现目标代码级平台无关性的呢？

首先，Java 编译器生成与特定体系结构无关的字节码指令；然后，Java 运行时环境中的 Java 虚拟机(Java Virtual Machine，JVM)和 Java API(Java Application Programming Interface)可以让字节码独立于底层计算机操作系统和硬件而在不同平台上运行。Java 平台的体系结构如图 1-3 所示。

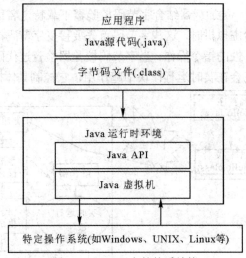

图 1-3　Java 平台的体系结构

图 1-3 中涉及的关键技术如下：

(1) Java 编译器将编写的 Java 源代码(也称源码)转换为一个由字节码组成的二进制程序。字节码是针对 JVM 的中立指令集合。

(2) Java 运行时环境包含两部分：Java 虚拟机和 Java API。Java API 是运行库的集合，它主要提供访问具体平台系统资源的标准方法。编写 Java 程序时只要直接调用 Java API 就可以访问系统资源，而无须了解系统资源的细节。

(3) JVM 负责把字节码转换为特定平台的机器码并执行。JVM 通过在实际的计算机上仿真模拟各种计算机功能来实现硬件架构。

JVM 的体系结构如图 1-4 所示，每个 JVM 都通过类加载子系统装入类或接口。同时，JVM 通过字节码执行引擎执行指令。当 JVM 运行一个程序时，它在内存中要存储一些信息，形成运行时数据区，该数据区分别是方法区、堆、Java 栈、本地方法栈、程序计数器。方法区主要存放类信息；堆存放进程创建的对象；栈存放传递给方法的参数、返回值、局部变量和运算结果等；程序计数器存放着当前执行指令的地址。JVM 中间件屏蔽掉了底层系统的差异性，实现了 Java 字节码与具体平台的无关性。

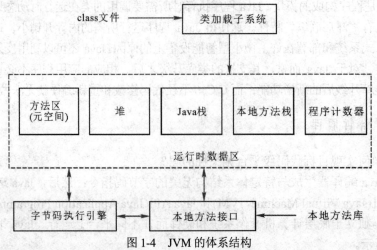

图 1-4　JVM 的体系结构

(4) 混合执行方式。执行 Java 程序时，其执行方式有以下两种：① 解释执行；② 即时编译执行(Just-In-Time, JIT)。默认情况下，这两种执行方式是并存的，可以显式地为 JVM 指定在运行时到底是完全采用解释器执行还是完全采用即时编译器执行。

解释执行即逐条翻译字节码为可运行的机器码，而即时编译执行则以方法为单位将字节码翻译成机器码。前者的优势在于不用等待，后者则在实际运行中效率更高。

即时编译存在的意义在于它是提高程序性能的重要手段之一。根据"二八定律"(即 20%的代码占据 80%的系统资源)，对于大部分不常用的代码，我们无须耗时将之编译为机器码，而是采用解释执行的方式，用到时才去逐条解释运行。对于一些仅占据小部分的热点代码(可认为是反复执行的重要代码)，可将之翻译为符合机器的机器码高效执行，以提高程序的效率，此为运行时的即时编译。

1.2 Java 开发环境

工欲善其事，必先利其器。这一节我们将从简单到复杂了解 Java 的开发环境，以及 Java 开发工具包的安装和环境变量的设置。

1.2.1 JDK

1. JDK 包含的工具

JDK(Java Development Kit)是 Java 开发的基本工具平台，也是构建各种开发和运行环境的核心，主要包含如下工具：

- 开发工具：javac 及基本核心类。
- 运行环境 jre：JVM 及基本核心类。
- 其他工具：jar、javadoc、appletviewer、javah、javap 等。

2. 选择 JDK

针对不同的开发目标，Java 平台又分为 3 个版本。

1) JavaSE

JavaSE(Java Stand Edition)称为 Java 标准版，是各种平台的基础，利用该平台可开发 Java 桌面应用程序和低端的服务器应用程序。

2) JavaEE

JavaEE(Java Enterprise Edition)称为 Java 企业版，它在 JavaSE 的基础上增加了一系列服务。JavaEE 适于开发企业级网络程序，如电子商务网站和 ERP 系统。JavaEE 平台主要包括：

(1) JavaSE；
(2) Enterprise Java Beans(EJB)；
(3) Java Servlet API；
(4) Java Server Pages(JSP)；
(5) Extensible Markup Language (XML)。

JavaEE 主要通过扩展 EJB 来进行目录管理、交易管理和企业级消息处理等功能。企业级程序的编程模式如图 1-5 所示。JavaEE 应用服务器的表示层通过 JSP、Java Servlet 实现，业务逻辑层通过各种 EJB 组件封装并与数据库的信息系统进行交互。

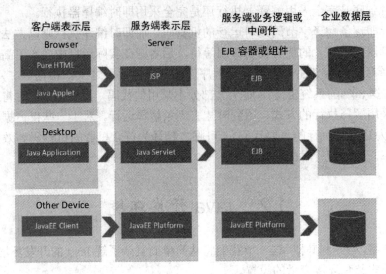

图 1-5　企业级程序的编程模式

3) JavaME

JavaME(Java Micro Edition)称为 Java 微型版，针对的是消费类电子设备，如掌上电脑、移动电话、汽车导航系统等。JavaME 语言精简，运行环境高度优化。

Java 初学者最好选用 JavaSE 平台的 JDK 进行实践，本书讲解各版本的主要语法。关于 Java 语言的规范，可以参考 https://docs.oracle.com/javase/specs/。

3. 下载、安装 JDK

登录 https://www.oracle.com/technetwork/java/javase/downloads/index.html，在 Oracle 网站下载对应系统的 JDK 安装程序，双击安装程序进行安装。

4. JDK 目录的内容

JDK 安装之后，在文件系统中会形成一个目录结构，内容如下：

(1) bin 目录：存放 Java 的编译器 javac.exe、解释器 java.exe 等工具。

(2) db 目录：JDK 附带的一个轻量级的数据库。Java6 引入了一个纯 Java 实现、开源的数据库管理系统 javaDB。

(3) include 目录：存放调用系统资源的本地访问文件。

(4) jre 目录：Java 运行时环境的根目录，它包含 Java 虚拟机、运行时的类包、Java 应用启动器以及一个 bin 目录，但不包含开发环境中的开发工具。

(5) lib 目录：存放 Java 的类库文件，是开发工具使用的归档包文件。

(6) src.zip 文件：提供核心类的源代码，即 java.*、javax.* 和部分 org.* 包的内容。

5. 配置环境变量

环境变量也称为系统变量，是由操作系统提供的一种与操作系统中运行的程序进行通信的变量，一般可为运行的程序提供配置信息，环境变量一般为名称-值对。JDK 常用的环境变量有 Path、Classpath。

1) Path

在命令行执行命令(如 java 或 javac)时，Path 为操作系统提供了关于这些命令存储路径的信息。设置位置：计算机/属性/高级系统配置/高级/环境变量/，在原 Path 变量值的基础上新建记录项。图 1-6 中，将 JDK 的 bin 目录追加到 Path 变量值后。

2) Classpath

Classpath 为 Java 运行时环境提供第三方和用户级 Java 类库的搜索路径。JDK5 后，一般情况下不用设置此环境变量，Classpath 默认值为当前目录"."。如果要重新设置，通常要加上当前目录"."和要增加的类库路径，路径之间用";"分割。Classpath 并不指定 JVM 所有要加载类的路径，它只是指定应用类的加载路径。

要理解 Classpath 的作用，首先应了解 Java 类加载器。类加载器的作用是将类文件加载到 JVM 中。类加载器有多个。图 1-7 给出了类加载器间的层次关系。

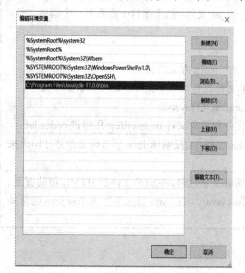

图 1-6 设置 Path 环境变量

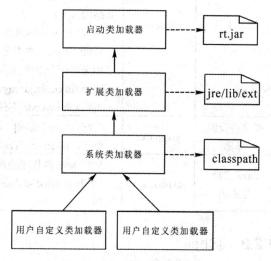

图 1-7 Java 类加载器的结构

(1) 引导类加载器(Boostrap ClassLoader)又叫启动类加载器，由 C 语言编写，负责加载系统类，它从 JDK 的安装目录/jre/lib/加载(通常从 jar 文件 rt.jar 中加载)。

(2) 扩展类加载器(Extension ClassLoader)由 Java 语言编写，派生于 URLClassLoader，通常从 JDK 的安装目录/jre/lib/ext 加载标准的扩展类库(一般为 jar 文件)。

(3) 系统类加载器(System ClassLoader)也称应用类加载器，根据 Classpath 环境变量或者-classpath 命令行设置的参数来加载类或 jar 文件(对于 jar 文件，Classpath 环境变量值要具体到 jar 文件，而 class 文件具体到目录即可)。

(4) 用户自定义类加载器(User-Defined ClassLoader)，编程人员通过继承抽象类 java.lang.ClassLoader 可实现满足自己特殊加载需求的类加载器。比如，可以编写一个类加载器，用于加载加密的 class 文件。

当 JVM 要加载某个类时，可先指定一个类加载器，通过自动调用其 loadClass(String name)方法来开启类的加载过程。而此指定的类加载器会首先委托给其上层加载器来加载，如果上层加载器加载失败，才会由自己来尝试加载此类。

6. JDK 中的一些常用工具

JDK 的 bin 目录下包含很多工具。表 1-1 中列出了一些初学者常用的工具。

表 1-1 JDK 的常用工具

名 称	文件名	描 述
Java 编译器	javac.exe	用法：javac [选项]　源码　//将 Java 源码编译成字节码 例如：javac Test.java
Java 解释器	java.exe	用法：java [选项] <主类>　//运行 Java 可执行字节码文件 例如：java　Test //运行字节码 Test.class 文件 　　　　java -jar codes.jar //运行压缩字节码文件
压缩工具	jar.exe	将一个或多个文件压缩生成一个 jar 压缩文件。 用法：jar[选项] [jar 文件] [元信息清单文件] [-C 目录]　文件名 例如：　jar cvf　code.jar　//将当前目录所有文件压缩到 code.jar 若将文件打包成可执行的 jar 文件，则压缩包中需要有一个清单文件，其结构如下： Manifest-Version:1.0 Main-Class：　主类名　//含 main 方法的类 如果将一个现成的清单文件打包进压缩文件，则可以做如下操作： jar cvfm codes.jar mymanifest -C mycode //将目录 mycode 下的文件和清单文件 mymanifest 压缩进 codes.jar
类文件反编译器	javap.exe	用法：javap [选项]　class 文件　//反编译 Java 字节码文件并打印出来 例如：javap -c　Test
Java 文档生成器	javadoc.exe	分析 Java 源程序的声明和文档注释，生成源文件的 HTML 帮助页面。 例如：javadoc -d .\api Test.java　//在 .\api 目录下生成 Test.java 的帮助文档

1.2.2 JShell

JShell 是一个 REPL(Read-Eval-Print Loop，读取-计算-打印循环)工具，是当 Java 发展到版本 9 时出现的一个比较有趣的工具。它是一个快速执行语句的命令行式交互工具，可以在 JShell 中声明变量、语句和表达式，并能立即查看结果。要使用 JShell，需要安装 JDK9 以上的版本，然后打开命令行窗口，输入 jshell 来启动它，如图 1-8 所示。

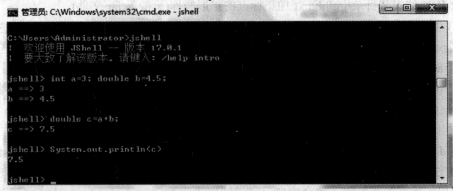

图 1-8 JShell 运行界面

使用 JShell 来学习 Java 有着事半功倍的效果,可直接编写相关测试代码,并立即获得结果,也可以查看方法的帮助文档,如图 1-9 所示。

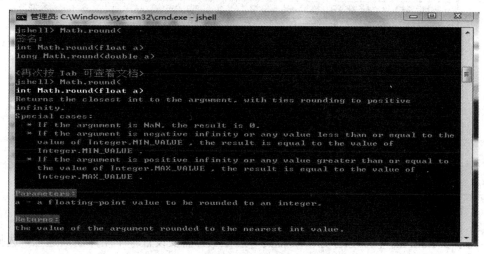

图 1-9　用 JShell 查看方法的帮助文档

可以使用/edit 命令打开一个编辑面板,以添加、删除在 jshell 提示符后输入的代码。点击 Accept 按钮后,在 jshell 中运行,如图 1-10 所示。

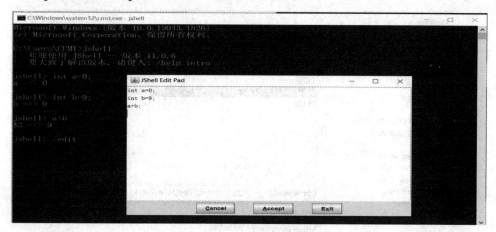

图 1-10　JShell 的/edit 的功能

1.2.3　文本编辑器

有了 JDK 工具包后就可以开发 Java 程序了。在实际开发中,我们一般借助一些辅助工具来加快程序的设计,本节将简单介绍一种常用的文本编辑工具。

目前,有许多小巧又优秀的 Java 文本编辑工具,其实现的主要功能有:第一,提供文本编辑功能;第二,用菜单和快捷方式调用 Java 的命令来编译、运行 Java 程序。常用的 Java 文本编辑器有 Visual Studio Code、EditPlus、Sublime 和 Notepad++ 等。

下面以 EditPlus 为例,介绍文本编辑工具的使用。界面如图 1-11 所示,左边为文件显示区,中间为编辑窗口,右下为运行信息窗口。

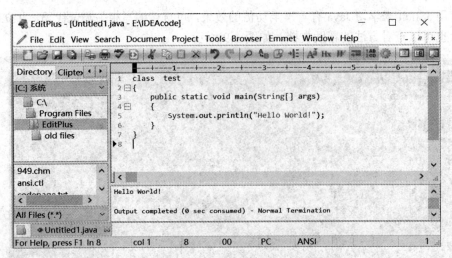

图 1-11　EditPlus 界面

为了在 EditPlus 中方便地使用 JDK 的一些工具，需要设置一下用户工具选项。选择菜单 Tools→Configure User Tools 后出现如图 1-12 所示的界面，点击 Add Tool 按钮，加入用户需要的工具，起码要添加编译运行用的 javac.exe 和 java.exe。每个工具选项最主要的设置项有 Command、Argument、Initial directory 和 Action。

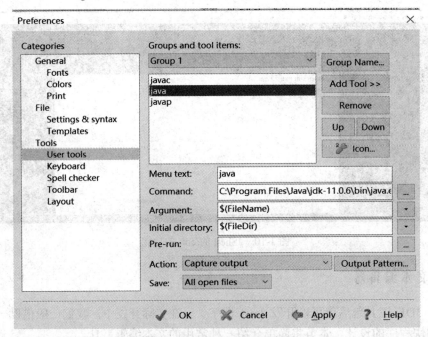

图 1-12　设置用户需要的工具

1.2.4　集成开发环境 IDE

为了更好、更快地开发、调试、测试、打包、发布程序，我们还需要掌握一个 Java 集成开发环境(Integrated Development Environment，IDE)。目前有许多很好的 Java 集成开发环境，如 Eclipse、IntelliJ IDEA、NetBean 等。它们的下载地址如下：

(1) Eclipse：https://www.eclipse.org，免费下载。

(2) IntelliJ IDEA：https://www.jetbrains.com/idea，下载时可选择免费 Community(社区)版。

(3) NetBeans IDE：https://netbeans.apache.org，免费下载。

下面以 IntelliJ IDEA 为例进行介绍。

1. 下载并安装 IDEA

IDEA 有两个版本：旗舰版(Ultimate)和社区版(Community)。旗舰版收费(30 天免费试用)，社区版免费。

2. 创建 Java 项目

首先创建 Project 来放置所有的文件。如图 1-13 所示，选择 File→New→Project，在弹出的对话框中建立新工程。接下来通过 File→Settings 对 IDEA 的工作环境做设置。例如：

通过 Appearance&Behavior→Appearance→Theme 设置用户显示的界面主题。

通过 Editor→General→Mouse Control 设置鼠标滚轮修改字体大小。

通过 Editor→General→Auto Import 设置自动导包功能。

通过 Build, Execution, Deployment→Compiler→Builder project automatically 设置自动编译功能。

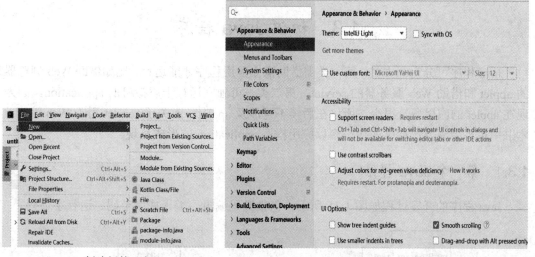

(a) 创建新的工程　　　　　　　　　　(b) 设置 IDEA 工作环境

图 1-13　创建新工程并进行环境设置

3. 创建 Java 类

选择新建的项目，点击右键，选择 New→package/Class 创建包或者类，在 Name 字段中输入名字。

4. 调试和运行程序

如图 1-14 所示，首先将光标置于需要暂停执行的代码行，点击左侧栏设置断点，然后单击工具栏上的调试按钮 ▧ 进行调试。调试的结果会显示在下方的窗口。点击 ▶ 可以运

Java 语言程序设计

行该程序。如果是控制台程序，则输出会显示在下方的控制台窗口。

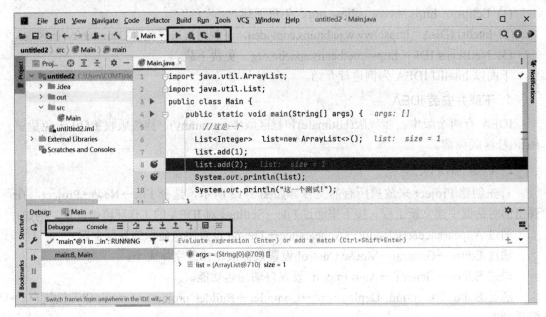

图 1-14　调试运行界面

1.3　初识 Java 程序

Java 程序可分为两大类：第一类需借助宿主应用程序才能运行，比如借助 Web 浏览器的 applet 和借助 Web 服务器的 servlet；第二类是可独立运行于虚拟机的 application。因为现在 applet 的应用场景很少，所以在后续不再涉及 applet，而关于 servlet 用于 Web 编程，本书中也不会涉及，后续的代码多以应用程序 application 的形式呈现。

1.3.1　第一个 Java 程序

Java 程序的开发过程如图 1-15 所示，包括源码编辑、编译成字节码、运行字节码。

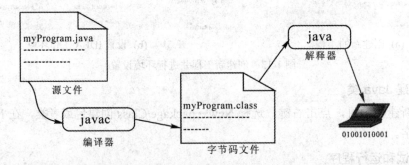

图 1-15　Java 程序的开发过程

下面我们编写一个最简单的应用程序。它只有一个类 Test，关键字 class 后面紧跟类名 Test，类中只包含一个 main 方法：

```
public class Test {
    public static void main(String[] args) {
        System.out.println("the first Demo");
    }
}
```

说明：

(1) 源码存放在文件 Test.java 中，其中 public、static、void 修饰符所代表的含义后续章节会详细介绍。首先，在命令行中利用 Java 编译器编译源程序。

```
javac   Test.java
```

(2) 编译后产生平台独立的字节码文件 Test.class，然后在命令行中运行程序。Java 解释器后面的参数 Test 是包含 main 方法的类名。

```
java   Test
```

运行结果如下：

the first Demo

注意： 如果是 java11 以上的版本，上述编译和运行步骤可以一步完成。

```
java Test. java              // java 命令后面跟的是 .java 文件名
```

(3) Java 应用程序的入口函数为 public static void main(String[] args)。其中数组 args 可依次接收来自命令行的参数值，包含 main 方法的类称为主类。

```
public class Test {
    public static void main(String[] args) {
        for(String v:args)
            System.out.println(v);
    }
}
```

编译后执行：

```
java   Test   apple banana
```

运行结果：

apple

banana

补充知识

(1) Java 是区分大小写的。

(2) Java 语句是最小的执行单位，每条语句以分号";"结束。需要特别说明：回车不是语句的结束标志。

(3) 大括号{　}内的一系列语句称为语句块。

(4) Java 源文件以".java"结尾，此文件中最多只能有一个类被声明为 public，保存时源文件名必须与 public 类名相同。如果文件中不存在 public 类，则源文件名无要求。

(5) 一个源文件包含几个类就可以编译出几个 .class 文件。

1.3.2 Java 程序基本结构

Java 程序是由一个或多个类组成的，类是对象的模板，用于描述对象的数据特征和与数据相关的操作。现实世界的对象用于建模问题域的实体。面向对象编程最主要的任务就是识别这些实体以及它们之间的交互行为。

类由类首部、类体两大部分组成。

(1) 类首部保留字 class 和类名之间应至少留有一个空格。

(2) 类体位于类名后面大括号 "{" 和 "}" 之间，形成了由一组语句构成的块。

(3) 类体定义了成员变量和方法。

类的最简单定义如下：

在 Java 中，所有的方法都必须包含在类中，不能定义独立方法。方法由方法头和方法体组成。方法体是实现这个方法的代码段，由 "{" 和 "}" 括起来的语句序列块构成。最基本的方法定义形式如下：

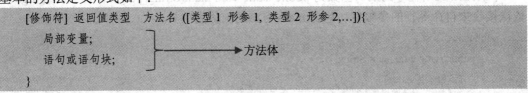

说明：

(1) 形参在方法被调用时用于接收外部传入的数据，形参可以没有或有多个。

(2) 返回值类型是方法执行结束后返回结果的数据类型，若无返回值，则为 void。

(3) 方法的定义不能嵌套，即不能在方法中定义另一个方法，且方法在类中的先后位置对程序的执行没有影响。

习 题

一、判断题

1. 字节码是不依赖于具体硬件平台的二进制代码。（   ）
2. 如果 Java 文件中包含一个公有类，则该文件的文件名必须与该公有类一致。（   ）
3. class 文件和 exe 文件都是可执行文件。（   ）
4. Path 变量用于设置 JVM 搜索 class 文件的默认搜索路径,即告诉 Java 虚拟机默认情况下到什么地方去寻找类文件。（   ）
5. Windows 平台和 Linux 平台上安装的 JVM 是一样的。（   ）
6. 源程序 Test.java 编译后，会产生字节码文件 Test.class。（   ）
7. 如果 Java 文件中包含一个公有类，则该文件的文件名必须与公有类一致。（   ）

8. Java 的结构中立性正好适合开发运行于不同计算机平台上的各种网络软件。（　　）
9. Java 是严格区分大小写的，mul 和 Mul 是不同的标识符。（　　）
10. 在 JVM 中 Java 程序的解释执行和编译执行两种执行方式是不能共存的。（　　）

二、简答题

1. 编写、运行 Java 程序的基本过程是怎样的？
2. Java 的跨平台性是如何实现的？
3. Java 源文件和字节码文件的扩展名分别是什么？
4. 使用 JDK 时应该如何配置环境变量 Path 和 Classpath，其目的是什么？
5. 编写一个 Java 应用程序，其功能为在屏幕上打印字符串。利用 JDK 中的工具编译并运行。

第2章 基本程序设计

本章学习目标

(1) 掌握 Java 标识符的定义规则。
(2) 掌握 Java 基本数据类型和数组的使用。
(3) 掌握类型转换方法。
(4) 掌握各种运算符的使用。

Java 程序是由一个或多个类组成。单个类中定义了数据和方法，数据又涉及数据类型、变量和常量，方法涉及由数据和运算符构成的表达式以及流程控制语句。本章将介绍面向过程的 Java 编程基础知识。

2.1 标识符和关键字

1. 标识符

在编程中，程序对各种常量、变量、方法、类等元素的命名符号统称为标识符。标识符遵循先定义后使用的原则，且区分大小写，其命名遵循如下规范：
(1) 标识符可由字母、数字、下画线 "_"、美元符号($)组成。
(2) 首字母不能为数字。
(3) 如果是用户自定义的标识符，不能为 Java 关键字。
举例：
合法用户标识符：age、$salary、_value、元素(不推荐)。
非法用户标识符：123abc、-salary(首字符不合规)、break(关键字)、two words(含非法字符空格)。

2. 关键字

关键字是 Java 中具有特殊含义和用途的标识符，是语法的一部分。关键字主要用于表示数据类型、流程结构和设计修饰符。表 2-1 列出了 Java 中的关键字。

表 2-1　Java 中的关键字

分　　类		关　键　字
类型相关	数据类型	boolean, byte, short, int, long, char, float, double
		class, interface, enum, var
	引用类型扩展	extends, implements
	对象引用	this, super
	对象创建	new
	对象判断	instanceof
	返回类型	void
修饰符	访问控制	private, protected, public
	封装特性	final, abstract, static
	浮点精度控制	strictfp
	本地方法	native
	序列化	transient
	多线程	synchronized, volatile
流程控制	分支	if, else, switch, case, default
	循环	for, do, while, break, continue
	异常处理	try, catch, finally, throw, throws
	其他	assert, return
包相关		import, package
保留		const, goto

3. 命名惯例

标识符的命名必须遵守命名规范，否则程序在编译时就会报错。除此之外，为了增强代码的可读性和可理解性，编程人员还应遵守一些惯例和约定。命名惯例虽然不是强制性的，但建议程序员在初学时就应遵守并逐渐形成习惯。下面是编程中的命名惯例和约定：

(1) 包名：多单词组成时，所有字母都小写，如 com.mycompany。
(2) 类名、接口名：多单词组成时，遵从驼峰形式，所有单词首字母大写，如 RecordInfo。
(3) 变量、方法名：第一个单词首字母小写，其余单词首字母大写，如 recordName。
(4) 常量名：所有字母都大写，用下画线连接 MAX_VALUE。
(5) $符号：一般只用于编译器自动生成的代码，用户一般不用。

goto 和 const 是保留字，目前在 Java 中没用到。常量 true、false 和 null 虽不是关键字，但也不能将其用作标识符。

2.2　注　　释

注释用来对程序中的代码做出解释。注释的内容在程序编译时不参与编译，因此，注释部分的有无对程序的执行不产生任何影响，但不要认为注释毫无用处。在程序中，加注释可增加程序的可读性，也有利于程序的修改、调试和交流。注释可出现在程序中任何可出现分隔符的地方。Java 有三种注释，分别是：

(1) "//" 单行注释：表示从此向后，直到行尾都是注释。

(2) "/*...*/" 多行注释：在 "/*" 和 "*/" 之间都是注释，并可跨越多行。块注释不能嵌套。

(3) "/**...*/" 文档注释：所有在 "/**" 和 "*/" 之间的内容可以用来自动形成文档，JDK 提供的 javadoc 工具可以直接将源代码里的文档注释提取成一份系统的 API 文档，并输出为 HTML 文件，该工具不仅提取由这些标记指示的信息，也将毗邻注释的类、属性和方法提取出来，生成十分专业的程序文档。单行和多行注释是不可以被 javadoc 解析的。

下面我们将重点介绍文档注释的规则。

1. 文档注释位置

文档注释在单个文档中有三类位置：类前、方法前、成员变量前。若写在其他位置，比如方法内部，则是无效的文档注释。例如：

```
/**
    类的文档注释
*/
public class ExChapter1_1{
/** 字段的文档注释 */
    public String s="test";
/** 方法的文档注释*/
    public void show(){
        System.out.println(s);
    }
}
```

(1) 类或接口注释：用于说明整个类/接口的功能、特性，放在所有的 "import" 语句之后，class/interface 定义之前。

(2) 方法注释：用来说明方法的定义，如方法的参数、返回值及作用等。方法注释应该放在它所描述的方法头前面。

(3) 变量注释：用来对成员变量的作用进行注释。

注意：

默认情况下，javadoc 只对公有(public)访问修饰符和受保护(protected)访问修饰符的成员产生文档。

2. 文档注释的基本内容

文档注释采用 HTML 语法规则书写，同时也支持 javadoc 规定的标签。标签的作用是使 javadoc 工具更好地生成最终文档。文档注释由两部分组成：描述部分和块标签部分。

/**

```
 *  描述部分(description)
 *  块标签部分(block tags)
 */
```

例如：
```
/**
 * Provides the classes necessary to create an framework object
 * <p>
 * This is an embeddable window (see the{@link java.awt.Panel} * class)
 * @since 1.0
 * @deprecated    replaced by {@link #setBounds(int,int,int,int)}
 */
```

1) 描述部分

描述部分的第一行应该是一句对类、接口、方法等的简单描述，这句话最后会被 javadoc 工具提取并放在索引目录中，除了普通的文本之外，描述部分还可以使用以下的标签：

(1) HTML 语法标签。例如，粗体标记<b>: <b>xxx</b>。

(2) javadoc 规定的@内嵌标签，显示在花括号内，即{@tag}，在允许文本的任何地方允许放置内嵌标签。例如，{@link java.awt.Panel}标记指向新 API。

2) 块标签

块标签部分跟在描述部分之后。块标签显示为@tag，且必须出现在行的开头。如果在其他位置使用@字符，不会被解释为标签的开始，会认为是一个内嵌标签。每个块标签都有关联的文本，包括标签之后的任何文本，直到下一个标签或文档注释的结尾，例如：

```
/**
 * @author zhang
 * @version 1.1
 */
```

3) 常见的标签

常见的 javadoc 标签如表 2-2 所示。

表 2-2　常见的 javadoc 标签

标　　签	描　　述	示　　例
@author	标识一个类的作者，也可包含电子邮件地址或其他任何适宜信息	@author author-description
@version	类的版本号，没有特殊格式要求	@version info
@param	说明一个方法的参数，@param 参数名称 参数描述	@param parameter-name explanation
@return	说明方法的返回值，格式为：@return 返回值描述	@return explanation

续表

标 签	描 述	示 例
@see	引用其他类	@see classname
@deprecated	指明一个过期的类或成员	@deprecated description
@throws (或@exception)	标志一个类显式抛出的受检查异常(Checked Exception)	@throws/@exception exception-name explanation
@serial(也可以使用@serialField 或 @serialData 替代)	说明一个序列化属性	@serial description
@since	标记代码最早使用的 Java 版本	@since release
{@link}	插入一个到另一个主题的链接	{@link package.class#method}
{@value}	显示静态常量值	{@value description}

3. 举例

利用 javadoc 为 Chapter1_2.java 生成帮助文档。

```
javadoc -d .\api Chapter1_2.java
```

其中，Chapter1_2.java 的代码如下：

```java
import java.io.*;
/**
* 这个类演示了文档注释
* @author zhang
* @version 1.0
*/
public class Chapter1_2 {
    /**
    * This method returns the square of num.
    * @param num The value to be squared.
    * @return num squared.
    */
    public double square(double num) {
        return num * num;}
    /**
    * This method inputs a number from the user.
    * @return get the input from the command line.
    * @exception IOException .
    * @see IOException
    */
    public double getNumber() throws IOException {
        InputStreamReader isr = new InputStreamReader(System.in);
        BufferedReader inData = new BufferedReader(isr);
```

```
        String str;
        str = inData.readLine();
        return (new Double(str)).doubleValue();
    }
}///:~
```

打开文件.\api\index.html 可以看到帮助文档的主页面，其中包含由注释信息构成的帮助文档，图 2-1 说明类的公开成员，图 2-2 是针对每个公开成员的详细注释信息。

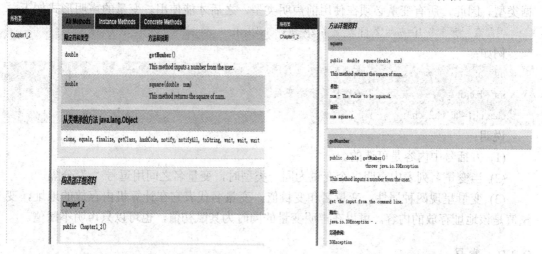

图 2-1　类的基本成员信息　　　　　　　　图 2-2　成员方法的详细注释内容

在 IDEA 中也集成了 javadoc 的功能，如图 2-3 所示，单击 Tools→Generate JavaDoc，在生成 javadoc 的界面中输入下列参数，则会生成帮助文档。

Local:zh_CN

Command line arguments: -encoding UTF-8 -charset UTF-8

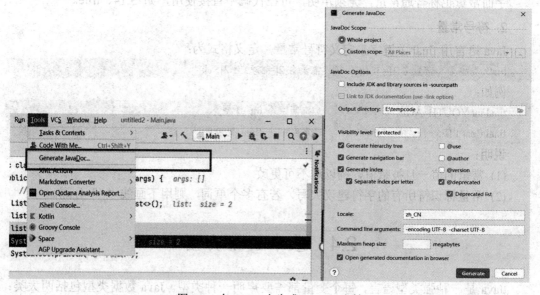

图 2-3　在 IDEA 中生成 javadoc 文档

2.3 变量与常量

2.3.1 变量

变量是指在程序中可以被改变的值。Java 是静态类型的编程语言，编译期间会检查数据类型。因此，所有变量必须在使用前声明类型，之后才能使用。变量的声明形式如下：

```
类型名  变量名 1[=初始值 1][,变量名 2[=初始值 2]...];
```

例如：

```
int  a;                      //声明单变量
int  b,c,d;                  //一次声明多个变量
char ch1='a', ch2, ch3;      //部分赋初值
```

说明：

(1) 方括号中内容是可选的。

(2) 当变量名列表中声明多个变量为同一类型时，变量名之间用逗号","分隔。

(3) 变量呈现两种属性：变量名和变量值。变量名代表它在计算机内存放的地址，变量值是该地址存放的内容。可以在声明变量的同时为其赋初值，也可以只声明不赋值。

2.3.2 常量

常量是指在程序运行过程中其值不变的量。程序中使用常量可以提高代码的可维护性。Java 常量分为字面常量和符号常量。

1. 字面常量

字面常量也称普通常量，无须声明，可在代码中直接使用，如 3.14、true。

2. 符号常量

Java 语言用 final 关键字来定义符号常量，定义格式为：

```
final 类型名  常量名 1[=初始值 1][, 常量名 2[=初始值 2]...];
```

例如：

```
final int YOUTH_AGE;         //声明一个 int 型常量
final float PIE;             //声明一个 float 型常量
```

说明：

(1) 常量的值一旦被赋值，则以后不可更改。

(2) 常量标识符所有的字符建议大写，若有多个单词，则用下画线"_"分隔。

2.4 基本数据类型

Java 是一种强类型语言，每个变量都需要声明一种类型。Java 数据类型包括两大类：

基本数据类型和引用类型。不同数据类型的变量，其取值范围不同，可实施的操作也不同。本章将重点介绍基本数据类型，引用类型会在后续章节介绍。Java 中基本数据类型有 8 种，如图 2-4 所示，包括：四种整型，即 byte(字节型)、short(短整型)、int(整型)、long(长整型)；两种浮点型，即 float(单精度浮点型)、double(双精度浮点型)；char(字符型)；boolean(布尔型)。

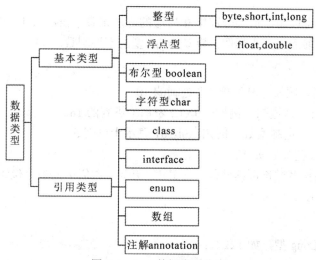

图 2-4 Java 数据类型分类

Java 基本数据类型的存储特点如表 2-3 所示，其中浮点型中的 float 表示范围为：最高位 31 位为符号位，30～23 位为 8 位指数位，22～0 位为 23 位尾数位。double 的表示范围为：最高位为符号位，62～52 位为 11 个指数位，51～0 位为 52 个尾数，或者称有效数字位。

表 2-3 基本数据类型表

数据类型	占内存空间	数 值 范 围
byte	1 字节	$-2^7 \sim 2^7-1/(-128) \sim 127$
short	2 字节	$-2^{15} \sim 2^{15}-1/(-32\,768) \sim 32\,767$
int	4 字节	$-2^{31} \sim 2^{31}-1/\,(-2\,147\,483\,648) \sim 2\,147\,483\,647$
long	8 字节	$-2^{63} \sim 2^{63}-1/(-9\,223\,372\,036\,854\,775\,808) \sim 9\,223\,372\,036\,854\,775\,807$
float	4 字节	$-3.4028347E+38 \sim 3.4028347E+38$
double	8 字节	$(-1.797\,693\,134\,862\,315\,70E+308) \sim (1.797\,693\,134\,862\,315\,70E+308)$
boolean	依赖虚拟机实现 1 字节或 4 字节	true 或 false
char	2 字节	"\u0000" ～ "\uFFFF"

2.4.1 整型

整型是存放整数的数据类型，它又分为四种具体的整数类型：字节型(byte)、短整型(short)、整型(int)和长整型(long)。

(1) byte 类型是最小的整数类型，当用户从网络或文件中进行数据流读写或者直接处理二进制数据时,该类型非常有用。

(2) int 类型是最常使用的一种整数类型,当超出 int 类型所表示的范围时就要用 long 类型,如果还不能满足要求,则可考虑 java.math 包里的 BigInteger 类,此类可以表示大整数。

1. 整型常量

整型字面常量可以用数值结合前缀和后缀的方法来表示值的大小,前缀标识进制,后缀标识类型,如果前后缀都未标明,默认为 int 型的十进制数。

1) 进制前缀

(1) 0:八进制。例如,012 表示十进制的 10。

(2) 0x 或 0X:十六进制。例如,0X12 表示十进制的 18。

(3) 0b 或 0B:二进制整数。例如,0b101 表示十进制 5。

(4) 无:默认十进制,如 12。

以上数据如果长度过长可读性差,从 JDK7 开始,数值中的多个位可用下画线分隔开。如 0b1100_1010_1011。

2) 类型后缀

l 或 L:表示 Long 型,如 12L。

注意:

给定一个整型常量,其默认类型是 int 型,Java 没有单独表示 byte 型和 short 型字面常量的方法。

2. 整型变量赋值

整型变量赋值时需要注意如下几点:

(1) 大类型的变量可以接收小类型的量值,反之不可以,例如:

```
long val2=100           //正确
int  val1=100L          //错误
```

(2) Java 中没有 byte 和 short 型字面常量,所以允许将 int 型常量赋给 byte 和 short 型变量,Java 编译器会进行类型强制转换,但所赋常量不能超过 byte/short 变量的相应范围,例如:

```
byte b1=100             //正确
byte b2=130             //错误,超过了 2^7 - 1=127
```

(3) 值常量不能超过类型表示范围,例如:

```
int val3=12345678900    //错误,值常量超过了 int 型上界 2 147 483 647
```

2.4.2 浮点型

浮点型用于表示实数,浮点表示法利用指数使小数点的位置可以根据需要左右浮动,从而灵活地表达更大范围的实数。浮点数所表示的数因为有小数部分,所以用二进制表示是有误差的。根据其所表示数的精度可以分为两个类型:单精度的 float 型和双精度的 double 型。一般情况下,double 型能满足绝大多数应用对实数的要求,若对精度要求更高,可以使用 java.math.BigDecimal 类。

1. 浮点型常量

1) 类型后缀表示

Java 缺省的浮点型常数是 double 型。如果要表示 float 型，要在数字后加后缀 F 或 f；如果要表示 double 型，也可以在数字后加后缀 D 或 d。不能带表示进制的前缀。例如：

5.1F, 4f	//正确，单精度
5.1, 4	//正确，双精度
0X12.3	//错误

2) 科学计数法表示

实数可以用指数形式的科学计数法表示 $M \times a^N$，M 是尾数(系数)，a 为底数，N 为指数(阶数)。Java 中的科学计数法表示形式如下：

[±][0X|0]尾数 E|P[±]指数[f|d]

说明：

(1) 第一个±表示浮点数的符号，默认为正。

(2) 尾数可以是整数或小数，前缀 0X 表示尾数是十六进制，即使小数也可以带 0X 前缀，这与常规的浮点型常量不同。前缀 0 是前导零而并非八进制。

(3) E|P 表示底数，E 表示 10 为底，P 表示 2 为底。当尾数为十进制时底数只能用 10，当尾数为十六进制时只能用 P，因为 E 是十六进制数中的一个基数(14)。

(4) 指数必须是十进制整数，可带前导零。

(5) f|d 表示类型后缀。

举例：

2E3F	//2×10^3，且是 float 类型
-2.3E04	//-2.3×10^4，且是 double 类型
2.3E4.5	//非法，指数不能是小数，只能是十进制整数
0x2E3F	//十六进制整数 11 839，这不是浮点数，因为尾数如果是十六进制则底数只能用 P，否则因 E 是十六进制中的一个数，会产生混淆
12.3P4	//非法，尾数为十进制时，底数只能用 E，即 10
0X1.2P-3	//0.140 625，double 类型

2. 浮点型变量赋值

给浮点型变量赋值时需要注意，同类型的常量可以赋给同类型的变量；小类型常量也可以赋给大类型的变量，反之不行。

例如：

float f1=12.34	//错误，将高精度的 double 类型的 12.34 赋给低精度的 float 类型
double d1=12.34, d2=12.34f	//正确

2.4.3 布尔型

布尔型常量只有 true(真)和 false(假)两个值，且它们不对应某个或某些整数值，因此也不能在布尔类型和整型之间进行类型转换。这在程序设计中避免了潜在的逻辑错误。布尔变量的赋值如下：

boolean a=true, b=false;

2.4.4 字符型

字符型 char 用于表示自然语言中的单个字符。Java 字符使用 16 位的 Unicode 编码表示，用\u 开头的 4 位十六进制数表示，范围从"\u0000"到"\uFFFF"。它可以支持世界上绝大多数语言。大多数计算机语言通常使用 ASCII 码，用 8 位表示一个字符。Unicode 码包含 ASCII 码，从"\u0000"到"\u007F"对应 128 个 ASCII 字符，其高字节为 0。

1. 字符常量

字符型常量通常用西文单引号(撇号)括住。具体有两种表现形式。

1) 常规表示

常规表示是用单引号(撇号)直接括住单个字符，如'A' '北'。

2) 转义序列表示

如果想输出带引号的信息，下述代码无法满足要求，因为编译器会认为第二个引号就是这个字符串的结束符，认为后续的表达有问题。

System.out.println("Anna said " the game is funny"");

为了解决该问题，Java 定义了一种特殊的标记来表示特殊字符，这种标记称为转义序列，转义序列由反斜杠(\)后面加上一个字符或者一些数位组成。表 2-4 列出了常见的转义字符。

表 2-4 常见转义字符

字符	转义字符	Unicode 码	说　　明
'	\'	\u0027	西文单引号(撇号)
"	\"	\u0022	西文双引号(撇号)
\	\\	\u005C	反斜杠
回车	\r	\u000D	Return 键，光标调到一行开头
换行	\n	\u000A	光标跳到下一行开头
退格	\b	\u0008	光标左移一列
制表符	\t	\u0009	光标跳到下个制表符
拉丁字符	\ddd		表示拉丁字符，ddd 是三位八进制数，可加前导 0，如"\101"表示"A"
任意字符	\uxxxx	\uxxxx	表示所有 unicode 字符。u 要小写，xxxx 是四位十六进制数

比如，字符"a"用转义字符表示，可以写成"\141"或者"\u0061"，表面上字符是非数值型数据，但字符在内存中存储时存放的是字符的 unicode 编码，是一个整型数，所以，

有些情况下可以把字符型数当作整型数。

2. 字符变量赋值

字符变量可以接收字符常量，也可以接收字符的 unicode 整型编码。如下代码都是给字符变量赋予字符"a"。

```
char ch1='a';
char ch2='\u0061' ;
char ch3='\141' ;
char ch4=97 ;      //字符'a'的 unicode 码值
```

3. 字符串常量

一个字符串常量是括在两个双引号之间的字符序列。若两个双引号之间没有任何字符，则为空串，如"This is a string constant""中国"。

Java 语言把字符串常量当作 String 类型的一个对象来处理，不是基本数据类型。后续有详细介绍。

4. Java 与 Unicode 编码

一个字符在计算机中是以 0 和 1 构成的二进制序列来存储的，将字符映射到它的二进制形式的过程称为编码，反之称为解码。字符有多种不同的编码方案。比如，ASCII 码是一套基于拉丁语言的字符编码方案，适用于英语和部分西欧语言，因为用单字节编码，所以最多只能表示 256 个字符，无法表示非拉丁语言的字符。因此，一些国家在 ASCII 码基础上制定了适合本国语言的编码标准，如中国大陆地区的 GB2312/GBK 编码、中国台湾地区的 BIG5 编码、日本的 Shift_JIS 编码，这些中国及部分亚太地区的多字节字符集统称为 ANSI 字符集。上述编码方案虽然能很好地处理拉丁语言和本国语言，但无法应对不兼容的多语言混合出现的情况。

为解决这一问题，统一码联盟在 1991 年发布了 Unicode 规范的第一个版本，旨在为世界上所有语言和文字中的每个字符都确定一个唯一的编码，以满足跨平台、跨语言进行文字转换和处理的要求。目前最新的 Unicode 规范是 14.0 版本。

Unicode 规范可分为编码和实现两个层次。目前，实际使用较为广泛的 Unicode 编码采用 16 位/2 个字节的编码空间，理论上能表示 65 536 个字符，基本满足各种语言的需求。

Unicode 实现不同于编码，尽管每个字符的编码是确定的，但在实际传输过程中，因不同系统和平台的设计可能不一致以及出于节省空间的考虑，故而出现了 Unicode 编码的不同实现方式，Unicode 的实现方式称为 UTF(Unicode Transformation Format,Unicode 转换格式)，如 UTF-8、UTF-16 等，这些实现往往与每个国家和地区自己定义的编码标准不兼容。

Java 为了实现语言的兼容性，采用了 Unicode 编码。具体来说，Java 源文件可以以不同的编码存储(比如 ASCII、ANSI、UTF8、UTF16)，当源码被编译为 class 文件时，不管源文件采用何种编码方式，在 class 文件中均被转换成 Unicode 编码。这里需要说明，编译器 javac 在编译源码时，默认源码文件的编码是与编译器所在操作系统的编码一致或兼容。如果不一致或不兼容，则需要用 javac 的 encoding 参数指明源码的编码方式。

例如，在一个编码为 GB2312 的中文系统中，编写了一个 Java 程序，程序中用到了中文字符(如果是全西文字符就不存在下面的问题)。源码如下所示：

```
public class Test{
    public static void main(String arg[]){
        System.out.println("这是一次测试");
}}
```

源码存储为 UTF-8 格式的文件 Test.java，然后在利用编译器将源码编译成 class 字节码时，如果不显式告诉编译器 Test.java 是 UTF-8 编码的，那编译器会默认源码的编码方式与操作系统一致，是 GB2312 编码，于是中文字符按 GB2312 码转换成 Unicode 码时就会出错。正确的做法是利用 javac -encoding UTF-8 Test.java，指明源码的编码方式。另一种方法是存储源码时就指定编码方式是 ANSI(简体中文系统对应 GB2312)，然后后续编译就可以利用 javac Test.java 编译成功。当 class 文件被执行时，Java 虚拟机会自动探测所在操作系统的编码，并将 class 文件中以 unicode 编码表示的字符和字符串转换成目标系统使用的编码。

也就是说，如果运行 Java 程序的操作系统所用的语言编码与源文件的编码一致(或兼容)，就能正确显示源文件中的字符和字符串，否则将可能出现乱码。

2.5 类型转换

实际开发中，我们经常需要将一种类型转换成另一种类型，Java 的类型转换有下列两种：自动类型转换和强制类型转换。

2.5.1 自动类型转换

一般情况下，字节数多的数有较高的精度，字节数少的数精度较低。当不同类型的数据进行混合运算时，低精度的数需先转换成高精度数再进行运算，最后得到的结果其数据类型是高精度类型。这种转换是自动实现的。图 2-5 是数据类型按照从低到高的合法转换。

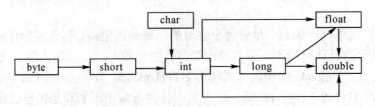

图 2-5 数据类型的合法转换

例如，3+4.5 的结果为 double 型的 7.5，运算中，先把 3 转变成 double 类型的 3.0 再参与运算。

注意：

算术运算中，运算结果至少是 int 型，即如果参与运算(不包括赋值运算)的两个数级别比 int 型低，都会被自动转换为 int 后再进行计算，结果为 int 型。

2.5.2 强制类型转换

在运算中,有时也需要将某种类型的数据强制转变成符合要求的低精度类型,这种转换有时会丢失一些信息,所以需要通过强制类型转换实现。其一般形式为:

(目标类型)变量/表达式

例如:

double x=3.7;
int cx=(int) x ;   //cx 的值为 3

变量 cx 的值为 3,强制类型转换通过截断小数部分将浮点数转换为整数。如果想对浮点数进行四舍五入,那就需要使用 Math.round(float/double)方法,该方法如果输入为 double 类型,则返回值为 long 类型。

long cx=Math.round(x)

注意:
(1) 强制类型转换可能造成信息的丢失。
(2) 布尔型与其他基本类型之间不能转换。
(3) int 类型的常量赋给 byte、short 变量时不需要强制类型转换,编译器会帮助完成强制转换。

例如:

byte b=123;
short s=123;

(4) 把 int 型的变量赋给 byte、short 类型的变量时必须强制转换,否则会出错。

例如:

int i=123;   byte b=123 ;
byte b=i;   //错误,i 为 int 型变量,而不是常量
b=b+3;   //错误,b+3 的结果为 int 型临时中间变量

2.6 运算符与表达式

程序由一系列语句组成,语句的基本单位是表达式,而表达式是由运算符和操作数组成。运算符可以对特定的某类或某几类数据进行操作。根据运算符的功能,可将其分为七类:算术运算符、条件运算符、关系运算符、逻辑运算符、位运算符、赋值运算符和其他运算符。

2.6.1 算术运算符

算术运算符用于完成数学运算。Java 中有 9 个算术运算符,如表 2-5 所示,包括 5 个二元运算符(+、-、*、/、%)和 4 个一元运算符(自增 ++ 和自减运算符 -- 以及表示正负号的 +、- 运算符)。其中,+、- 在算术运算符中有两种含义。另外,+ 还有连接字符串

的连接符功能。

表 2-5　算术运算符说明(op1，op2 表示操作数)

类　别	运算符	表达式	描　述
双目运算	+	op1 + op2	加
	-	op1 – op2	减
	*	op1 * op2	乘
	/	op1 / op2	除(包括整数除和小数除)
	%	op1 % op2	取模
单目运算	+	+ op1	正值
	-	- op1	负值
	++	++ op1, op1++	自加 1 (不能是常量或表达式)
	--	-- op1 , op1--	自减 1(不能是常量或表达式)

1. 整数和浮点数除

整数除和浮点数除是有区别的。

(1) 若参与运算的均为整数则做整除，否则做精确除。如果需要考虑结果精确度时，应保证运算数里有浮点数。

例如：

```
int x=2100;
x=x/1000*1000          //x 的结果为 2000
x=x/1000.0*1000        //x 的结果为 2100.0
```

(2) 浮点数除时，除数可以为 0，整数除时除数不能为 0。

例如：

```
5.0/0 == Infinity;      //结果为正无穷大
-5.0/0 == -Infinity;    //结果为负无穷大
5/0                     //抛出运行时异常 java.lang.ArithmeticException: / by zero
```

(3) 浮点数运算精度。

浮点型数进行算术运算时，因为浮点数有精度限制，小数部分转换成二进制有些时候并不是准确的，会使数学运算结果存在一定的误差。

例如：

```
4.0f-2.1f==1.9000001
4.0-2.1f==1.9000000953674316
```

同一运算应该得到同样结果，但对浮点型数实现这样的可移植性是相当困难的，比如 double 类型使用 64 位存储一个数值，而有些处理器使用 80 位浮点寄存器，这些寄存器增加了中间过程的计算精度。如果按照 JVM 的规范强制截断，又招致数值计算团体的反对，所以现在如果主方法不用 strictfp 标记，就不会使用严格的浮点计算(也就是说不用截断)。

2. 取模运算

(1) Java 的取模运算中，余数与被除数的符号相同，并向 0 靠近。

例如：

5%2==1；
5%-2==1；
-5%2==-1；
-5%-2==-1；

(2) 如果参与运算的两个数(op1 和 op2)均为整数，则结果为整除所得余数；如果运算数含浮点数，结果为浮点数，大小等于 op1-op2*(int)(op1/op2)。

例如：

double a=5.2, b=3.1；
double c=a%b   //c 的结果为 2.1，整除的商为整数 1
4.5 %0==NaN   //Not a Number，表示未定义或不可表示的值

其中，(int)(a/b)==1，c 的结果为 5.2-1*3.1==2.1。为了避免不必要的复杂性，一般在 Java 中不提倡对浮点型数做取余运算。

3. 自增和自减

一元运算符"++""--"分别称为自增和自减运算符。可以位于变量前面，如 ++x 或 --x，也可以位于变量后面，如 x++、x--，用于将变量的值加 1 或减 1，并把结果重新赋给该变量。

如把 ++x 或 x++ 整体参加表达式运算时，前置的++运算符将变量 x 自增 1 后，再用增加的值参与表达式的运算；而后置的++运算先让变量 x 参与表达式的运算，再对 x 自增 1。"--"运算规则亦同理。

【例 2.1】 "++"运算符演示(TestDemo.java)。

```
1.  public class TestDemo {
2.      public static void main(String[] args) {
3.          int i=1,j;
4.          ++i;                          //i=2
5.          j=i++;                        //i 先执行赋值运算 j=i，再自加为 3
6.          System.out.println("j="+j);   //j==2
7.          j=++i;                        //i 先执行自加运算为 4，再执行赋值运算 j=i
8.          System.out.println("j="+j);   //j 和 i 的值为 4
9.          j=(++i)+(++i)+(++i);          //i 先做++，再做加法运算。j=5+6+7=18，i=7
10.         System.out.println("j="+j);   //j==18
11.         j=(i++)+(i++)+(i++);          //i 先做加法运算，再做++。j=7+8+9=24，i=10
12.         System.out.printf("j=%d\n",j);//j==24
13.     }
14. }
```

运行结果：

j = 2
j = 4

Java 语言程序设计

j = 18
j = 24

说明：

(1) 只能对变量进行自增或自减运算。

(2) 尽量不要在一个表达式中对某个变量多次进行自增/自减运算，这样会降低代码的可理解性。

4．字符串"+"运算

"+"除了作为算术运算符还可以作为连接符，用于连接字符串。当"+"连接字符串和其他类型数据时，其他类型数据先转成字符串，再进行连接运算。

【例2.2】 "+"连接符演示(TestCon.java)。

```
public class TestCon {
    public static void main(String arg[]) {
        System.out.println(1+'a');          //"+"为加号
        System.out.println(1+'a'+"");       //第一个"+"为加号，第二个为连接符
        System.out.println(""+'a'+1);       //两个"+"都为连接符
    }}
```

运行结果：

98
98
a1

说明：

第一行的结果是98。第二行 1 + 'a' 得到整型的 98，再进行连接空字符串 " " 运算得到字符串类型的 "98" 输出。第三行首先进行 " " 和 'a' 的拼接运算，其中字符 'a' 被转变成字符串 "a"，连接得到字符串 "a"，然后再连接整数 1，1 先转换成字符串"1"，参与连接得到结果 "a1"。

2.6.2 关系运算符

关系运算符用于计算两个操作数之间的关系，包括大小比较运算符和类型比较运算符，如表 2-6 所示。关系表达式返回的结果为 boolean 类型。

表 2-6 关系运算符说明

类 别	运 算 符	表 达 式	描 述
大小比较	>	op1>op2	大于
	>=	op1>=op2	大于等于
	<	op1<op2	小于
	<=	op1<=op2	小于等于
	==	op1==op2	等于
	!=	op1!=op2	不等于
类型比较	instanceof	op1 instanceof op2	对象 op1 是否属于类型 op2

类型比较运算符 instanceof 在后续第 4 章有介绍。阅读下列大小比较运算符代码：

```
01.  boolean b1=true,b2=false,r1,r2,r3;
02.  b2<0;                    //错误，布尔数据不能与其他类型数据进行比较
03.  r1=b1==b2;               //两个布尔类型数据可以比较是否相等，r1=false
04.  2<3<5                    //错误，Java 的关系运算不支持数学上的连续比较
05.  float f1=9.0000003F;     //因为 float 类型尾数有效位数的原因，f1 存储为 9.0，9.0=9
06.  r2=f1>9;                 //r2=false
07.  r3=(3-2.17==0.83);       //r3=false，3-2.17 存储为 0.8300000000000001
```

注意：

(1) boolean 类型不能转为其他类型，因此不能与其他类型数据比较。布尔类型间可以比较是否相等(02、03 行)。

(2) Java 的关系运算符不支持连续比较(04 行)。

(3) 浮点数在存储时，因为小数部分的精度限制，其存储值与字面常量可能存在误差，所以尽量不要对浮点数直接进行大小比较(06、07 行)。

2.6.3 条件运算符

条件运算符是 "?:"，它是 Java 中唯一的三目运算符。其格式如下：

<布尔表达式> ? <表达式 1> : <表达式 2>

条件运算符的含义是：当<布尔表达式>为真时，整个表达式值为<表达式 1>的值；否则为<表达式 2>的值。

例如：

```
int a=5,b=6,max;
max=a>b?a:b;     //max=6
```

2.6.4 逻辑运算符

一个关系运算只能表示一个条件，如果一个问题有多个条件，这时可以用逻辑运算符将多个条件连在一起。逻辑运算符包括与、或、非、异或。这些运算符的操作数和运算结果都是布尔型。表 2-7 对逻辑运算符进行说明，具体的运算规则如表 2-8 所示。

表 2-7 逻 辑 运 算

分类	运算符	表达式	描述
与	&& 短路逻辑与	op1 && op2	左右操作数都为真时为真
	& 逻辑与	op1 & op2	左右操作数都为真时为真
或	|| 短路逻辑或	op1 || op2	左右语句有一则或超过一则为真时为真
	| 逻辑或	op1 | op2	左右语句有一则或超过一则为真时为真
非	! 逻辑非	! op1	取反：假时为真，真时为假
异或	^ 逻辑异或	op1 ^ op2	左右相异时为真，左右相同时为假

表 2-8 逻辑运算规则

op1	op2	op1&op2	op1&&op2	op1|op2	op1||op2	!op1	op1^op2
true	true	true	true	true	true	false	false
true	false	false	false	true	true	false	true
false	true	false	false	true	true	true	true
false	false	false	false	false	false	true	false

逻辑与&和短路与&&的区别在于：如果使用&连接，那么无论任何情况，&两边的语句都会参与计算；如果使用&&连接，当&&的左边为 false，将不会计算其右边的语句。这也称为逻辑运算符的短路规则。

同理，逻辑或"|"和短路或"||"的区别在于：如果使用前者连接，那么无论任何情况"|"两边的语句都会参与计算；如果使用"||"连接，当左边为 true，将不会计算其右边的语句。

阅读下列代码：

```
01.  boolean b1,b2,b3;
02.  int a=5,b=6;
03.  int i=100;
04.  b1=(a>b)&&( ++i==1);      //b1=false,++i==1 没有执行,i=100
05.  b2=(a<b)||(i++==1);       //b2=true,i++==1 没有执行,i=100
06.  b3=true||false&&false;    //b3=true
```

说明：

逻辑与、或、非和异或的优先级：逻辑非 > 逻辑与 > 逻辑异或 > 逻辑或。所以第 06 行代码，先执行&&运算，后执行 || 运算，相当于 true || (false&&false)，结果为 true。

2.6.5 位运算符

位运算是对操作数以二进制位(补码)为单位进行的运算，操作数和结果均为整型数。位运算可获得或设置二进制数的某一位或某几位。位运算符分为按位运算符和移位运算符。

1. 按位运算符

按位运算符包括~、&、| 和 ^。运算符的用法如表 2-9 所示。其运算规则如表 2-10 所示。

表 2-9 按位运算

运算符	表达式	描 述
~	~ op	按位取反
&	op1 & op2	按位与
|	op1 | op2	按位或
^	op1 ^ op2	按位异或

第 2 章 基本程序设计

表 2-10 按位运算规则

操作数 op1	操作数 op2	~op1	op1&op2	op1|op2	op1^op2
0	0	1	0	0	0
0	1	1	0	1	1
1	0	0	0	1	1
1	1	0	1	1	0

1) 按位取反 "~" 应用

对二进制的每一位数都进行取反操作，例如 0 变 1，1 变 0。

2) 按位与 "&" 应用

(1) 按位与运算可以实现对整数 a 的某些二进制位清 0，其余位不变。为了实现上述目的，需要选取合适的整数 b，将对应于 a 要清零的位设为 0，其余位设为 1，整数 b 被称为掩码(mask)，如图 2-6(a)所示。

(2) 按位与也可以用来取某个整数 a 中指定位的值。为了实现上述目的，需选取整数 b，将对应 a 要取的位设为 1，其余位设为 0。如图 2-6(b)所示，若要取整数的第 3 位和第 4 位，可让该数与 00001100 进行与运算，最后结果可能是 0(3、4 位为 0)、4(3 位为 1，4 位为 0)、8(3 位为 0，4 位为 1)和 12(3、4 位都为 1)。

```
   0 0 0 1 1 0 0 1    (25)          0 0 0 1 1 0 0 1    (25)
 & 1 1 1 1 1 0 0 0    (-8补码)      0 0 0 0 1 1 0 0  & (12)
   0 0 0 1 1 0 0 0    (24)          0 0 0 0 1 0 0 0    (8)
            (a)                              (b)
```

图 2-6 按位与运算

3) 按位或 "|" 应用

按位或可以用来把整数 a 的某些特定的位置变为 1，其余位不变，方法是将掩码对应于 a 要置 1 的那些位设为 1，其余设为 0，如图 2-7 所示。

```
    0 0 0 1 1 0 0 1    (25)
    0 0 0 0 0 1 1 1    (7)
  | ─────────────────
    0 0 0 1 1 1 1 1    (31)
```

图 2-7 按位或运算

4) 按位异或 "^" 应用

(1) 按位异或可以实现对整数的某些二进制位取反，其余位不变。方法是将掩码 b 对应于 a 要取反的位设为 1，其余位设为 0，如图 2-8 所示。

```
      0 0 0 1 1 0 0 1    (25)
  ^   0 0 0 0 0 1 1 1    (7)
      ─────────────────
      0 0 0 1 1 1 1 0    (30)
```

图 2-8 按位异或运算

(2) 如果对一个数自身做异或运算，返回 0；一个数异或 0，返回这个数本身。例如：

a^a=0　　　　　　　　　//任何数异或自己都等于 0
0^a=a　　　　　　　　　//任何数异或 0 都等于它本身

所以，可以用来实现加密和奇偶校验。例如：

a^b=c　　　　　　　　　//加密
c^b=a^b^b=a^(b^b)=a^0=a,
c^b=a　　　　　　　　　//解密

假如 a 为原文，则 b 为密钥，c 为密文。加密和解密使用相同的密钥 b。美国数学家香农(Claude Shannon)证明只要满足两个条件，异或加密就是无法破解的。第一，b 的长度大于等于 a；第二，密钥 b 必须是一次性的，且每次都要随机产生。满足上述两个条件的密码被称为一次一密密码(one-time pad)。

奇偶校验的基本运算也是异或运算，奇偶校验根据二进制代码的数位中"1"的个数是奇数或偶数来进行校验。采用奇数的称为奇校验，反之称为偶校验。偶数个 1 的结果为 0，奇数个 1 的结果为 1。

2. 移位运算符

移位运算符将操作数对应的二进制位向左或向右移动若干位，具体包括 3 个，<<、>>、>>>。移位运算规则如表 2-11 所示。

表 2-11　移位运算规则

运算符	表达式	描　　述
<< (有符号左移)	op1<<op2	操作数 op1 的二进位顺序往左移动 op2 位。空出的低位用 0 填充，移出的高位舍弃不要
>> (有符号右移)	op1>>op2	操作数 op1 的二进位顺序往右移动 op2 位。空出的高位用原来的最高位(符号位)填充，移出的低位舍弃
>>> (无符号右移)	op1>>>op2	操作数 op1 的二进位顺序往右移动 op2 位。空出的高位用 0 填充，移出的低位舍弃

1) 有符号左移<<

在没有产生溢出的情况下，每左移 1 位，相当于操作数乘以 2，左移 n 位，相当于乘以 2 的 n 次方。如图 2-9 所示，$-12<<3 = -12*2^3 = -96$。

<<3	1	1	1	1	0	1	0	0	(-12补码)
	1	0	1	0	0	0	0	0	(-96)

图 2-9　有符号左移

2) 有符号右移>>

每右移一位，相当于操作数除以 2，右移 n 位，相当于操作数除以 2 的 n 次方。位右移运算可以使结果的符号与原操作数的符号相同，又称为算术右移。如图 2-10 所示，

4>>2=1。

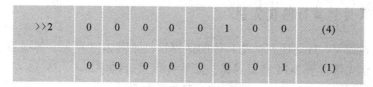

图 2-10 有符号右移

3) 无符号右移>>>

对于正整数，每右移 1 位都相当于将操作数除以 2，右移 n 位相当于操作数除以 2 的 n 次方，但对于负数，无符号右移的结果与原数差距较大。例如：

4>>>2=1；
-4>>>2=1073741822；

注意：

(1) 移位运算符适用整型数，对低于 int 型的操作数系统将自动转换为 int 型再移位。

(2) 对于 int 型整数移位 a>>b，系统先将 b 对 32 取模(低 5 位)，得到的结果才是真正移位的位数，对 long 型整数则对 64 取模(低 6 位)。例如，a>>33 和 a>>1 的结果一样。

(3) 移位不会改变变量本身的值，如 a>>1，在一行语句中单独存在，毫无意义。

(4) 计算机存储的数是补码表示，因为正数的原码和补码是一样的，但负数是不一样的，负数的反码是原码的数值位按位求反，补码是反码+1 的结果，所以，负数的移位带来的结果会变化很大。

2.6.6 赋值运算符

赋值运算符用来把右边表达式的值赋给左边的变量，即将右边表达式的值存放在变量名所表示的存储单元中，赋值运算符分为基本赋值运算符和扩展赋值运算符。

基本赋值运算符的语法格式如下：

变量=表达式；

扩展赋值运算符的语法格式如下：

变量 扩展赋值运算符 表达式；

赋值运算符在所有运算符中是优先级最低的。其结合性是右结合，赋值表达式本身也是表达式，其值就是赋值后的变量值，所以赋值表达式可以连续赋值。赋值运算规则如表 2-12 所示。

表 2-12 赋值运算规则

分类	运 算 符	表 达 式	描　　述
基本赋值	=	a=b	将 b 的值赋给变量 a
		a=b=c	将 c 的值赋给 b，再赋给 a
扩展赋值	+=、-=、*=、/=、%= &=、|=、^=、 <<=、>>=、>>>=	a 扩展赋值运算符 b	由基本赋值运算与算术运算符和位运算符组合而成，共 11 个。例如，a += 3 等价于 a = a + 3

2.6.7 表达式及运算符的优先级

除了上述运算符，Java 还有一些其他的运算符，如表 2-13 所示。各运算符在表达式中有不同的运算优先级，表 2-14 将运算符按照优先级进行排序。

表 2-13 其他运算符

运算符	表达式	描述
()	(a+b)*c	用于改变表达式中运算次序
[]	arg[i]	数组下标运算符
.	System.out	分量运算符，用于字段或方法的引用
new	new String("abc")	用于实例化对象，为对象分配内存空间

表 2-14 运算符的优先级

优先级	运算符	结合性
1	( ) [ ] .	从左向右
2	! ~ +(正) -(负) ++ --	从右向左
3	new	从左向右
4	/ * %	从左向右
5	+ -	从左向右
6	>> >>> <<	从左向右
7	< > <= >= instanceof	从左向右
8	== !=	从左向右
9	&	从左向右
10	^	从左向右
11	|	从左向右
12	&&	从左向右
13	||	从左向右
14	?:	从右向左
15	= += -= *= /= %= ^= &= |= <<= >>= >>>=	从右向左

"()" "[]" "." 运算符的优先级最高，结合性是左结合。如果掌握不好优先级和结合性，可以用 "()" 组织表达式，改变运算次序。赋值运算符的优先级最低，其结合性为从右至左。

2.7 数 组

使用单个变量能存放一个值，但系统要处理更多数量的信息时，每个数据单独定义一个变量就不合适了，此时采用数组可以很好地解决问题。数组是相同类型的数据元素按顺序组成的有序集，元素类型可以是基本数据类型，也可以是对象类型。元素在数组中的相对位置由下标来指定。数组中的每个元素通过数组名加下标进行引用。

在 Java 中，数组是独立的类，根据数组的维数，可以将数组分为一维数组、二维数组和多维数组。

2.7.1 一维数组

1. 声明一维数组

同其他类变量一样，在使用数组前必须先声明它。一维数组声明的格式有如下两种：

```
类型    数组名[ ];
类型[ ]  数组名;
```

说明：

(1) 类型指数组中各元素的数据类型，它可以是基本类型和引用类型。

(2) 符号 "[ ]" 表明了该变量是一个一维数组类型，它可以出现在数组名的后面，也可以出现在类型的后面。例如：

```
int list[ ];
int[ ] list;
```

在声明数组时，不能指定数组长度，因为声明数组时，还没有为数组分配内存空间。

2. 创建一维数组

在 Java 中通过 new 创建新的数组对象，并为数组分配内存空间。创建数组空间时必须声明数组的长度，以确定所开辟的内存空间的大小。其语法格式如下：

```
数组名=new 类型[长度]        //例如 list=new int[3];
```

说明：

(1) 数组的长度是大于等于 0 的整数。

(2) 为简化起见，还可以把数组的声明和创建合并在一起，其语法格式如下：

```
类型 数组名[ ]=new 类型[长度];
```

例如：

```
int list[]=new int[3];
```

等同于下面两条语句：

```
int list[ ];
list=new int[3];
```

(3) new 后面的对象类型一般需要与声明类型一致，对于引用类型则需要兼容。

例如：

```
long a[]=new long[10]           //合法
long a[]=new int[10]            //非法
String[] ob1=new String[5]      //合法
Object[] ob1=new String[5]      //合法
```

3. 数组的初始化

数组的初始化方式有两种：一种方式是创建数组时自动初始化数组；另一种方式是在声明数组的同时为各元素指定初值。

(1) 用 new 运算符为一个数组分配内存空间后，系统将为每个数组元素赋初值，这个初值取决于数组元素的类型。整型数的初始值为 0，浮点型数为 0.0，字符型数组元素的初值为 "\u0000"，布尔型数组元素的初值为 false，引用类型的初值为 null。

(2) 声明的同时为各元素指定初值，其语法为：

类型[] 数组名={初值1，初值2，…}

或

类型[] 数组名=new 类型[]{初值1，初值2，…}

例如：

int a[ ]={100,200,300,400,500};
int b[]=new int[]{600, 700, 800, 900};

4. 数组的使用

(1) 访问数组元素。

通过下标可以定位数组中的任一元素，下标从 0 开始递增计数。其表示方式如下：

数组名[下标]　　　　　　　//例如 a[1]=200

Java 在对数组元素操作时会对数组下标进行越界检查，以保证安全性。若数组元素个数为 Len，在 Java 程序中，下标如果超出了数组下标的使用范围(0~Len-1)，则程序将抛出数组下标越界异常。

(2) 访问数组整体。

数组名是指向数组对象的引用，可以通过修改引用来指向不同的数组对象。

例如：

int a[ ]={100,200,300,400,500};
a=new int[10]   //指向新的数组对象
int[] b=a;   //b 和 a 指向同一个数组对象

(3) 数组字段 Length。

在 Java 中，对于每个数组都有一个属性 length 来指明其容纳的元素的个数，length 是 final 常量，在数组初始化时被赋值，之后不能被修改，所以可以被公开。

例如：

int a[ ]={100,200,300,400,500};
System.out.println("the length of a is "+a.length) ; //a.length=5

2.7.2 二维数组

二维数组可以视为将一维数组作为其元素的一维数组。可以使用二维数组存放矩阵和表。下面以二维数组为例来说明。更多维的情况是类似的。

1. 二维数组的声明

二维数组用两个中括号[][]来声明两个维度，二维数组说明的格式如下：

类型[ ][ ]   数组名;

或

类型   数组名[ ][ ];   //例如：int[ ][ ] intArray; 或 int intArray[ ][ ];

2. 二维数组的创建

与一维数组相同，声明数组不会为数组元素分配内存空间，需要用 new 关键字来创建数组，分配空间有下面几种方法。

(1) 直接为每一维分配空间，格式如下：

数组名=new 类型[第一维长度][第二维长度];

例如：

int a[ ][ ]=new int[2][3];

该语句创建了一个二维数组 a，其较高一维含两个元素，每个元素又是长度为 3 的一维整型数组。图 2-11 为该数组的示意图。

a[0][0]	a[0]1]	a[0][2]
a[1][0]	a[1][1]	a[1][2]

图 2-11   直接为每一维分配空间的示意图

(2) 从最高维开始，分别为每一维分配空间，例如：

int b[ ][ ]=new int[2][ ];   //最高维含 2 个元素，每个元素为一个整型数组
b[0]=new int[3];   //最高维第一个元素是一个长度为 3 的整型数组
b[1]=new int[5];   //最高维第二个元素是一个长度为 5 的整型数组

图 2-12 为该数组的示意图。

b[0][0]	b[0][1]	b[0][2]		
b[1][0]	b[1][1]	b[1][2]	b[1][3]	b[1][4]

图 2-12   分别为每一维分配空间的示意图

运算符 new 分配内存时，对于多维数组，至少要给出最高维的大小。在上述二维数组中，可以将 b[0], b[1]当作一维数组名。如果在程序中出现"int a2[ ][ ]=new int[ ][ ]"，编译器将会提示"缺少数组维"的错误。

(3) 声明数组的同时，直接赋值创建，格式如下：

类型[ ][ ]   数组名={ {第一行初值}, {第二行初值},...};

其中，内层花括号的对数是二维数组第一维的长度。

例如：

int a[ ][ ]={{2,3},{1,5},{3,4}}

声明了一个 3 行 2 列的数组，并对每个元素赋值，如图 2-13 所示。

a[0]	2	3
a[1]	1	5
a[2]	3	4

图 2-13 二维各行的列数

3. 数组的使用

(1) 访问数组元素，其引用格式如下：

数组名[下标1][下标2]

下标 1 和下标 2 为非负的整数或表达式，如 a[2][3]。同样，每一维的下标取值都从 0 开始。

(2) 访问数组长度 length。

可以求二维数组的长度，也可以分别求每一行的长度。

例如：

```
int a[][]={{2},{1,5},{3,4}};
System.out.println(a.length);        //打印 3
System.out.println(a[0].length);     //打印 1
System.out.println(a[2].length);     //打印 2
```

习　　题

一、填空题

1. 某个培训中心要为新到的学员安排房间，假设共有 x 个学员，每个房间可以住 6 个人，用一个数学表达式来计算他们要住的房间数 ＿＿＿＿＿＿＿＿。

2. 给出在循环中，x 的变化特点 ＿＿＿＿＿＿＿＿＿＿＿＿＿＿。

```
        int x=0
        while(true){
            x=(x+1)%10
        }
```

3. 用移位运算实现求 2 的 x 次方 ＿＿＿＿＿＿＿＿。

4. 用按位与运算，取模运算分别判断一个数是否奇数 ＿＿＿＿＿＿, ＿＿＿＿＿＿。

5. 利用位运算，判断一个数是否 2 的 n 次幂 ＿＿＿＿＿＿。

6. 一组数，其中只有两个数出现奇数次，其他的都出现偶数次，要找出这两个数，应 ＿＿＿＿＿＿。

7. 一组数，其中只有一个数出现奇数次，其他的都出现偶数次，要找出这个数，应 ＿＿＿＿＿＿？(异或运算)

8. 设 x 为 float 型变量，y 为 double 型变量，a 为 int 型变量，b 为 long 型变量，c 为 char 型变量，则表达式 x+y*a/x+b/y+c 的值为 ＿＿＿＿＿＿＿＿ 类型。

9. 设 x=2.5，a=7，y=4，则表达式 x+a%3*(int)y 的值为 _____。

10. 写出下列程序的运行后，b 和 c 的值 _____。

```
int a=5,b=1;
boolean c=(a<10)||(++b>=2);
```

二、改错题

1. int r=5;

   float area=r*r*3.14 ;

2. ```
   public class Test {
   public static void main(String arg[]){
      int i=m+2;
      System.out.println(i);
      }
   }
   ```

3. ```
   public class Test{
       public static void main(String arg[]){
         int i=j=k=2;
         System.out.println(i);
         }
   }
   ```

三、简答题

1. 类名、方法名、常量、变量的命名习惯是什么？
2. 假设今天是星期二，用 Java 表达式表示 100 天后将是星期几。
3. Java 的注释有哪几种，注释太多会不会影响程序的执行效率？
4. 请找出下列数据中正确的字面值。

    5_2534e+1   _2534.0   5_2   5_   23.4e-2   39F   40D

5. 整数会溢出吗？浮点数运算会导致溢出吗？溢出会导致什么后果？

第 3 章 流程控制

本章学习目标

(1) 能够使用标准输入/输出操作。
(2) 掌握分支结构、循环结构及跳转结构的用法。

前面章节所运行的程序都是按照语句编写的先后顺序逐条执行的，在实际程序开发中，程序除了顺序执行外，还需要对流程进行控制。流程是指程序代码的执行顺序，流程控制就是控制代码的执行顺序。流程控制语句包括顺序结构控制语句、选择结构控制语句、循环结构控制语句和跳转结构控制语句。图 3-1 给出了前 3 种结构。

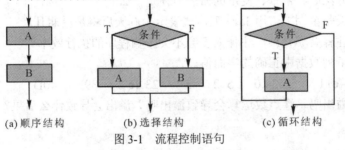

图 3-1　流程控制语句

3.1　顺序结构及标准输入/输出

顺序结构表示程序是按照语句编写的先后顺序执行的，是一种简单的程序结构。顺序结构的语句主要有变量说明语句、赋值语句、方法调用语句等。

输入/输出操作是程序的重要组成部分，它提供了人机交互的手段。输入是指把需要加工的数据存放到计算机中，输出则是把计算机处理的结果呈现给用户。

计算机支持多种输入和输出设备。例如，鼠标、键盘、扫描仪等是输入设备，显示器、打印机等是输出设备。其中，键盘称为标准输入设备，显示器称为标准输出设备。在 Java 中，对设备的基本输入/输出操作采用流的概念进行封装。Java 定义了很多流，标准输入流对象是 System.in，标准输出流对象是 System.out，标准错误输出流对象是 System.err。

3.1.1 标准输入与 Scanner

System.in 对象读取数据的基本单位是字节，可用方法 System.in.read()顺序读入一个字节，或用方法 System.in.read(byte b[],int off, int length)读入多个连续字节。用户程序通常需要将字节数据解析成不同类型的数据。为了简化这部分工作，可以用 Scanner 对象将字节流转换成基本数据类型、大数类型或字符串类型。创建 Scanner 对象的语法如下：

Scanner sc=new Scanner(System.in);

流对象 sc 中封装了标准输入设备资源，所以用完后需要关闭流，回收资源。方法如下：

sc.close();

Scanner 类中常用的与基本数据类型和字符串类型有关的方法如表 3-1 所示。

表 3-1　Scanner 类中的常用方法

返回值类型	方　　法	作　　用
boolean	hasNext()	判断是否还有另一个标记存在
boolean	hasNextXxx()	检测输入源是否存在下一个，"Xxx"表示数据类型的数据，数据类型可以是 boolean、byte、short、int、long、float、double、BigInteger 和 BigDecimal 等，"X"表示首字母为大写，如 hasNextInt()
boolean	hasNextXxx(int radix)	"Xxx"表示数值类型的数据，radix 指定使用的进制基数
xxx	nextXxx()	读入类型为 xxx 的数据,可读入的类型与 hasNextXxx 方法相同，如 nextDouble()
String	nextLine()	读入一行字符
String	next()	读入一个字符串

【例 3.1】 标准输入/输出。

```
import java.util.Scanner;
public class test{
public static void main(String arg[]){
    Scanner sc=new Scanner(System.in);
    int    in1=sc.nextInt();
    double dou1=sc.nextDouble();
    boolean bool1=sc.nextBoolean();
    String str1=sc.next();
    sc.nextLine();            //清除上次输入仍遗留在缓冲中的行结束符
    String str3=sc.nextLine();
    System.out.println(in1+" "+dou1+"   "+bool1+"   "+str1）;
    System.out.println(str3);
    sc.close();
  }
}
```

运行结果：

123   45.67   true   scannerTest
str3 test
123   45.67   true   scannerTest
str3 test

补充知识

(1) 输入数值型数据时不能有前缀和后缀。

(2) 用 next()方法输入字符串时，一定要读取到有效字符后才能结束输入。输入的有效字符之前的空白符将被自动去掉，只有有效字符之后的空白才被作为分隔符或者结束符。因此，next()方法不能得到两端带有空格的字符串。

(3) 用 nextLine()方法输入字符串时，以回车键作为结束符。也就是说，nextLine()方法返回的是回车键之前的所有字符。因此，nextLine()方法可以输入有空格的字符串。

(4) 调用 next/nextXxx 方法之后，不能直接用 nextLine()方法输入一行文本，因为数据的 next 方法在读取数据后其后的空格键、Tab 键或回车键等分隔符或结束符仍留在缓冲区内。因此，如果 nextLine()方法直接跟在 nextXxx()方法后面，则其读取的是一个空字符串。所以，程序中的 sc.nextLine()用于清除上一行执行 sc.next()方法后遗留在缓冲区中的回车键。

3.1.2 标准输出

System.out 对象包含多个向显示器输出数据的方法，其中最常用的是 print()方法、println()方法和 printf()方法。

1．print()方法

print()方法可以输出基本数据类型和数组、字符串等对象。例如：

System.out.print(123);

System.out.print("Input Name:");

执行该代码将显示下述输出结果：

123 Input Name:

2．println()方法

println()方法可以有参数，也可以没有参数。如果有参数，实参同 print()方法。两个方法的不同之处是：println()输出参数后换行，而 print()方法不换行。如果 println()方法无参数，则只输出换行。

例如：

System.out.println("---"+true+3.5+'m'+"end.---");

运行结果：

---true3.5mend.---

3．printf()方法

printf()方法用于输出有格式的数据，其具体格式如下：

printf(String format, Object... args))

其中,"format"是用于控制后面输出项的字符串,"args"是个数可变的输出数据。"format"的格式如下:

[普通字符]%[标志字符][输出宽度][.小数位数]格式控制字符[普通字符]

其中,"%"和"格式控制字符"必须有,其余的可有可无;"普通字符"按原样输出;标志字符如表 3-2 所示;格式控制字符如表 3-3 所示。

表 3-2 标志字符

标志字符	作 用
-	输出数据左对齐
#	以八或者十六进制数输出,数据前会加 0 或 0x
+	强制输出符号+或-
' '	输出正数时前面有一个空格
0	若输出数据达不到指定宽度,则用 0 填充
,	千分位(整数部分)
(	如果输出的是负数,则给负数加括号,但不显示负号

表 3-3 格式控制字符

控制字符	描 述
B 或 b	以字符串形式显示的布尔类型,b 表示小写,B 表示大写。如果对应位置上的参数输入为空,显示 false;如果不是 boolean 或 Boolean 也不为空,则显示 true
H 或 h	数据以十六进制字符串显示
S 或 s	字符串,输出字符串
C 或 c	字符,输出字符
d	整型,输出十进制整型数
o	整型,输出八进制整型数
X 或 x	整型,输出十六进制整型数
E 或 e	浮点型数,数据以指数形式输出
f	浮点型数,数据以十进制浮点型输出
G 或 g	浮点型数,根据数据的大小和精度,自动选择合适的格式输出
A 或 a	浮点型数,十六进制 P 指数法输出
n	换行符
T 或 t	输出 Date 或 Time 的字符串形式
%	百分比符号

例如:

int a=123,b=456;

System.out.printf("1:a>b=%b,a<b=%B%n",a>b,a<b);

System.out.printf("2:%-8d,%8d\n",a,b);

double c=123.0;

```
System.out.printf("0x1.9p6=%-8.2f\n",0x1.9p6);
System.out.printf("0x1.9p6=%-5a\n",100.0);
System.out.printf("the result is %.3f",c);
```
运行结果：
```
1:a>b=false,a<b=TRUE
2:123, 456
0x1.9p6=100.00
0x1.9p6=0x1.9p6
the result is 123.000
```

3.2 分支结构

分支结构也称选择结构，提供了使程序根据相应的条件去执行对应语句的控制机制。分支结构包括两类：if-else 语句及 switch 语句。

3.2.1 if 选择

1. if 和 if-else 语句

if 语句根据判定条件的真假来执行两种操作中的一种。简单语法形式如下：

```
if( 条件表达式)
    语句或语句块 1
[else
    语句或语句块 2
]
```

其中，用"[]"括起的 else 部分是可选的。若无 else 部分，if 语句的流程如图 3-2(a)所示，是单分支结构。语句的执行过程是：首先计算条件表达式，若表达式的值为 true，则程序执行语句或语句块 1，否则什么也不做。

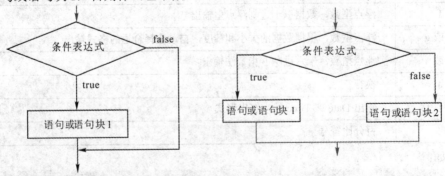

(a) 无 else 部分的 if 语句流程图　　　　(b) 有 else 部分的 if 语句流程图

图 3-2　if-else 语句流程图

若有 else 部分，if 语句的流程如图 3-2(b)所示，是双分支结构。语句的执行过程是：首先计算条件表达式，若值为 true，则程序执行语句或语句块 1，否则执行语句或语句块 2。

但要注意的是：

(1) 条件表达式必须用括号( )括起来，其结果一定是布尔值。

(2) else 不能作为语句单独使用，它是 if 语句的一部分，与之前最邻近的 if 配对。

(3) 如果 if 控制多条语句，则用大括号{}构成语句块，否则只控制第一条语句。

【例 3.2】 闰年出现的规律是：四年一闰；百年不闰，四百年再闰。根据输入的年份 x 判断是否为闰年，也就是当年份满足下列两个条件之一，则结果为闰年。

(1) x 可以被 4 整除，但不能被 100 整除。

(2) x 可以被 400 整除。

代码：leapYear.java
```java
import java.util.Scanner;
public class leapYear{
    public static void main(String arg[]){
        Scanner sc=new Scanner(System.in);
        System.out.println("请输入年份");
        int year=sc.nextInt();
        sc.close();
        if((year%4==0)&&(year%100!=0)|| year %400==0)
            System.out.printf("%d 是闰年", year);
        else
            System.out.printf("%d 是平年",year);
    }}
```

运行结果：

请输入年份

2001

2001 是平年

2. if 语句的嵌套

如果 if 或 else 的子句还包含 if 或 if-else 语句，则将所包含的语句称为 if 或 if-else 语句的嵌套，形成多分支结构。多分支的结构很多，例如：

```
if(布尔表达式 1)
    语句 1;
  else if(布尔表达式 2)
      语句 2;
    …
      else if(布尔表达式 n)
        语句 n;
          else 语句 n+1;
```

上述多分支流程如图 3-3 所示，程序从上往下依次判断布尔表达式的条件，一旦某个条件满足(即布尔表达式的值为 true)，就执行相关的语句，然后不再判断其余条件，直接转到后续语句去执行。Java 规定：else 总是与之前离它最近的 if 配对。如果需要，可以通过使用花括号"{}"使这段代码更加清晰。

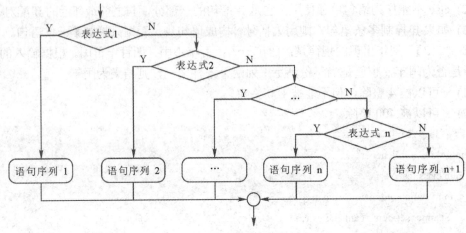

图 3-3　if/else 嵌套流程图

【例 3.3】 求三个数值中的最大值。

代码：maxNumber.java
```
import java.util.Scanner;
public class maxNumber{
    public static void main(String arg[]){
        double a,b,c,max ;
        System.out.println("please input three numbers ");
        Scanner sc=new Scanner(System.in);
        a=sc.nextDouble();
        b=sc.nextDouble();
        c=sc.nextDouble();
        sc.close();
        if (a>b)
            if (a>c)
                max=a;
            else
                max=c;
        else
            if(b>c)
                max=b;
            else
                max=c;
        System.out.println("the max number is :"+max);
    }
}
```

运行结果：
please input three numbers a b c
23 45 67

the max number is :67.0

当然，上述代码中嵌套的双分支结构可以用关系运算，max=a>c?a:c；max=b>c?b:c 代替。

3.2.2 switch 选择

当判断条件较多时，用嵌套的 if-else 结构显得有些笨拙，这时可以用 switch 选择语句实现多重选择判断。它的语法形式如下：

```
switch (表达式)
{
    case 常量 1: 语句 1
                [break;]
    case 常量 2: 语句 2
                [break;]
    …
    case 常量 n: 语句 n
                [break;]
    [default:   默认处理语句]
}
```

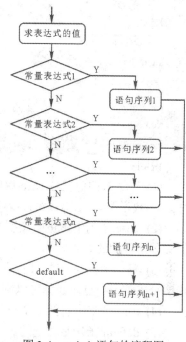

图 3-4 switch 语句的流程图

switch 语句中的每个"case 常量："称为一个 case 子句，代表一个 case 分支的入口。switch 语句根据表达式的结果从与表达式值相匹配的 case 标签处开始执行，直到遇到 break 语句或执行到 switch 语句结束处为止。如果没有相匹配的 case 标签，而有 default 子句，就执行这个子句。switch 语句的流程图如图 3-4 所示。

【例3.4】 随机生成 5 个小写字母，判断是元音、半元音还是辅音。

代码： VowelAndConsonaut.java

```
public class VowelAndConsonant{
    public static void main(String[ ] args) {
        for (int i=0; i<5; i++) {
            char c=(char)(Math.random( )*26+'a');
            System.out.print(c+":");
            switch (c){
                case 'a':
                case 'e':
                case 'i':
```

```
                case 'o':
                case 'u': System.out.println("vowel");            //元音
                    break;
                case 'y':
                case 'w': System.out.println("Semi-vowels");
                    break;
                default: System.out.println("consonant");         //辅音
            }
        }
    }
}
```

一次运行结果：

k:consonant
i:vowel
d:consonant
r:consonant
z:consonant

说明：

(1) 表达式的值及各 case 后的常量值必须是 byte、short、int、char、字符串(从 Java 7 开始)、枚举类型(见第 4 章)。若是 byte、short 型，则自动提升为 int 型。

(2) case 子句中常量的类型必须与表达式的类型相兼容，并且每个 case 子句中常量的值必须是不同的。

(3) 每一个 case 值都只负责指明流程分支的入口点，表示从此处开始执行，而不负责指明分支的出口点。我们可以利用这一点来用同一段语句处理多个 case 条件。

(4) case 分支中包括多个执行语句时，可以不用花括号"{}"括起来。

(5) default 子句是可选的。

(6) if-else 语句可以基于一个范围内的值或一个条件来进行不同的操作，但 switch 语句中的每个 case 子句都必须对应一个单值。通过 if-else 语句可以实现 switch 语句所有的功能。但通常使用 switch 语句更简练，且可读性强，程序的执行效率也高。

从 JDK 7 开始，Java 支持 switch 的字符串表达式。编译过程中，通过求字符串的 hashcode 函数将字符串转变成整数标记。如果这个字符串是空的，没办法调用 hashcode 函数，则会出现异常，因此 switch 的表达式及 case 后的常量值不能为 null。

【例 3.5】 switch 语句的示例。

```
代码：StrSwitch.java
import java.util.Scanner;
public class StrSwitch{
    public static void main(String arg[]){
        String result;
        for(String s:arg){
```

```
        switch(s){
            case "Mon": result="周一"; break;
            case "Tue": result="周二"; break;
            case "Wed": result="周三"; break;
            case "Thu": result="周四"; break;
            case "Fri": result="周五"; break;
            case "Sat": result="周六"; break;
            case "Sun": result="周天"; break;
            default:    result="未知描述";
                }
            System.out.printf("%s is %s\n",s,result);
        }
    }
}
```

运行结果:

E:\tempcode>java StrSwitch   abc Mon

abc is 未知描述

Mon is 周一

E:\tempcode>java StrSwitch

【例 3.6】 枚举值在 switch 中的使用。

代码：EnumSwitch.java

```
    enum LightColor {red, yellow, green}    //定义亮色枚举类型

    public class EnumSwitch{
    public static void main(String arg[]) {
    LightColor lc=LightColor.red;
    switch(lc) {
    case red:    System.out.println("亮红灯");
                break;
    case yellow: System.out.println("亮黄灯");
                break;
    case green: System.out.println("亮绿灯");
                break;
        }
      }
    }
```

运行结果:

java EnumSwitch

亮红灯

注意：switch 语句中使用枚举常量时，不必在每个标签中指明枚举名，可以由 switch 的表达式值确定。因此，上述代码的每个 case 标签值不能加前缀类型 LightColor，否则编译不通过。

3.3 循环结构

循环语句的作用是：当条件成立时，反复执行同一段代码。循环结构包括 while 语句、do-while 语句和 for 语句。

3.3.1 while 语句

while 语句的语法形式如下：

```
while(条件表达式)
    循环体
```

while 语句执行的过程为：首先判断条件表达式的值，如果布尔表达式的值为 true，则执行循环体(可以是一条语句，也可以是语句块)，然后判断条件，直到布尔表达式的值为 false，停止执行语句。while 语句的流程图如图 3-5 所示。

使用 while 语句时应注意以下两点：

(1) 该语句是先判断后执行，若一开始条件就不成立，则不执行循环体。

(2) 在循环体内一定要有改变条件的语句，否则就是死循环。

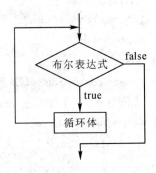

图 3-5 while 语句的流程图

【例 3.7】 计算存款收益。

假设有一万元本金，按 5%的年利率存银行，求多长时间会连本带利翻一番。

代码：Profit.java

```
public class Profit{
    public static void main(String arg[]){
        double money=1, result, interest=0.05;
        int year=0;
        result=money;
        while(result<2*money){
            result=result*(1+0.05);
            year+=1;
        }
        System.out.printf("按照 0.05 的年利率，本金翻番需要用%d 年", year);
    }
}
```

3.3.2 do-while 语句

do-while 语句的执行流程与 while 语句的类似。其语法形式如下：

```
do{
    循环体
}while(条件表达式);
```

do-while 语句执行的过程为：先执行一次循环体中的语句，然后判断条件表达式的值，如果表达式的值为 true，则继续执行循环体，直到表达式的值为 false 为止。do-while 语句和 while 语句的不同之处在于：do-while 语句是先进入循环，然后判断条件。所以，用 do-while 语句时，循环体至少执行一次。do-while 语句的流程图如图 3-6 所示。

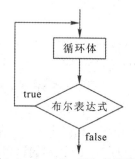

图 3-6 do-while 语句的流程图

【例 3.8】 猜测系统随机生成的数字，直到猜出为止。

```
代码：Guess.java
import java.util.Scanner;    //加载包
public class Guess {
    public static void main(String[] args) {
        Scanner scanner = new Scanner(System.in);
        int number = (int) (Math.random() * 10);
        int guess;
        do {
            System.out.print("猜数字(0～9):");
            guess = scanner.nextInt();
        } while(guess != number);
        System.out.println("数字为： "+number);
}}
```

注意：和 while 语句一样，do-while 语句的循环体中也应该有使循环趋向于结束的语句，否则循环将无限进行下去。本例中趋向于结束的语句是 guess=scanner.nextInt()。

3.3.3 for 循环

for 循环是使用最为频繁的循环语句。for 语句的语法形式如下：

```
for(初始化语句 1;条件语句 2;更新语句 3)
    循环体
```

for 循环是支持迭代的一种结构，它利用每次迭代之后更新的循环控制变量或类似的变量来控制迭代次数。for 语句的执行过程如图 3-7 所示。

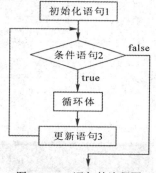

图 3-7 for 语句的流程图

(1) 初始化语句 1 通常用于将初值赋给循环变量,仅在开始时执行一次。
(2) 条件语句 2 若成立,执行循环体,否则结束循环。条件语句 2 的结果是布尔型。
(3) 执行完一次迭代后执行更新语句 3,更新语句 3 用于修改循环条件。
(4) 返回步骤(2)。

注意:

(1) for 结构中的三类语句用分号";"分隔。语句 1 和语句 2 分别指定循环条件的起始和结束边界,而且语句 1 和语句 3 可以是用逗号分隔的多个表达式。例如:

for(i=1,j=10; i<j&j>1;i++,j--)

(2) for 语句中的语句 1、语句 2、语句 3 都可以为空语句(但分号不能省略),三者均为空的时候,相当于一个无限循环,如 for(; ;) 。

(3) 在 for 语句的语句 1 中声明变量之后,此变量的作用域是 for 循环的整个循环体,此变量在循环体外不能使用。

一般来说,在循环次数预知的情况下,用 for 语句比较方便,而 while 语句和 do-while 语句比较适合于循环次数不能预先确定的情况。

【例 3.9】 求 Fibonacci 数列的前 40 项。

Fibonacci 数列:1,1,2,3,5,8,13,21,34,…。

从数列中可以看到:

$f_1 = 1$ (n = 1)

$f_2 = 1$ (n = 2)

$f_n = f_{n-1} + f_{n-2}$ (n ≥ 3)

代码:Fibonacci.java

```java
public class Fibonacci{
    public static void main(String args[]){
        long f1=1,f2=1;
        for(int i=1;i<=20;i++){
            System.out.printf("%-10d %-10d", f1, f2);
            f1=f1+f2;
            f2=f1+f2;
            if(i%5==0)
                System.out.println();
        }
    }
}
```

运行结果:

```
E:\tempcode>java Fibonacci
1          1          2          3          5          8          13         21         34         55
89         144        233        377        610        987        1597       2584       4181       6765
10946      17711      28657      46368      75025      121393     196418     317811     514229     832040
1346269    2178309    3524578    5702887    9227465    14930352   24157817   39088169   63245986   102334155
```

3.3.4 for-each 循环

从 JDK 5 开始,Java 提供了增强 for 循环功能,也称 for-each 循环,这种循环可以用来对数组或者容器(第 8 章讲解)对象进行遍历。其语法格式如下:

```
for(类型  var1:数组名/容器对象)
    循环体
```

例如:

```
for(String str1:arg)
    System.out.println(str1);
```

说明:

(1) 上述结构定义了一个变量 var1,依次暂存数组或容器中的每一个元素,并执行循环体。

(2) var1 一定要在 for 语句后的小括号中声明,且 var1 的类型与数组/容器对象的类型相兼容。

(3) for-each 循环语句的循环变量将会遍历数组中的每一个元素,而不需要使用下标。如果需要处理集合中的所有元素,则 for-each 循环语句显得更加简洁,更不易出错。

【例 3.10】 for 循环。

```
public class forDemo{
public static void main(String arg[]){
    int a[]={1,2,3,4};
    for(int i=0;i<a.length;i++)           //传统 for 循环
        System.out.print(a[i]+" ");
        System.out.println();
        for(int i:a)                       //for-each 循环
        System.out.print(i+" ");
        //int c;
        //for(c:a)   System.out.println(c); //错误,没有在 for 结构中声明变量 c
}}
```

3.3.5 循环嵌套

一个循环体内又包含另一个完整的循环结构,称为循环的嵌套。内嵌的循环中还可以嵌套循环,这就是多重循环。上述三种循环(while 循环、do-while 循环和 for 循环)语句之间可以相互嵌套使用。

【例 3.11】 百鸡问题。

已知公鸡 5 元 1 只,母鸡 3 元一只,小鸡 1 元 3 只,要求用 100 元刚好买 100 只鸡,有多少种采购方案?

分析:设变量 I、J、K 分别代表公鸡数、母鸡数及小鸡数,则 I+J+K=100(只)应是满足的第一个条件。要满足的第二个条件是:5I + 3J + K/3 = 100(元)。若用 100 元全部买公鸡,最多只能买 20 只；若全部买母鸡，最多只能买 33 只。在已确定了购买的公鸡数后，母鸡最多不能买 33 只，应扣除相应的公鸡数。

代码：Loop_Loop3.java

```
public class Loop_Loop3{
    public static void main(String args[]){
        int I,J,K;
        System.out.println(" 公鸡I 母鸡J  小鸡K");
        for(I=0;I<=20;I++)              //I 为公鸡数
        {
            for(J=0;J<=33;J++)          //J 为母鸡数
            {
                K=100-I-J;              //K 为小鸡数
                if(5*I+3*J+K/3.0==100)
                    System.out.println("    "+I+"     "+J+"     "+K);
            }
        }}}
```

运行结果：

公鸡I 母鸡J 小鸡K
  0   25   75
  4   18   78
  8   11   81
 12   4   84

3.4 跳 转 结 构

跳转语句用于中断控制流程，实现程序执行流程的转移。Java 语言虽然保留了标识符 goto，但它并不支持无条件跳转的 goto 语句。Java 的跳转语句有 break、continue 和 return。

迭代语句块中都可用 break 和 continue 控制循环流程，而 return 用于结束方法执行。

3.4.1 break 语句

break 除了可以用在 switch 语句中，亦可用于循环语句。在循环体中，其作用是强制退出循环，不执行循环中剩余的语句。break 语句在循环体中通常有两种使用情况。

1. 不带标号

当不带标号时，break 的功能是从当前循环体中跳转出来，转去执行该循环体后面的语句。

【例 3.12】 求一个数 a 的最大真因数。

分析：算法以 a-1 为起点，从大到小进行枚举，直到找到能整除 a 的数，用 break 退出循环。

代码：MaxDiv.java
```java
import java.util.Scanner;
public class MaxDiv{
    public static void main(String[] args){
        Scanner sc=new Scanner(System.in);
        int a=sc.nextInt();
        sc.close();
        int i=a-1;
        while(i>1){
            if(a%i==0){
                System.out.print(a+"的最大真因数为："+i);
                break; //不带标号的 break，用于结束本层循环
            }
            i--;
        }
        if(i==1)System.out.print("没有真因数");
    }
}
```

运行结果：
E:\tempcode>java MaxDiv
34
34 的最大真因数为：17
E:\tempcode>java MaxDiv
101
没有真约数

2. 带标号

除了结束所在层的循环外，如果需要结束多重循环中的外层循环，则可以使用带标号的 break 语句。break 语句的语法格式如下：

break　标号;

其中，标号是加在欲中断的循环块前面的标识符，后边跟一个冒号 ":"，其标记方式如下：

标号：循环语句块

执行 break 语句时就从标号所对应的循环中跳转出来。

【例 3.13】 在二维数组中查找从键盘输入的待查数据，并返回首次查到的位置。

代码：LabelBreak.java
```java
import java.util.Scanner;
public class LabelBreak {
    public static void main(String arg[]) {
```

```
        int[][] intArr={{8,7,4,18,14},{7,6,14,16,15},{4,13,8,2,13}};
        int i=0,j=0;
        System.out.println("please input the checked digital [0 20)");
        Scanner sc=new Scanner(System.in);
        int checkIn=sc.nextInt();
        sc.close();
        outLoop:for(i=0;i<3;i++)
            for(j=0;j<5;j++)
                if(intArr[i][j]==checkIn)
                {
                    System.out.printf("It is in intArr[%d][%d]",i,j);
                    break outLoop;
                }
        if(i>=3&&j>=5) System.out.println("not in the array");
    }
}
```

运行结果：

please input the checked digital [0 20)
4
the number is in intArr[0][2]

3.4.2 continue 语句

continue 语句只能在循环语句中使用。continue 语句的作用是中断当前一次执行的循环体操作，开始下一次迭代。continue 语句也有两种使用形式。

1. 不带标号

不带标号的 continue 语句会终止当前这一轮循环，跳过本次循环的剩余语句，进入当前循环的下一轮。

2. 带标号

continue 标号；

带标号的 continue 语句跳过本次循环的剩余语句，转入有标号标记的外层循环的下一次循环。标号一般定义在多层循环的外层循环语句前面。

【例 3.14】 不带标号的 continue 语句。打印 5 行 4 列的"#"图形。

代码 ContDemo.java
```
public class ContDemo{
    public static void main(String args[ ]){
        int x;
        for(x=1;x<21;x++){
            System.out.print("#");
```

```
                if( x % 4 != 0 )
                    continue;
                System.out.println();
        }
    }
}
```

运行结果：
```
####
####
####
####
####
```

【例 3.15】 带标号的 continue 语句。利用穷举法，找出 1~100 之间的素数。

代码 PrimeDemo.java
```
public class PrimeDemo{
    public static void main(String args[]){

        loop1:  for(int i=2;i<100;i++){
                    for(int j=2;j<=Math.sqrt(i);j++){
                        if((i%j)==0)
                            continue loop1;
                    }
                    System.out.print (i+"");
                }
    }
}
```

运行结果：

2 3 5 7 11 13 17 19 23 29 31 37 41 43 47 53 59 61 67 71 73 79 83 89 97

程序分析：

如果 i 不是素数，则除了 1 和 i 本身，还有其他因子，假如其中的因子为 m、n，那么必有一个大于等于 sqrt(i)，另一个小于等于 sqrt(i)。所以必有一个小于或等于其平方根的因数，那么验证素数时 j 只需要验证 i 的平方根(Math.sqrt(i))就可以了。

3.4.3 return 语句

return 语句的作用是结束方法的执行。如果方法结束时还需要返回一个结果(返回值类型不是 void)，则 return 语句需要同时返回一个值。

其语法格式如下：

return [表达式];

【例 3.16】 return 语句。

代码 ReturnDemo.java
```java
public class ReturnDemo{
    public static int Max(int a, int b){
        return  a>=b?a:b;
    }
    public static void main(String args[]){
        System.out.println("the max value is:"+Max(17%3, 19%3));
    }
}
```
运行结果：
the max value is :2

习 题

1. 接收从命令行输入的 n 个整数，并进行冒泡排序，最后将排好序的数据打印在屏幕上。

2. 计算多项式 1！+2！+3！+…+n！，当多项式之和超过 2000 时停止，输出累加之和以及 n 的值。

3. 利用辗转相除法(欧几里得算法)求两个正整数的最大公约数。

4. 假设一个数在 1000 到 1100 之间，那么除以 3 结果余 2，除以 5 结果余 3，除以 7 结果余 2(中国剩余定理)，求此数。

5. 小球从 100 米高度自由落下，每次触地后反弹到原来高度的一半，求第 10 次触地时经历的总路程以及第 10 次反弹的高度。

6. 从键盘输入一个字符，用程序来判断这个字符是属于数字、西文字母还是其他字符。

7. 编程求出所有的水仙花数。所谓水仙花数，是一个三位数，其每一位的立方和等于该数本身，如 $153 = 1^3 + 5^3 + 3^3$。

8. 下面程序段的输出结果是 _____。

```java
for(int i=1;i<=20;i++){
    if(i==20-i)
        break;
    if(i%2!=0)
        continue;
    System.out.println(i+" ");}
```

第 4 章　面向对象与类

本章学习目标

(1) 理解面向对象程序设计的思想。
(2) 掌握类的定义、类的继承、对象的创建以及枚举类型的定义。
(3) 掌握方法的重载与参数传递以及修饰符的设计初衷。
(4) 理解单例设计模式。

前几章对 Java 的基本数据类型、运算符和表达式以及控制流程语句等基本语法作了介绍。从本章开始，将介绍面向对象的编程技术，这也是 Java 编程最重要的内容。本章和第 5 章不仅介绍了相应的面向对象语法规则，也涉及了面向对象设计和实现的理论与实践经验。

4.1　面向对象程序设计

4.1.1　面向对象编程思想

面向对象编程思想兴起于软件规模空前庞大，软件业务和需求复杂多变的时代，是当今主流的程序设计方法。其出发点和基本原则是尽可能模拟人类习惯的思维方式，使开发软件的方法与过程尽可能接近人类认识世界解决问题的方法与过程，提高软件系统的稳定性、可重用性和可维护性，从而解决面向过程程序设计方法出现的以下问题。

1. 抽象问题的角度与人类惯用思维不一致

在计算机待解决的问题中包含了很多事物，这些事物恰恰是现实世界中客观存在的实体或被人们抽象出来的概念，我们称为客体，它们是人类观察和解决问题的主要目标。每种客体都具有一些属性和行为，属性标识了客体的状态，而行为标识了客体所支持的操作，这些操作可以获取或改变客体的属性。

面向过程的程序设计方法是面向功能进行抽象。它不将客体作为一个整体，而是更着眼于客体所具有的行为，把行为抽象出来作为软件系统的功能，并采用"自顶向下、逐步求精"的策略逐层分解问题，再以合适的数据结构和算法描述问题中待处理的数据和具体的处理步骤。这种做法将客体构成的问题空间简化并映射到由功能模块构成的解空间，适用于系统功能相对稳定，规模不大的情况。当系统规模变大，客体之间相互作用、相互驱动的业务变得复杂，且功能需求随时间不断变化时，面向过程的设计方法则无法准确地抽象待解问题。

2. 软件的后期维护与扩展困难

对于一个特定问题域，面向过程的程序设计方法是将观察问题的角度放在客体行为上，把属性和行为分开，而行为是不稳定的，这使得日后对软件系统进行维护和扩展相当困难，一个微小的需求变更就可能牵连到相关的功能模块，从而使现有代码被大量重写。

3. 可重用性差

可重用性是衡量软件设计质量的重要标志。如今在进行软件开发时，人们越来越青睐于使用已有的、可重用的组件来进行二次开发，从而提高开发效率。由于面向过程的程序设计方法的基本单元是模块，每个模块只是实现特定功能，而这种基于模块级的共享粒度对大型软件工业来说，显得微不足道。

基于上述问题，面向对象理论被提出来。面向对象的程序设计方法是根据用户的需求，以现实世界问题域的对象为起点进行分析和抽象，将待解的问题直接用一个个相互作用、相互驱动的对象来表示，这与人们惯用的解决问题的思维一致。它引入类的概念实现了更高一级的抽象和封装，并在计算机中将交互的对象整合成一个系统。面向对象语言从 1967 年挪威计算中心开发的 Simula 67 语言开始，后续又出现了 Smalltalk、Object-C、Java 和 Ruby 等，它们引入了设计模式、敏捷编程和代码重构等软件开发思想，进一步完善了面向对象思想。

4.1.2 基本概念

面向对象(Object-Oriented)涉及软件开发的生命周期，包括面向对象分析(OOA)、面向对象设计(OOD)和面向对象编程(OOP)。

从系统分析设计角度来看，面向对象强调直接以问题域中的客体为中心来分析，并根据这些客体的本质特点，将它们抽象为对象，作为软件系统的基本组成单元。因此这使得面向对象软件系统直接映射到问题域，并通过软件中对象的交互保留问题域中各事物的关联。

从编程的角度看，面向对象首先根据用户需求(业务逻辑)抽象出业务对象，然后利用封装、继承、组合和多态等编程手段逐一实现各业务逻辑，最后通过整合，使得软件系统达到高内聚、低耦合的设计目标。总结下来，面向对象基本思想可归纳如下：

(1) 系统中一切事物皆对象(object)。
(2) 相同或类似的对象归为一个类型(class)。
(3) 在类型之间可能有继承关系(inherited)或组合关系。

(4) 对象之间可以互通消息(message)，形成动态联系。

1. 对象

对象(Object)是人们要研究的具体事物。它不仅能表示现实世界中有形的实体，也能表示无形的概念，我们可以从不同的角度来理解对象。

(1) 从系统分析者的角度，对象是现实生活中客观世界的实体或概念，具有确切功能，并能够为其他对象提供服务。

(2) 从开发者的角度，对象是由数据(事物的属性)和作用于数据的操作(事物的行为)构成的整体。

(3) 从使用者的角度，软件系统中的每个对象对应着现实世界中的具体对象。

2. 类

类是对某一类事物的抽象描述。它是具有相同特征的多个对象的模板，是系统分析者对若干具有相同(或相似)属性和行为对象的抽象，强调的是对象间的共性。另外，不同类之间可能存在一定的关系，通常，它们之间的关系有以下两种：

(1) 特殊与一般的关系：类 A 是类 B 的一种(is-a)。例如猫是动物的一种。

(2) 包含关系：类 A 中包含一个类 B(has-a)。例如汽车中有引擎。

类与对象的关系犹如零件的图纸与按图纸制造出的零件关系一样。图纸描述了零件的共同特征，每个零件又有自己的属性，如加工精度的不同等。而对象是类的具体的实例(Instance)。开发者需先编写类，然后才能创建(或称实例化)该类的对象。类和对象是一对多的关系。

3. 消息

对象之间通过消息(Message)进行通信。软件系统是由众多彼此间传递消息的对象构成的，若对象要完成某个操作，则需要向该对象发送一个消息。消息包含三部分内容：

(1) 接收消息的对象。

(2) 消息的名称，即要完成哪个操作。

(3) 操作所需要的附加信息。从代码角度看是传入操作的参数。

所以，对开发者来说，发送消息相当于调用某个对象的特定方法，并传入相应的实参，如 System.out.println("This is a test")。

4.1.3 面向对象编程的主要特性

Java 是一种面向对象的编程语言，它很好地体现了面向对象编程技术的三个重要特性：封装性、继承性和多态性。这三个特性使面向对象程序具有稳定性、可重用性、可维护性。

1. 封装性

封装是一种信息隐藏技术，它将对象的属性和行为封装起来构成新的类型，并隐藏内部实现细节，只向用户提供对象的外部可调用操作，如图 4-1 所示，这就是封装思想。

封装的目的在于将对象的使用者和设计者分开，使用者不必知道行为实现的细节，只需使用设计者提供的消息来访问对象。

由于封装性把类内的数据保护得很紧密，模块和模块之间仅能通过对外提供的接口来互发消息，如图 4-1 中 Person 的 eat()方法，使它们之间的耦合和交叉大大减少，因此当外部接口的实现细节发生变化时，只要接口不变，则使用该接口的那些对象也不需要做任何修改。这样就降低了开发复杂性，提高了效率和质量，也很好地实现了代码的可重用性和可维护性。

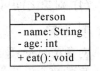

图 4-1 Person 的封装

2. 继承性

继承性是类与类之间的一种关系，通过继承，可以在无须重新编写原有类的情况下实现代码的扩展和重用。也就是说，父类可以衍生出子类，子类可以继承父类的属性和操作(数据和方法)，而且这种继承具有传递性。一个类可以继承类等级中其上层的全部父类的所有属性和操作。例如，图 4-2 中有 Person 类，该类描述了人的普通特性和功能，而子类又在继承人的普通特性的基础上增加了各自的特性和行为。

继承不仅增强了代码的复用性，提高了开发效率，还实现了代码的可维护性。

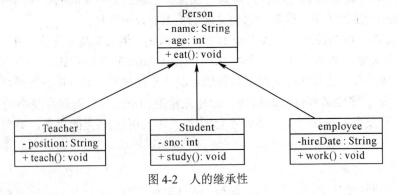

图 4-2 人的继承性

3. 多态性

多态是指类的某个行为具有不同的表现形式，即单一的接口或方法具有不同的动作。Java 中的多态包含两种情况：

(1) 多态性在单个类中表现为方法重载。如图 4-3 所示，一个类可以有多个名字相同、形参列表不同的方法(包括继承自父类的方法)，在使用时由传递给它们的实参来决定使用哪个方法。

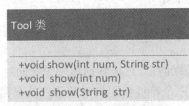

图 4-3 基于重载的多态性

(2) 多态性在多个类中主要表现为继承结构中的方法覆盖。父类和其子类中具有相同的方法头，但采用不同的代码实现。如图 4-4 所示，由同一个父类衍生了多个子类类型。吉他、笛子、钢琴，它们都可被视为同一种类型(乐器)来处理，此时，父类的 play()方法在其各个子类中具有不同的表现形态。而这种多样性无须修改父类的代码就可实现，运行时再决定调用哪个方法。利用多态可实现程序的稳定性和可维护性。

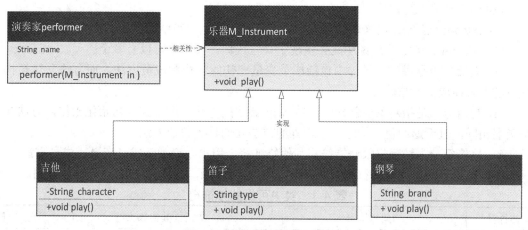

图 4-4 基于方法覆盖的多态性

> **补充知识**
> Java 面向对象部分的语法规则将面向对象编程的三个特性很好地表现出来,其中第 4 章的语法规则主要体现在封装性和继承性上,第 5 章的语法主要体现在多态性上。

4.1.4 面向对象与面向过程的关系

面向对象和面向过程的程序设计方法是相辅相成的。面向对象把构成问题的事务划分为多个独立的对象,善于从宏观上把握问题域中对象之间的结构和关系,但具体实现类的方法时,仍会用到面向过程的思维方式,对特定的功能模块进行逐层分解,并找出解决问题所需的步骤。面向对象如果离开了面向过程,就无法从抽象思维层面落实到具体实现。

4.2 类

4.2.1 类的定义

类用来封装对象的属性和行为。类用关键字 class 表示。
(1) 对象属性用变量来表示,这种成员变量在 Java 中也称为字段(Field)。
(2) 对象行为由函数定义,Java 中称为方法(Method)。
类的定义包括两部分:类首说明和类体。定义形式如下:

```
[访问权限修饰符][其他修饰符] class 类名 [extends 父类名][implements 接口列表] {
    [访问权限修饰符][其他修饰符]      [字段]
    [访问权限修饰符][其他修饰符]      [初始化块]
    [访问权限修饰符][其他修饰符]      [构造方法]
    [访问权限修饰符][其他修饰符]      [普通方法]
}
```

说明：

(1) extends (继承)：用来表明当前类继承自另一个类，被继承的类称为父类。

(2) implements(实现)：说明此类实现了某些接口，接口名可以有多个。

(3) 大括号中是类体，类体中包括成员变量、初始化块和成员方法，而方法又包括构造方法和其他成员方法。

(4) 构造方法是指对象被创建时，被 new 调用的方法，用于完成初始化操作，方法名与类名相同，且无返回值。构造方法之外的方法我们称为普通方法。

(5) 修饰符分为访问权限修饰符和其他修饰符，用来限定类、成员变量、成员方法。不同位置上的可用修饰符有很大不同，如表 4-1 所示。后续我们会逐一进行介绍。

表 4-1 类中可用的修饰符

修饰对象	访问修饰符	其他修饰符
类(外部)	public、缺省	final、abstract
语句块	缺省	static
字段	public、protected、缺省、private	final、static、transient、volatile
方法	public、protected、缺省、private	final、abstract、static、native、synchronized、strictfp

【例 4.1】 矩形类的定义。矩形的状态抽象成类的属性：长 width、宽 height、面积 area。把矩形的行为抽象成矩形类的方法：初始化矩形 Rectangle(int w, int h)、求面积 int getArea()、绘制矩形 void drawRect()。

```
代码 Rectangle.java
class Rectangle {
    private int width=0, height=0, area=0;    //成员变量
    public Rectangle(int w, int h){    //构造方法
        width = w;
        height = h;
        area=w*h;
    }
    public int getArea(){
        return area;}
    public void drawRect() {
        for (int i = 0; i < height; i++) {
            for (int j = 0; j < width; j++)
                System.out.print("*");
            System.out.println();
        }
    }}
```

4.2.2 字段的定义

字段定义在类一级的大括号"{}"中，不受定义位置限制，作用范围是整个类体，且

无须显式赋值,可以被类中的方法访问。其定义的基本形式如下:

[访问权限修饰符][其他修饰符] 数据类型 变量名1[=初值1],...变量名n[=初值n];

例如:

int   width;

补充知识

对于字段,如果定义时不赋初值,则系统会自动赋一个默认值,数值类型为 0/0.0,boolean 类型为 false,字符类型为"\u0000",引用类型为 null。

4.2.3 方法的定义与局部变量

1. 定义方法

方法描述了对象所具有的行为,因此必须先定义后调用。方法定义包括方法头和方法体两部分,方法头主要由修饰符、返回值类型、方法名、形参列表和异常列表组成。定义形式如下:

[修饰符] 返回值类型 方法名([类型1 形参1,类型2 形参2,...]) [throws 异常列表]{
    方法体
}

说明:

(1) 返回值类型:若无返回值则为 void;若有返回值,需用 return 返回结果。

(2) 形参列表:方法头中的变量称为形式参数,简称形参。调用方法时会给参数传递一个值,这个值称为实际参数,简称实参。方法名和参数列表一起构成方法签名。

(3) throws 异常列表列出在方法执行中可能出现的异常。第6章会详细介绍。

2. 局部变量

局部变量声明在方法内部,编程人员必须对它进行初始化操作。其定义形式如下:

[final] 数据类型 变量名1[=初值1],...变量名n[=初值n];

说明:

局部变量存于栈中,它随方法的调用而产生,方法结束则消失。具体可分为以下三种:

(1) 方法体内定义的变量:作用域从声明处到方法结束。

(2) 方法的形参:作用域为整个方法体。

(3) 语句块中声明的变量:作用域从声明处到语句块结束。

3. 局部变量隐藏字段

如果方法中的局部变量与字段同名,根据就近原则,该方法直接访问的是局部变量,而非字段。例如:

```
class temp{
    int i=0; //成员变量
    void showInfo(){
        int i=30;//局部变量
```

```
        System.out.println("i is :"+i);
    }
}
```

在 temp 域中定义的 i 是字段，showInfo()是成员方法。在 showInfo()方法中定义的变量 i 是局部变量，使用前必须被初始化。当在 showInfo()中直接访问 i 时，按照就近原则访问的是局部变量 i，showInfo()函数运行后，显示的 i 是局部变量的值 30。

下面用实例演示方法、字段、局部变量的定义和作用域。

【例 4.2】 方法、变量的定义和作用域。

代码 FieldDemo.java
```
class FieldDemo{
    public int compare(int a){ //合法
        if (a>var1)
            return 1;
        else if (a==var1)
            return 0;
        else  return -1;
    }
    public void showInfo(){
        int var1=30;
        System.out.println(a); //非法，a 是方法 compare(int a)的局部变量
        System.out.println("var1 is :"+var1);//合法，隐藏字段，var1=30
        System.out.println("var1 is :"+this.var1);//合法，显示的是字段 var1
        {
            int var1=40;   //非法，同一方法中，即使语句块嵌套，也不能定义同名变量
            int var2=50;
            System.out.println("var2 is:"+var2); //合法，在 var2 的有效范围内
        }
        System.out.println("var2 :"+var2); //非法，超出了 var2 所属语句块范围
    }
//合法，字段作用域不受定义位置限制
    private   int   var1=(int)(Math.random()*10);
}
```

上述代码中，方法 compare(int a)涉及局部变量 a 和字段 var1，形参 a 作用域为整个方法。showInfo()方法展示了同名局部变量隐藏成员变量 var1 的用法，语句块级的变量 var2 的作用范围，同时，在同一方法中，即使通过语句块嵌套，也不能定义同名的局部变量。需要注意的是，上述代码有意设计得较为复杂，实际应用中通常不会这样设计。

4.2.4 var 局部变量

Java10 引入了局部变量类型 var 用于声明局部变量，var 相当于一种动态类型。使用

var 定义变量的语法如下：

> var 变量名 = 初始值；

例如：

> var a = 20;
>
> var user=new ArrayList<Integer>();

在处理 var 时，编译器先是查看表达式右边部分，根据变量所赋的值来推断类型，并将它作为变量的类型写入字节码当中。var 没有改变 Java 强类型的特点，它只是一种简便的写法。其适用场景有：

(1) 只能用于局部变量上，不允许定义类的成员变量。

(2) 声明时必须初始化，不能在声明以后再赋初始值。

例如：

> var a ; a=5 //错误

(3) 不能用作方法参数。

(4) var 定义的变量如果赋给一个返回值不直观的表达式时，不能用 var 定义变量。

例如：

> var a={1,2,3} //错误，因为 var 需要一个显式的目标类型

可写成

> var a=new int[]{1,2,3}

下面给出一个正确示例。

> public class Test {
>   public static void main(String[] args) {
>   for(var v:args)
>   System.out.println(v);
> }}

4.3 对象与构造方法

4.3.1 构造方法

构造方法是一种特殊的方法，它专门用于创建对象，完成对象的初始化工作。构造方法有以下特殊之处。

(1) 构造方法的方法名与类名相同。

(2) 构造方法没有返回类型，也不能有 void。

(3) 构造方法用 new 操作符调用，主要作用是初始化对象。

(4) 在 Java 中，每个类都至少有一个构造方法，如果没有显式地定义构造方法，Java 会自动提供一个缺省的构造方法(形参列表为空实现体)。

1. 构造方法的定义

构造方法形式如下：

[修饰符] 方法名([形式参数列表])[throws 异常列表]
{
    方法体
}

例如，在 Sample 类中定义一个构造方法：

public Sample(int a){
    System.out.println("My Constructor");
}

补充知识

如果在构造方法名前面加 void，编译也能通过，但此时该方法是一个普通方法，而不是构造方法。例如，在 Sample 类中，定义下述方法，编译可以通过。

public void Sample(int a){
}

但是，将普通方法声明成与构造方法同名，不是好的编程习惯。

2. 默认的构造方法

构造方法分为无参构造方法和带参数构造方法。如果类中没有定义构造方法，系统会自动为用户提供一个无参的默认构造方法，默认构造方法生成规则如下：

(1) 若类中不含任何构造方法，则系统自动为该类提供一个默认的构造方法，确保每个 Java 类都至少有一个构造方法，该构造方法是空操作。

(2) 只要在类中定义了任何一个构造方法，系统就不再提供默认的构造方法。

例如：

```
public class Sample1{
    public static void main(String arg[]){
        Sample1   s1=new Sample1();
    }
}
```

在主方法 main 中，new 调用了默认的构造方法 Sample1()实例化对象。因为系统自动生成了默认构造方法 Sample1(){ }。但如果在定义类时，编写了任何一个构造方法，系统就不会提供默认的构造方法。例如：

```
public class Sample2{
    public Sample2(int a){
        System.out.println("My Constructor");
    }
    public static void main(String arg[]){
        Sample2   s1=new Sample2();           //非法，因为不存在无参构造方法
        Sample2   s2=new Sample2(3);
    }
}
```

在类 Sample2 中，因为定义了构造方法 Sample2(int a)，所以，系统不再提供默认的构造方法，而开发者没有提供无参构造方法，所以，new 无法调用 Sample2()。

4.3.2 对象的创建

类可以用来生成对象，对象也称为类的具体实例，对象具有属于自己的属性值。

1．对象声明

类是一种引用类型，声明的变量称为引用(reference)变量，用来指向对象。引用变量的值是它指向对象实体的地址。声明一个引用变量时，仅仅是预定了变量的存储空间，它所引用的对象并没有生成。声明形式如下：

类名　对象名列表；

例如：

Rectangle rec1, rec2;

Rectangle rec3=null　　　　　　　　//空引用 null，不指向任何对象

2．对象创建

使用 new 操作符调用构造方法创建对象，具体格式如下：

new 构造方法([参数]);

其作用是在内存中为此对象分配内存空间，并返回对象的引用(对象地址)。

例如：

new Rectangle(12, 6);

我们可以将对象声明与创建过程合而为一。具体形式如下：

类名　引用变量=new 构造方法([参数]);

例如：

Rectangle rec1= new Rectangle(12, 6);

基本类型变量与引用类型变量在内存中的存储方式是不同的，基本类型的值直接存储于变量地址中。例如，对于语句"int a=1"定义了一个基本类型变量 a，它的值为 1，那么它的存储方式如图 4-5 所示。

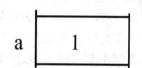

图 4-5　基本类型变量存储示意图

引用类型的变量除变量本身要占据一定的内存空间外，同时，它所引用的对象实体(也就是用 new 创建的对象实体)也要占据一定的空间。通常对象实体占用的内存空间要大得多。我们把第一个空间存放的值叫作对象引用值，把第二个空间存放的值叫作对象实体值，对象引用值实际是对象实体值存放的地址，对象实体值就是对象的内容。**在没有开启逃逸分析的情况下，对象实体都分配在堆上**。什么是逃逸？当一个对象被定义后，它可能被其他方法所引用，例如作为返回值传递给被调方法或被多个线程共享，这称为逃逸。逃逸分析可使 JIT 编译器对代码进行优化，如果经过逃逸分析后发现一个对象并没有逃逸出方法的话，那么它就可能被优化成栈上分配。

堆的优势是允许在运行时动态为对象分配内存。如果没有任何引用指向对象，Java 垃圾回收器会在合适的时机自动回收对象所占内存空间。

例如，对于语句"Rectangle b=new Rectangle(12,6)"定义了对象 b，那么它的存储方式

如图 4-6 所示。

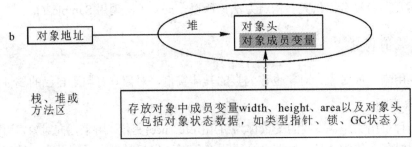

图 4-6 引用类型变量存储示意图

4.3.3 对象的使用

1. 访问对象成员

创建新的对象之后就可以通过分量运算符 "." 来访问对象成员(注意：构造方法不能通过分量运算符调用)。具体形式如下：

对象引用.成员变量
对象引用.方法名(实际参数列表)

例如：

Rectangle r1=new Rectangle(12, 6);   r1.drawRect();

方法调用时注意：

(1) 方法调用时，调用方法的方法称为主调方法，被调用的方法称为被调方法。如果主调和被调方法不在同一个对象时，则需要显式说明被调对象名，即通过对象引用给被调对象发送消息。如果在同一个对象中，则可省略对象引用。

(2) 方法调用时，系统会将各实参的值依次传递给对应的形参，所以，形参和实参的个数要一致，不一致则被视为语法错误。若类型不一致，系统会试图将形参自动转换为对应的形参类型，若无法自动转换，也被视为语法错误。

【例 4.3】 求 $sum(n) = n! + n^2 + 1$。

代码 TestCal.java
```
class Cal{
    private long fac(int end) {        方法定义，end 为形参
        long mul=1;
        for(int i=1;i<=end;i++)
            mul=mul*i;
        return mul;
    }
    public long sum(int n) {
        return n*n+1+ fac(n);          n 为 fac 的实参，fac 为被调方法，因与
    }                                   主调方法 sum 在同一对象，所以省略对
}                                       象引用直接调用
```

```java
public class TestCal{
    public static void main(String arg[]) {
        Cal demo=new Cal();
        long result=demo.sum(7);
        System.out.println("sum(7) is :"+result);
    }
}
```

> sum 为被调方法，7 为实参与主调方法 main 不在同一对象，所以用引用 demo 调用

上述代码由两个类组成，Cal 提供计算逻辑，TestCal 使用 Cal 类。其中 sum 方法用于求和，fac 方法求阶乘，fac 是为 sum 服务的中间函数。

> **补充知识**
> 当对象引用指向一个空的对象，引用值为 null，在这种情况下，程序无法通过这个引用调用对象属性和方法。

例如：

```
Cal demo;
demo.sum(7);
```

上述代码编译会不通过，因为 demo 引用值为 null，这意味着它不指向任何对象，不能通过它调用其实例方法。

2. 对象引用和对象实例作用域

需要注意，当引用变量离开它的作用域(定义它的大括号"{}")则会失效，但如果所指对象还有其他引用指向它，则对象还可以继续被使用，可如果没有任何引用指向一个对象时，对象就不能再被使用，将成为垃圾。JVM 的垃圾回收机制会根据一定的策略回收该对象。

【例 4.4】 引用和对象实例的作用域。

代码：TestPerson.java

```java
class Person{
    String name;
    Person(String name){
        this.name=name;
    }
    void showInfo(){
        System.out.println("my age is :"+name);
    }

    public static Person getP(String name){
        Person ptemp=new Person(name);     //ptemp 作用域在 getP 方法中
        return ptemp;                       //引用值被传递出去(逃逸)
    }}
public class TestPerson{
```

```
public static void main(String arg[]){
    Person p=Person.getP("张三");
    p.showInfo();
}}
```

在 Person 类的成员方法 getP(String name)中，定义了局部变量 ptemp 并指向一个对象实例 new Person(name)，当 getP 运行结束对象引用 ptemp 则从内存栈帧中消失，但它指向的对象并没有消失，其引用值被传出 return ptemp，被 main 方法中的 p 引用继续使用。

3. 对象比较

比较对象，首先会想到用"=="和"!="运算符。当用于引用型变量比较时，这些运算符号所做的工作也许并不是你一开始想象的那样。它们不会检查一个对象是否具有与另一个对象相同的值，它们是用来判断运算符两边是否引用的同一个对象，即比较的是对象引用值(或对象实体的地址)。

要比较两个对象的内容是否相等，即对象实体值，必须在类里实现专门的方法。所有类的父类 Object 中有一个方法 equals()，它的意义就是用来比较对象实体值是否相等，但是子类若要使用它，必须自己实现这个方法。

一个很好的例子就是 String 类，该类已经实现了 equals()方法，equals()判断的是两个字符串的内容是否相等，它会在字符串中检测每个字符，如果两个字符有相同的值就返回 true。例如：

```
String str1=new String("China");
String str2=new String("China");
System.out.println(str1==str2);          //返回 false
System.out.println(str1.equals(str2));   //返回 true
```

说明：

程序的开始声明了两个变量(str1 和 str2)，它们指向不同的对象，所以用"=="比较这两个变量的对象引用值时，结果为"false"。但两个对象具有相同的值，用 equals()方法来检测时，结果是"true"。

4.3.4 对象数组

对象数组是指一个数组中的所有元素都是对象，声明对象数组与普通基本类型数组一样。例如：

```
Person[] p=new Person[4];
```

这时，p[0]、p[1]、p[2]、p[3]值为系统默认赋值 NULL，并不指向任何对象。所以在使用数组元素之前，每个元素都需用 new 实例化对象，如图 4-7 所示。

```
p[0]=new Person("zhangsan");
p[1]=new Person("lisi");
p[2]=new Person("wangwu");
p[3]=new Person("zhaoliu");
```

第4章 面向对象与类

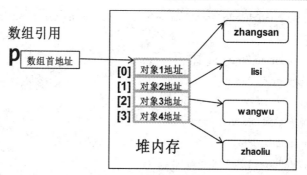

图4-7 分配数组空间

4.4 方法重载与参数传递

4.4.1 方法重载

1. 方法重载的定义

在设计类的方法时，有一些方法的含义相同，但输入参数不同，这些方法定义时使用相同的方法名，不同的形参列表，这就叫方法的重载(overloading)。方法重载是实现多态的一种方法。

形参列表不同是指参数个数不同，或者对应位置上参数类型不同。方法重载时，返回类型、修饰符可以相同，也可以不同，它们不决定重载方法。例如，在类中定义两个方法：

public static double add(double x, double y) {return x+y;}
public static int add(int x, int y) {return x+y;}

上述方法是重载方法，因为它们的形参列表不同，而返回类型、修饰符不做考量。

【例4.5】 类中定义了重载方法。

代码 Person.java
```
public class Person{
    private String name;
    private int age;
    Person(String n,int a){
        name=n;
        age=a;
    }
    //不带参数的 sayHello()方法
    void sayHello(){
        System.out.println("Hello! My name is "+name);
    }
    //带参数的 sayHello()方法
    void sayHello(Person p2){
```

```
            System.out.printf("Hello %s, My name is %s",p2.name, name);
        }
        public static void main(String args[]) {
            Person per1=new Person("zhang san",20);
            Person per2=new Person("li si",30);
            //调用重载的两个sayHello()方法
            per1.sayHello();
            per1.sayHello(per2);
        }
    }
```

运行结果：

Hello! My name is zhang san
Hello li si, My name is zhang san

程序分析：

在 Person 类中有两个方法都叫 sayHello，都表示问好。其中，一个不带参数，表示向大家问好；另一个带 Person 对象作参数，表示向某个人问好。在调用 sayHello 方法时，编译器会根据所带参数的类型来决定具体调用哪个方法。除了同一个类，方法的重载也可以在父类和子类之间，这在继承一节中会讲到。

2. 定位重载方法的顺序

为了让编译器区别重载方法，方法至少需要参数个数不同或者对应位置参数类型不同，但即使如此，重载方法在被调用时也有可能出现实参与多个方法的形参兼容的情况。

【例 4.6】 类中的 add 方法重载，被调用时出现了多个 add 方法都满足要求的兼容情况。

```
代码 OrderTest.java
public class OrderTest{
    public static double add(double d, double d2){
        System.out.println("in double");
        return d+d2;
    }
    public static int add(int i, int i2){
        System.out.println("in int");
        return i+i2;
    }
    public static void main(String arg[]){
        byte b1=4,b2=5;
        System.out.println("sum is :"+add(b1,b2));
    }
}
```

运行结果:

in int
sum is :9

程序分析:

在主方法 main 中,实参 b1、b2 是 byte 型,因此在匹配 add 方法时,并不能精确匹配一个方法,那么在定位重载方法时,是有一个定位顺序的。

在重载方法中定位方法的顺序按照下述原则:

(1) 查找同名方法,没有则报错。

(2) 比较形参和实参的数目是否相等,如果多个方法符合条件,那么这些方法进入候选集。

(3) 与候选集中的方法比较参数,如果对应位置上的每个参数类型完全匹配,为最佳方法;如果不完全匹配,可以通过扩展转换找出最佳匹配方法。选择原则为:源类型与目标类型的距离越近越好。

3. 构造方法重载

构造方法也可以重载,构造方法的重载,可以让用户用不同的参数来构造对象。

【例 4.7】 构造方法示例。

代码 Person2.java
```java
class Person2{
    private String name;
    private int age;
    Person2(){
        System.out.printf("The Person's %s, the age is %d\n", name, age);
    }
    Person2(String n){
        name=n;
        System.out.printf("The Person's %s, the age is %d\n", name, age);
    }
    Person2(String n , int a){
        name=n;
        age=a;
        System.out.printf("The Person's %s, the age is %d\n", name, age);
    }
    public static void main(String args[]){
        Person2 per1=new Person2();
        Person2 per2=new Person2("xiao ming");
        Person2 per3=new Person2("xiao ming", 20);
    }
}
```

运行结果：

The Person's null, the age is 0
The Person's xiao ming, the age is 0
The Person's xiao ming, the age is 20

程序分析：

在 Person2 类中定义了三个重载的构造方法，分别用于姓名和年龄都未定，年龄未定，以及姓名和年龄都确定的三种情况。编译器根据参数的类型来决定调用哪个构造方法。重载构造方法的目的是提供多种初始化对象的能力，使程序员可以根据实际需要选用合适的构造方法来初始化对象。

4.4.2 this 关键字

this 表示当前对象。当通过对象引用调用它的成员方法时，系统会将当前对象的别名 this 传递到被调方法中，所以，this 只能在成员方法中可见。this 关键字通常用在下面三种场合。

1. 使用 this 访问对象成员

在方法中，可以使用 this 来访问对象的属性和方法，特别是当局部变量和成员变量重名时，使用 this 可以限定某个变量是成员变量。

```java
class Point{
    int x,y;
    public Point(){
    }
    public Point(int x, int y){
        this.x=x;
        this.y=y;
    }
    public int getX(){
        return x; //也可以写成 return this.x
    }
    public int getY(){return y;}
}
```

2. this( ) 访问构造方法

在一个构造方法中调用另一个重载的构造方法，形式为 this([实参])。这条语句必须是构造方法的第一条语句，且只能出现一次。例如：

```java
public class Person3 {
    private String name;
    private int age;
    public Person3(){
        System.out.println("in a constructor");
    }
```

```java
    public Person3(String name, int age){
        this();
        this.name=name;
        this.age=age;
    }
}
```

3. 返回当前对象

在方法中，利用 return this 可以返回当前对象，从而可以继续调用该类或其子类的成员。

【例 4.,8】 返回当前对象示例。

代码 ThisDemo.java

```java
public class ThisDemo{
    ThisDemo m1() {
        System.out.println("in m1");
        return this;
    }
    void m2() {
        System.out.println("in m2");
    }
    public static void main(String arg[]) {
        ThisDemo d=new ThisDemo();
        d.m1().m2();
    }
}
```

运行结果：

in m1

in m2

this 关键字只能用在对象方法中，不能用在静态方法中，后续 4.5 节会说明。

4.4.3 参数传递

调用方法时，先将实参赋给形参，然后再执行操作。Java 传递参数总是采用按值传递的方式。所谓按值传递，就是将实参值的副本传递给被调方法的形参。不管是基本类型还是引用类型，它们都遵循按值传递的规则。

当传递给方法的参数是基本类型时，那么被调方法中对该参数的改变只是改变副本，而原始值保持不变；当传递给方法的参数是引用类型时，实际传递的是对象引用的副本，这就导致初始时形参和实参指向同一个对象。

1. 传递基本数据类型

基本类型作为参数传递时，是传递变量值的拷贝，形参会在被调方法栈帧上开辟新的存储单元存储拷贝值，所以，无论如何改变这个拷贝，原实参值是不会改变的。

【例 4.9】 基本数据类型传参。

代码 PassParam1.java
```java
class PassParam1 {
    public static void change(int x){
        x=3;
        System.out.print(x);   //输出 3
    }
    public static void main(String[] arg)   {
        int x=5 ;
        change(x);
        System.out.print("   "+x);   //输出 5
    }
}
```

运行结果：
3   5

程序分析：

如图 4-8(a)所示，第一时刻，当 change 方法被调用后，change 方法的栈帧为形参 x 开辟空间，并且将 main 方法的 x 值 5 赋给 change 的 x，这两个局部变量 x 虽然名字相同，但分属不同的作用域。如图 4-8(b)所示，第二时刻，change 作用域的 x 变为 3，打印输出 3 后，change 方法结束，其栈帧从内存中删除。这时主方法 main 执行下一个指令，打印 main 方法的 x 值，这个 x 的值没被改变，其值依然是 5。

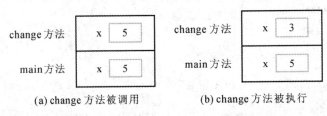

图 4-8 基本类型数据在传递过程中栈的变化

2. 传递引用类型参数

因为对象引用的值就是对象在内存中的地址，所以，当对象名作为参数传递时，就是把对象的地址拷贝一份传给形参，这时，被调方法中的形参与主调方法中的实参指向同一个对象。

(1) 如果形参在方法中一直指向实参对象，则对对象属性修改，主调方法也能看到。
(2) 改变形参引用值，形参在方法体中可指向其他对象，这样形参和实参将不再指向同一个对象。如果形参在方法中对其他对象进行改变，将不会影响原对象。

【例 4.10】 传递引用类型参数。

代码 PassParam2.java
```java
class PassParam2 {
    int x;
```

```
        public static void change(PassParam obj){
01.         //obj=new PassParam();  //指向新对象
            obj.x=3;         //改变参数所指向对象的值
        }
        public static void main(String[] arg)    {
            PassParam obj=new PassParam();
            obj.x=5;
            change(obj);
            System.out.println(obj.x);
        }
}
```

运行结果：

3

程序分析：

如图 4-9 所示，当 change 方法被调用后，实参 obj 引用值传给 change 方法的形参 obj，使得两者指向堆中的同一个对象。change 方法通过引用改变共享对象的字段 x=3。这个改变主方法的引用 obj 也能看得到，所以，主方法 main 中打印输出 obj 的字段值为 3。

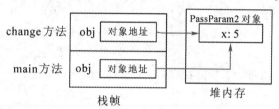

图 4-9 方法被调用时传引用的内存状况

如果去掉 01 行的注释符，运行结果：

5

程序分析：

如图 4-10 所示，当 change 方法被调用时，形参与实参初始指向同一个对象，该对象字段 x=5；当 change 方法被执行时，又将其形参指向一个新的对象，这时形参与实参不再共享同一个对象。所以，当 change 中的 obj 改变 x 时，main 方法的实参 obj 没有任何改变。

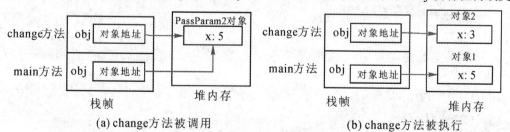

图 4-10 改变对象引用的内存状况

【例 4.11】传递引用的两种情况。

代码 ByValueOrByReference.java

```java
class Person{
    private String name;
    public Person(String name) {
        this.name=name;
    }
    public String getName()  {
        return name;
    }
    public void setName(String name) {
        this.name=name;
    }
}//end of class

public class ByValueOrByReference{
    public static void main(String []args) {
        Person p1=new Person("Zhangsan");
        Person p2=new Person("Lisi");
        changeName(p1,p2);
        System.out.println("p1: "+p1.getName()+" p2: "+p2.getName());
        swap(p1,p2);
        System.out.println("p1: "+p1.getName()+" p2: "+p2.getName());
    }
    public static void swap(Person p1,Person p2) {
        Person temp=p1;
        p1=p2;
        p2=temp;
    }
    public static void changeName(Person temp1,Person temp2) {
        temp1.setName("Lisi");
        temp2.setName("Zhangsan");
    }
} //end of class
```

运行结果：
p1: Lisi p2: Zhangsan
p1: Lisi p2: Zhangsan

程序分析：

在主方法中首先调用 changeName()，该方法是传引用类型参数，而且形参和对应的实参始终指向同一个对象。所以，通过形参对共享对象修改，主调方法中的实参也看得见，这时 p1 的 name 属性为 Lisi，p2 的 name 属性为 Zhangsan。然后调用 swap 方法，该方法只是将形参 p1、p2 的引用值做了交换,并没有对引用的对象做任何修改。当 swap 执行结束,其形参 p1、p2 在内存中删除,而上述操作并没改变堆中的对象,所以,主调方法这时在打印两个对象的字段时会发现,字段值不变。

总结一下 Java 中方法参数的使用情况:
(1) 方法不能修改一个基本数据类型的参数。
(2) 方法可以改变形参对象的状态,前提是被调方法的形参在方法体中不指向新的对象。

4.4.4 变长参数

如果一个方法的入口参数个数不能确定而又想定义这个方法,传统方法是将多个参数放在一个数组中作为参数来传递。Java1.5 之后,引入了变长参数来定义此类方法。

1. 传统的数组表示法

例如,定义一个变长参数方法:

```
static int sumUp(int[] numbers) {
    int nSum=0;
    for(int i:numbers) nSum+=i;
    return nSum;
}
```

调用方法:

```
int a[]={12,13,20};
sumUp(a);
```

2. 变长参数表示法

变长参数通常在变长类型与形参之间加三个点间隔符(...)来表示,具体形式如下:

```
返回值 方法名(类型... 形参)
```

调用方法时,只要把要传递的实参逐一写到相应的位置上即可,无须构建数组然后传入。

例如:

```
sumUp(12,13,20)。
```

【例 4.12】 可变长参数定义及调用。

```
代码 VariablePara.java
class VariablePara{
    private static void sumUp(int... values){
        int sum=0;
        for(int i=0;i<values.length;i++){
            sum+=values[i];
        }
        System.out.println("the sum is:"+sum);
    }
    public static void main(String arg[]){
```

```
       sumUp(12,13,20);
    }
}
```

> **补充知识**
> (1) 如果一个方法还有其他形参，则只有最后一个形参可以被定义成可变参数形式。
> (2) 编译时，编译器最后也会将可变形参转化为一个数组形参。所以，处理变长形参和处理数组形参的办法基本相同，所有参数都被保存在一个和形参同名的数组里。

4.5　static 修饰符

在前面章节中，当用类定义一类对象的属性及行为后，可以用 new 操作符来产生对象，否则并不存在任何实质的对象。只有产生对象后，对象方法和属性才可用。但是有两种情况是上述设计无法解决的。

(1) 第一种情况：编程人员希望不论产生多少对象，甚至不存在对象，一些特定数据都是存在的且只存在一份，即需要一个类一级的全局共享变量。

(2) 第二种情况：某些方法不需要直接访问对象属性，不必和对象绑定，这样即使没有产生任何对象，外界还是可以调用这个方法。比如一些数学方法。

为满足上述设计需求，在定义类的字段和方法时可使用修饰符 static(静态)。与类相关的静态字段和方法称为类变量和类方法，与实例相关的成员称为实例变量或实例方法。

static 关键字可以修饰字段、方法、语句块和类(只能修饰内部类，具体见第 5 章)。本节将介绍前三种情况的用法。

4.5.1　static 字段

static 字段也称类或静态数据，被类的所有对象共享。在 Java 虚拟机中，当系统第一次调用某个类时，虚拟机使用类加载器定位并读入 class 二进制文件，紧接着虚拟机提取其中的类型信息，并将这些信息存储到方法区。**该类型中的 static 字段同样也存储在方法区中**，此时 static 变量开始生效，直到类被卸载，该类所占有的内存才被系统的垃圾回收机制回收。

1. 定义 static 字段

static 变量被该类的所有对象所共享，但只能是类一级的成员，不能声明为方法的局部变量。而实例变量则是属于具体对象。例如：

```
class MyCircle {
    public final static double PI=3.14159265;    //静态数据
    private double radius ;                       //实例数据
}
```

其中，变量 PI 是 MyCircle 类型的共享变量，存放在方法区，而 radius 变量则在每个 MyCircle 对象都有一份内存空间。

2. 使用 static 字段

(1) static 变量可以被同一类的其他方法直接访问。

(2) 其他类可以通过此 static 成员所属类的类名访问它，而无须先创建对象。例如：

类.静态变量： MyCircle.PI

我们常用的标准输入输出对象 System.in，System.out 就是 System 类的静态字段。另外，通过对象引用访问 static 变量也符合语法，但不常用。例如：

对象.静态变量： MyCircle circleDemo=new MyCircle();　　circleDemo.PI ;

【例 4.13】 定义垂直于 x 轴的特定直线上的点。

代码 useStatic.java

```java
class Point   {
    private static double x;
    private double y;
    public static void setX(double xtemp) { x=xtemp;}
    public void setY(double ytemp) { y=ytemp;
    }
    public void showInfo(){
       System.out.printf("the value of the point(%.1f,%.1f)\n",x,y);
}}//end class
public class useStatic {
       public static void main(String arg[]){
          Point p1=new Point();
          Point p2=new Point();
          p1.setY(5);
          p2.setY(6);
          Point.setX(4);
          p1.showInfo();
          p2.showInfo();
}} //end class
```

运行结果：

the value of the point(4.0, 5.0)

the value of the point(4.0, 6.0)

变量 Point 的 x 属性是静态的，因此，无论生成多少对象，这些对象的 x 坐标都是相同的。

4.5.2 static 方法

用 static 关键字标识方法头的方法称为静态(static)方法或类方法。静态方法不向对象成员实施操作，因此在静态方法中，不能直接访问实例变量和方法，但是静态方法可以访问自身类中的静态域和方法。

1. 定义静态方法

```
static  返回值类型 name([参数])
    {…}
```

前面例子中经常使用类方法，应用程序中的主方法就是类方法。例如，public static void main(String str[])，main 方法可以在没创建对象情况下被调用。Java 类库中的 Math 类，其中多数的数学运算都被定义成静态方法。

2. 使用静态方法

静态方法属于定义它的类，且无须创建对象就可直接通过类名访问它。调用形式：

```
类名 . 类静态方法名(实参列表)
```

当然，静态方法也可通过对象引用(无论对象是否为 null) 调用，但实例方法必须通过非 null 的对象引用调用。调用形式：

```
对象引用.方法名(实参列表)
```

总结静态方法与实例方法的使用规则。

(1) 静态方法可以直接访问静态数据和其他静态方法，但不能直接引用实例变量和实例方法，因前者独立于任何对象，而后者与某具体对象相关联。

(2) 在静态方法中不能使用 this、super 关键字。this 代表当前对象，super 代表其父对象。

(3) 与静态方法相比，实例方法几乎没有什么限制。实例方法既可以调用实例数据和方法，又可以调用静态数据和方法，还可以使用 supper、this 关键字。

注意：

有些人认为 static 函数不符合面向对象的精神，因为它具备了全局函数的语义。但是使用 static 方法时，并非以送出消息给对象的方式来达成。因此如果你发现自己动用大量 static 方法，却不是用于编写数学公式或者一些系统属性等这些不会有什么变化的方法，你应该重新考虑自己的设计了。

【例 4.14】 静态与实例方法的使用。

代码 ClassMethod.java

```java
class FamilyMember{
    static private String surname="zhang";        //类变量 surname 用来表示家族成员的姓
    private String givenname;                      //对象变量 givenname 用来表示家族成员的名
    static String getSurname(){                    //类方法 getSurname()用来获得变量 surname 的值
        return surname;
    }
    static void changeSurname(String surname){     //用来改变静态变量姓
        //此处不能使用下面的语句，但可以使用类名的限定名
        //this.surname=surname;
        FamilyMember.surname=surname;
    }
```

```java
    FamilyMember(){
        givenname="小刚";
    }
    FamilyMember(String givenname){
        //对于对象变量,可以使用this关键字
        this.givenname=givenname; }
    public String whatIsYourName(){
        //实例方法中既可以使用实例成员也可以使用静态成员
        return (surname+givenname);
    }
}
public class ClassMethod {
    public static void main(String args[]){
        //调用类方法可以使用带类名的限定名
        System.out.println(FamilyMember.getSurname());
        FamilyMember a=new FamilyMember(" san");
        //调用类方法也可以通过类的实例来调用
        System.out.println(a.getSurname());
        System.out.println(a.whatIsYourName());
        //类变量是共有的,即使在创建实例之后改变了类变量,实例也会知道
        FamilyMember.changeSurname("li ");
        System.out.println(a.whatIsYourName());
        FamilyMember b=null;
        System.out.println(b.getSurname());
        //System.out.println(b.whatIsYourName());    //非法操作
                                                    //实例方法不能通过空引用调用
    }}
```

运行结果:

zhang

zhang

zhang san

li san

li

程序分析:

在这个例子中,不仅涉及了静态变量的使用,还说明了静态方法在使用中的一些注意事项,如不能与实例成员或 this 关联,就只能与静态成员和类型关联。在 FamilyMember 类中,静态变量 surname 用来表示家族的姓,由于这个家族中的每个成员都拥有相同的姓,因此将 surname 定义为静态变量。在类方法 getSurname 和 changeSurname 中,只能对静态成员如 surname 进行操作,而在实例方法 whatIsYourName 中既可以调用实例成员也可以调

用静态成员。程序在类 ClassMethod 的 main 方法中调用了这些类方法，静态方法可以通过类名和对象引用调用，而实例方法只能通过对象引用调用。

4.5.3 static 语句块

静态语句块不属于任何一个方法。当类被加载时，虚拟机会执行静态块中的语句，且在类型的生命周期中只执行一次。所以，可以利用静态块在类的加载阶段做一些初始化操作，如初始化静态数据。

【例 4.15】 静态块的使用。

代码 staticBlockTest.java
```java
class staticBlock{
  static int i;
  static {
    i=5;
    System.out.println("in the static block ,i=" +i);
  }
  public staticBlock(){
    System.out.println("in the constructor");}
}
public class staticBlockTest {
    public static void main(String arg[]){
        staticBlock t=new staticBlock();
        staticBlock t2=new staticBlock();
    }
}
```

运行结果：
in the static block ,i=5
in the constructor
in the constructor

程序分析：
程序调用 staticBlock 类时，staticBlock 类被调入内存，其静态块被执行，因此 i 被赋值并打印输出。之后虽然构造了两个 staticBlock 对象，但静态块只执行一次，所以，输出结果显示静态块打印语句只出现了一次。

4.6 包

4.6.1 package 语句

一个软件工程通常会由很多类组成，将它们放在一个目录中进行扁平式管理不是一种好的解决方法。根据功能的相近性，我们可以将类组织到不同的目录下，这些目录被称为包(package)。

Java 用包组织相关的源代码文件，防止类名冲突，实现对类的使用、管理和维护，同时，还提供包级别的封装和访问控制。

1. 包的定义

实际上，创建包就是在当前文件夹下创建子文件夹，以便存放这个包中包含的所有类的 .class 文件。

包分为无名包和有名包。Java 中可以通过 package 语句显式地声明有名包，也可以不含 package 语句，此时的类属于无名包或默认包。package 语句放在源码的第一行，具体形式如下：

```
package 包名[.子包名 1[.子包名 2[...]]];
```

例如：

```
package com.abc;   //表现为文件目录 ".\com\abc\"
```

说明：

(1) 包名通常全部由小写字母(多个单词也全部小写)组成。
(2) 如果包名包含多个层次，每个层次用"."分割。
(3) package 语句应该放在源文件的第一行，在每个源文件中只能有一个包定义语句。
(4) 如果在源文件中没有定义包(默认包)，那么字节码文件将会被放在源文件所在的文件夹中。在实际开发中，通常不会把类定义在默认包下。
(5) 可以在不同的源文件中使用相同的包说明语句，这样就可以将不同文件中的类都包含到相同的程序包中了。

【例 4.16】 在多个文件中声明包。

代码 **MyClass1.java**
package mypackage;
public class MyClass1{

}

代码 **MyClass2.java**
package mypackage;
class MyClass2{
}
class MyClass3{
}

通过编译源文件即可得到自己声明的包 mypackage，mypackage 在文件夹中包含 MyClass1、MyClass2 和 MyClass3。

2. 编译、运行带包类

前面所举的例子没有用到 package 语句，所以编译后的字节码文件直接放在当前目录中，编译和运行都比较简单。当有 package 语句声明包时，编译产生的字节码文件(.class 文件)需要放到以包名为名称的文件夹中，通常利用编译器 javac 来建立包结构，使用形式如下：

```
javac -d <directory>  源文件 /*.java
```

选项-d 指定放置生成带包类文件的位置。运行程序时，需要用带包的全名，形式如下：

java 包名.类名

【例 4.17】 编译运行带包类 e:\javacode\TestPk.java。

代码 TestPk.java

```
package pk;
class TestPk{
    public static void main(String[] args){
        System.out.println("Test Package Ok.");
    }
}
```

编译运行：

首先，进入源码所在目录 e:\javacode，然后运行命令：

javac -d . TestPk.java

"."表示把当前目录作为包的根目录。运行该程序时，需要指明主类的全名 pk.Testpk。程序运行结果如图 4-11 所示。

java pk.Testpk

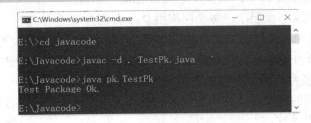

图 4-11 编译运行带包类

4.6.2 import 语句

一个类可以使用所属包中的类，以及其他包中的公有类(public class)。我们可以通过两种方式导入类：一种方式是使用全名导入，另一种是使用 import 语句。

1. 使用全名

直接在类名的前面再加上包名，这就是类的全名。例如：

```
class myDate extends java.util.Date{
    java.util.Date d=new java.util.Date();
    …
}
```

但是，如果在程序中多次使用该类，每次使用都必须重复写上全名，需要敲入大量的字符，这时使用 import 将更为方便。

2. 使用 import

import 语句可以引入所需要的类。它可以加载一个包中的所有类或者某个单独的类。语句的用法为：

import package1[.package2…].(classname|*);

其中，package1[.package2…]表明包的层次，classname 则指明所要引入的类，如果要引入包中的所有类，则可以用"*"来代替。不过需要注意，使用"*"只能表示当前层所有的类，不包括子层次的类。

例如，通过 import 引入 java.util.Date，上面的语句就可以写成：
```
import java.util.Date;
class myDate{
    Date d=new Date();
    …
}
```

补充知识

（1）Java 编译器会为所有程序自动引入包 java.lang，因此不必用 import 语句引入 java.lang 包含的所有类。

（2）如果想引入第三方的类而不存放在 JDK 的内建目录，则需要用 classpath 环境变量指明第三方类文件的存放路径。

（3）将一个无名包中的类引入另一个包中是不可能的，因此不建议开发时使用无名包。

4.6.3 import static 语句

import static 语句是 JDK1.5 之后引入新的特性。import static 可以引入类中的静态成员，静态成员被引入后就可以直接使用，类名加或不加都可以。静态引用使我们可以像调用本地方法一样调用一个引入的方法。使用形式：

```
import static 类名.静态成员
```

当需要引入同一个类的多个方法时表示形式如下：

```
import static 类名.*
```

当要获取一个随机数时，1.5 版本以前的写法是 double x = Math.random()，而在 1.5 版本中可以写成：

```
import static java.lang.Math.random;    //程序开头
double x = random();
```

或

```
import static java.lang.System.*;    //程序开头
out.println("hello world");
```

不过这种简写形式，有时会引起代码清晰度不够。

4.6.4 模块

从 Java9 开始，组织程序除了可以用"包：package"，还可以用"模块:module"。模块是比包更高一个层次的组织单位，比如 java.base 模块包含了 java.lang、java.util、java.io、java.net 等包。

一个模块可以通过名为 module-info.java 的特殊源文件描述，其中包括：

(1) 模块所依赖的其他的包，用 requires 关键字表示。
(2) 该模块要导出给别人用的包，用 exports 关键字表示。
例如：

```
module  com.abc.org{
    requires   com.abc.exam;
    exports    com.abc.org.xxx;
    exports    com.abc.org.yyy;
}
```

模块一般在较大规模的项目上使用，每个模块编译的结果一般会打包到一个 .jar 文件中。

4.7 访问控制符

面向对象设计的松耦合性需要用到封装，封装是将对象的属性和行为定义在一个类中，同时，要对属性和行为起到一定的保护作用，这种保护作用通过访问权限修饰符来实现。

Java 提供了四类访问控制权限，权限由大到小分别是公有(public)、受保护(protected)、包权限(默认权限)、私有(private)。其中包权限是未指定访问权限修饰符时的默认权限。权限修饰符主要用来修饰类、数据域和方法。表 4-2 说明了访问权限修饰符的用法，涉及其控制的目标，以及不同权限等级对应的可见性。

表 4-2 访问权限修饰符

修饰符	权限级	修饰对象			可见性			
		类	字段	方法	同类	同包	不同包的子类	不同包的非子类
public	公有	√	√	√	*	*	*	*
protected	受保护		√	√	*	*	*	
无	包	√	√	√	*	*		
private	私有		√	√	*			

访问权限可以归纳为两个大类：类一级、成员一级访问权限。

1. 类访问权限修饰符

类的访问权限有两类：公有(public)和包权限(无修饰符)。
(1) public 类表示该类对其他类可见，无论其他类在包内还是包外都成立。
(2) 包权限类表示该类是包内类，对同一个包里的类可见。

2. 成员访问权限修饰符

成员的访问权限包括全部四类：公有(public)、受保护(protected)、包(默认)、私有(private)。在所属类可访问的前提下，其可见性如下：
(1) public 成员：如果类型能被访问，可被所有方法访问。
(2) protected 成员：可被同类的方法、包内类方法和子类方法访问。

(3) 默认成员：被同类的方法和同包内其他类的方法访问。

(4) private 成员：可被同类的方法访问。

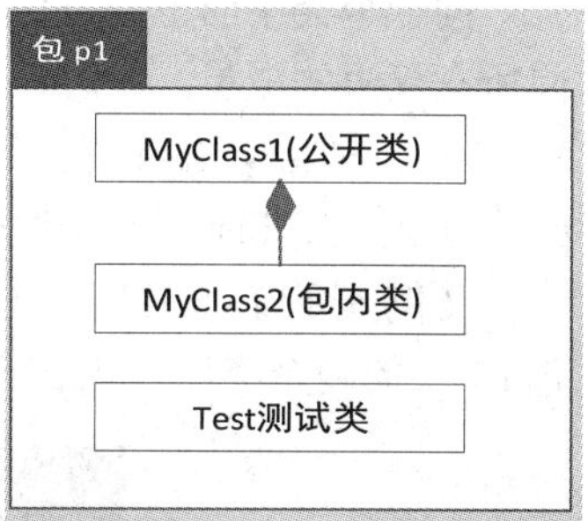

【例 4.18】 在包 p1 中定义两个类：public 类 MyClass1 和包内类 MyClass2，如图 4-12 所示，在 MyClass1 中定义了四种访问权限的数据和方法，并展示了同类内的方法可以调用类内的任何权限的成员。MyClass2 中包含一个公有方法。

图 4-12 同包的多个类

```java
代码 MyClass1.java
package p1;
public class MyClass1{
    public int pub_pub=5;              private int pub_pri=10;
    protected int pub_pro=20;     int pub_defau=30;
    void inClassAccess(MyClass1 otherMyclass) { //访问同一个类中的成员
        System.out.printf("pub_pub:%d,pub_pro:%d",pub_pub,pub_pro);
        System.out.printf("pub_defau:%d,pub_pri:%d",pub_defau,pub_pri);
        System.out.println("访问同类对象的属性");
        System.out.printf("otherMyclass.pub_pri:%d",otherMyclass.pub_pri);
    }
}
class MyClass2 extends MyClass1{
    void inSubClassAccess() {
        //同包的子类，可以访问父类非私有的成员
        System.out.println(pub_defau);
        System.out.println(pub_pri);//非法，不可访问
}}//end
```

【例 4.19】 包 p1 中增加了类 Test1，该类调用了同包的公开类对象和包内类对象。

```java
代码 Test1.java
package p1;
public class Test1{
 public static void    main(String arg[]){
    //同包非子类，可访问同包类中非私有的成员
    MyClass1 obj1=new MyClass1();           //公有类
    System.out.println(obj1.pub_pub);
    //System.out.println(obj1.pub_pri);     //非法，私有成员在类外无法访问
    System.out.println(obj1.pub_pro);
    System.out.println(obj1.pub_defau);
    MyClass2 obj2=new MyClass2();            //包内类
    obj2.inSubClassAccess();
  }
}
```

程序分析：

同一个类中的方法可访问类成员，所以，MyClass1 类的方法 inClassAccess()可直接访问所有权限的成员，同时，在类中也可以访问同类型其他对象 otherMyclass 的所有成员。MyClass2 是 MyClass1 的子类，因此可直接访问继承自父类的非 private 成员。Test1 是包 p1 的普通类，Test1 类创建了两个类型的对象 obj1、obj2，可以访问它们的非 private 成员。

【例 4.20】 在包 p2 中定义了两个类，其中 MyClass3 继承自 MyClass1 类，Test2 对包 p1 中的两个类以及包 p2 中的 MyClass3 进行类间调用测试，见图 4-13。

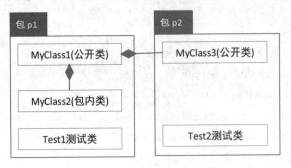

图 4-13 不同包的类间测试

代码 Test2.java

```
package p2;
import p1.MyClass1;
//import p1.MyClass2; //非法，MyClass2 是 P1 包内类，对包外类 MyClass2 不可见
//不同包的子类
class MyClass3 extends MyClass1{
    public void func(MyClass1 superMC, MyClass3 otherC){
        //子类只能直接访问不同包的父类的 public、protected 成员
        System.out.printf("pub_pub:%d,pub_pro:%d",pub_pub,pub_pro);
        //无法直接访问父类的私有 private 成员和包权限成员
        System.out.printf("pub_defau:%d,pub_pri:%d",pub_defau,pub_pri);     //非法
        //对同类型的其他对象 othetC 的成员权限，等同于对该类型当前对象成员的权限
        System.out.printf("pub:%d,pro:%d", otherC.pub_pub, otherC.pub_pro);
        //无法访问父类对象的 protected 权限成员
01.     System.out.printf("In Sup Myclass1,pub_pro:%d",superMC.pub_pro);    //非法
    }}
//不同包的非子类
public class Test2{
    public static void main(String arg[]){
        //不同包的非子类，只能访问其他包的公开类的公开方法
        MyClass1 obj1=new MyClass1();
        System.out.println(obj1.pub_pub);
        System.out.println(obj1.pub_pri);          //非法，私有成员对类外方法不可见
```

```
        System.out.println(obj1.pub_pro);      //非法,受保护成员对非子类的类外方法不可见
        System.out.println(obj1.pub_defau);    //非法,包权限成员对包外类不可见

        MyClass2 obj2=new MyClass2();          //非法,p1 中的包内类 MyClass2 对 p2 中的类不可见

        //测试 MyClass3 的 func()方法
        MyClass3  obj3=new MyClass3();
        MyClass3  otherMyClass3=new MyClass3();
        obj3.func(obj1, otherMyClass3);
    }}
```

程序分析:

MyClass3 继承自 MyClass1,这意味着它继承了父类的成员,但是否可以直接访问成员,则受权限修饰符限制。子类不能直接访问包外父类的 private 和默认权限成员,而父类的 public、protected 成员可以直接访问。但如果是在子类中操作父对象,父对象对子类来说是一个其他类型的对象,因此,子类不能访问父类的 protected 成员(01 行所示)。对包权限成员,如果子类和父类同包,则子类可以直接访问父类的包权限成员,反之则不能。

类 Test2 展示了非父子关系的类间访问。首先 MyClass1 是公有类,所以对 Test2 可见;其次,Test2 对 MyClass1 来说是包外非子类,因此,只能访问到 MyClass 的公有成员。

说明:

访问权限修饰符与面向对象设计的封装性紧密相连。出于安全考虑,在满足需求的前提下,访问权限要符合最小权限原则,这体现在:

(1) 为了避免外界对成员变量的直接修改,在类中将这些数据域尽量设为 private,然后编写对数据的读/写操作,并采用合适的修饰符有选择地公开这些方法,使数据易于维护。

(2) 设计者可以有选地公开类的某些方法,隐藏具体实现,使得行为实现细节如果改变,不会影响到方法的调用者。对那些未公开的行为,用户无须关注,也无法关注。

4.8 实例:单例设计模式

1. 单例设计模式概述

在介绍了构造方法、static 修饰符、访问权限修饰符之后,这一节将介绍一种设计模式。设计模式是一套关于软件项目的最佳实践与经验总结。其关注软件在设计层面的问题,与使用的具体语言无关。1995 年,Erich Gamma 等四位专家在《设计模式 可复用面向对象软件的基础》一书中首次将设计模式提升到理论高度,总结了 23 种设计模式。它们对面向对象软件设计产生了深远的影响,以至于现今流行的众多开发框架都使用了多种设计模式。

本章介绍的单例设计模式就是 23 种设计模式之一,单例模式是指一个类有且仅有一个实例向整个系统提供。这种模式在设计中经常会被用到,例如,一个系统可以存在多个打印任务,但是只能有一个正在工作的任务;一个系统只能有一个窗口管理器;一个系统

只能有一个计时工具或 ID(序号)生成器；在 Windows 中就只能打开一个任务管理器；等等。在以后的 Java 学习中会经常碰到单例模式，因为在 Java 支持的类库中，大量采用了此种设计模式。

2. 单例模式设计方案

(1) 构造方法设为**私有权限**，防止外界任意调用。

(2) 需要提供一个公有的**静态**方法获取创建的对象实例。

(3) 创建的唯一对象是被共享且只能被步骤(2)中的静态方法直接调用，所以，需要将其定义为私有的静态对象。

(4) 静态对象的**初始化**可在外界首次需要对象时在步骤(2)的方法中调用构造方法创建对象，之后不再创建对象，如例 4.21，也可在类的加载阶段初始化，如例 4.22。

【例 4.21】 调用者在首次需要对象时调用构造方法创建对象。

```
代码 SingleTon.java
public class SingleTon {
    private static SingleTon sObj;     //私有且静态
    private SingleTon() {  //构造方法必须私有
    }
    public static SingleTon getInstance() {  //方法必须被 static 修饰
        if (sObj==null) sObj=new SingleTon(); //首次需要时创建
        return sObj; }
}//end class
class TestSingleTon{
    public static void main(String args[]){
        SingleTon t1= SingleTon.getInstance();
        SingleTon t2= SingleTon.getInstance();
        System.out.println(t1==t2);   //返回结果为 true
    }
}
```

【例 4.22】 声明单例对象的同时进行初始化。

```
代码 SingleTon2.java
public class SingleTon2 {
    private static SingleTon2 tObj=new SingleTon2();          //类加载时进行初始化
    private SingleTon2(){ }                                    //私有构造方法
    public static SingleTon2 getInstance() {                   //方法必须被 static 修饰
        return tObj;
    }
}
class TestSingleTon2{
    public static void main(String args[]){
```

```
    SingleTon2 t1= SingleTon2.getInstance();
    SingleTon2 t2= SingleTon2.getInstance();
    System.out.println(t1==t2);                         //返回结果为 true
    }
}
```

例 4.22 在类的加载阶段直接初始化单例对象,这部分工作可以在静态对象声明同时完成初始化,也可以在静态块中完成初始化操作。

4.9 类的继承

继承是面向对象编程的重要特性之一,它是一种由已有的类派生出新类的机制,是实现软件可重用性的一种有效途径。派生出的新类称为已有类的子类,已有类称为父类(超类)。

通过继承,子类除了自动拥有父类的属性和行为,同时,子类还可以增加父类所没有的属性和行为,成为一个更特殊的类。继承实际上描述了类之间的"is-a"关系,即子类是一种特殊的父类。

例如,你想创建一个按钮类,不必从头开始定义按钮的各种属性(如大小、颜色、三维效果、标题等)和行为(如获得和设置这些属性等),只要继承 Java 类库中的 JButton 类,以它为父类定义自己的子类就可以了。而用户自定义的按钮属于按钮这一大类,只是增加了自己的一些特质。

4.9.1 子类的定义

类的继承是通过在类的声明中,使用关键字 extends 来说明。其语法形式如下:

```
[修饰符] class 子类名 extends 父类名 {
类体 }
```

说明:

(1) Java 只支持单继承,所以父类只能有一个。当没有显式指定父类时,父类隐含为 java.lang 包下的 Object 类。因此,Java 中的所有类都是 Object 类的子类,Object 被称为根类。

(2) 子类可以继承父类的属性和方法,但并不一定继承父类的所有成员。根据 4.7 节访问权限修饰符的规则,父类中声明为 private 的字段和方法,子类不可见。子类对父类的 public 和 protected 成员可见,而对于默认权限的成员,只有父子类同属一个包时,子类才可见且能直接访问父类成员。对于不可见的父类成员变量,可以通过父类的公开方法访问。

(3) 子类可以添加字段和方法。如果定义同名的属性则可隐藏父类属性(比较少用);如果定义具有相同参数的同名方法,则可覆盖父类方法;如果在子类中定义了与父类同名但参数列表不同的方法,则会跟父类中的该同名方法形成方法重载。

(4) 子类不会自动获得父类的构造方法。例 4.23 中,父类 Point 具有 Point(int,int)构造方法,不意味着子类 ColorPoint 具有 ColorPoint(int,int)构造方法。

【例 4.23】 类的继承实例。

代码 ExtDemo.java

```java
package chapter5;
class Point{
    private int x,y;
    public Point(){
    }
    public Point(int x,int y){
        this.x=x;
        this.y=y;
        init();
    }
    private void init() {
        System.out.printf("Point(%d,%d)\n",x,y);
    }
    protected void setXY(int x, int y) { //继承权限
        this.x=x; this.y=y;
    }
    public int getX() {
        return x;
    }
    public int getY() {
        return y;
    }
}
class ColorPoint extends Point{
    String color;                    //添加字段
    public ColorPoint(int x, int y, String s) {
        color=s;
        init();              //非法，因为父类的 private 方法，对子类不可见
        setXY(x,y);          //合法，继承权限的父类成员对子类是可见的
    }
    public void showInfo() {         //添加方法
        System.out.printf("ColorPoint<%d,%d,%s>\n",getX(),getY(),color);
        //合法，public 或 protected 成员对子类可见
    }
}
public class ExtDemo {
```

```
        public static void main(String args[]){
            Point p1=new Point(2,2);
            ColorPoint cp1=new ColorPoint(5,5,"white");
            cp1.showInfo();
        }
    }
```

运行结果：

```
Point(2,2)
ColorPoint<5,5,white>
```

程序分析：

该程序定义了三个类：Point，ColorPoint 和 ExtDemo。其中 ColorPoint 直接继承 Point，并在 Point 成员变量 x 和 y 的基础上添加了一个成员变量 color 用来标明点的颜色。Point 类对 x 和 y 的操作首先可通过构造方法赋值，其次，对包内类和子类提供了进行 x、y 写操作的方法 setXY(int, int)；读方法 getX()和 getY()是公开方法；init()是私有方法，仅供 Point 类使用。因此，在子类中可见的方法有 protected 权限的方法 setXY(int, int)，public 权限方法 getX()和 getY()，而 init()方法因为是父类私有的，所以，对子类来说不可见。

4.9.2 隐藏与 super 关键字

super 关键字代表当前对象的父对象引用，可以用来引用父类的成分：父类的构造方法、普通方法和属性。

1. super 访问父类成员

在 Java 中，子类的成员变量或方法如果与父类的成员相同，子类会隐藏同名父类成员。如果子类想访问父类的同名成员，可以使用 super 关键字做前缀来访问。访问形式如下：

```
super.成员变量
super.普通方法([实参])
```

2. 调用父类构造方法

子类不能继承父类的构造方法，子类在构造方法中如果要调用父类的构造方法，可以使用 super 调用，而且该调用必须是子类构造方法的第一条语句。访问形式如下：

```
super([实参])
```

【例 4.24】 在子类中通过 super 调用父类成员和父类构造方法。

代码 superTest.java

```
class A{
    int x=5;
    public A() {
        System.out.println("default constructor of A");}
    public A(int x) {
        this.x=x;
        System.out.println("constructor of A");}
```

```java
        void getInfo() {
            System.out.printf("in class A, x:%d",x);
        }
    }
    class B extends A{
        int x=10;                //与父类同名变量
        public B(int temp) {
            super(temp);         //调用父类构造方法，必须放在第一句
            System.out.println("constructor of B");
        }
        void getInfo() {         //调用父类被隐藏变量 x
            System.out.printf("in class B,x=%d, super.x=%d",x,super.x);
            super.getInfo();     //调用父类同名方法
        }
    }
    public class superTest {
        public static void main(String arg[]) {
            B Ref=new B(15);
            Ref.getInfo();
    }}
```

运行结果：

constructor of A
constructor of B
in class B,x=10, super.x=15
in class A, x:15

程序分析：

首先，super(temp)一定是在子类构造方法中的第一句。另外，子类声明了与父类同名的成员变量 x，当子类执行它自己声明的 getInfo 方法时，所操作的默认 x 就是它自己声明的变量；当子类执行继承自父类的 getInfo()方法时，该方法处理的是继承自父类的变量 x。

3. 使用 super 的注意事项

(1) 通过 super 不仅可以访问直接父类中定义的属性和方法,还可以访问间接父类中定义的属性和方法。

(2) 由于 super 指的是对象，所以 super 不能在 static 环境中使用，包括类变量、类方法和 static 语句块。

(3) 在继承关系中，子类的构造方法第一条语句默认为调用父类的无参构造方法(即默认为 super())，所以当在父类中定义了有参构造方法而没有定义无参构造方法时，编译子类时，会强制要求我们定义一个相同参数类型的构造方法。

下面给出关于上述注意事项的实例。

【例 4.25】 super 使用的注意事项。

```
代码 D.java
class Base1{
    int m=0;
}
class C extends Base1{
    int i;
    public C(int j){i=j;}
}
public class D extends C{
    int i;
    public D(int j1){
01.     //super(6);              //非法，注释掉后默认调用 super()，父类中没有()
02.     i=j1+super.m;            //合法，通过 super 可调用间接父类的成员
    }
    static void showInfo() {
03.     System.out.println("super.i:"+super.i);    //非法，在 static 方法中
    }
}
```

程序分析：

标号 01 语句为非法，因为注释掉 super(6)，编译器默认将 super()方法插入此处，但是父类 C 中没有默认构造方法 C()，所以，编译失败。

标号 03 语句为非法，因为 super 是指向父类对象，只能被实例方法或构造方法调用，故不能在 static 方法中出现。

4.10 final 修饰符

final 的意思是"最终的，不可改变的"。final 可用于修饰类、方法和数据(包括局部和全局)，虽然意义不同，但本质是一样的，都表示不可改变。其含义如表 4-3 所示。

表 4-3 final 修饰符的意义

修饰	意 义	形 式
类	表示最终类，该类不能被继承	[修饰符] final class 类名{类体}
方法	表示最终方法，即该方法不能被子类覆盖	[修饰符] final 返回类型 方法名([形参表]){方法体}
数据	即常量，包括局部和成员常量，一旦赋值就不能再修改	[修饰符] final 数据类型 变量[=值]

1. final 常量

final 修饰的常量只能赋值一次,之后不能再修改。它可以是局部常量也可以是成员常量。

(1) 当 final 修饰局部常量时,该常量必须在被读取之前被赋值。

(2) 当修饰的是成员常量,则必须在声明时或者在构造方法中被初始化。

常量的数据类型分为基本数据类型和引用类型。对基本数据类型的域,它的不变性体现为**数值的不变性**。对于引用类型,其值是某个对象的地址,所以其不变性体现为一旦赋值,**不能指向其他对象**,但对原引用指向的对象进行修改并不受限。

下面的代码从两种类型的不变性角度说明它们的区别。

【例 4.26】 基本数据类型和引用型常量的不变性。

```
代码 finalData.java
class Value{
    int i=1;
}
public class finalData{
    final int i1=7;
    final Value v2=new Value();

    public void testMethod(){
        final int inSta=1;      //局部常量
        inSta++;                //非法,已经被赋值,不能再修改
        i1++;                   //非法,i1 已经被初始化,不能再被修改
        v2.i++;                 //合法,v2 没有指向新的对象,对原有对象的字段可以进行修改
        v2=new Value();         //非法,指向新对象,改变了引用值
    }
}
```

在了解 final 常量的意义后,下面我们学习三种常见的 final 常量用法。

1) blank final

blank final 也称空 final,当由同一个类生成的不同对象希望可以有不同的 final 字段值时,可以在定义该字段时只声明不赋值,通过构造方法对每个对象的 final 字段进行赋值。例如:

【例 4.27】 空常量的使用。

```
代码 blankFinal.java
class blankFinal {
    final int j;
    blankFinal(int x){
        j=x;   }
    public static void main(String[] args) {
        blankFinal bf1=new blankFinal(5);
        blankFinal bf2=new blankFinal(6);
        System.out.println("f in bf1:"+bf1.j); //运行结果  f in bf1:5
```

```
            System.out.println("f in bf2:"+bf2.j); //运行结果 f in bf2:6
        }
    }
```

2) final 参数

final 修饰形参，如果修饰的是基本数据类型，表示形参被实参赋值后，其值在方法体内不变；如果修饰的是引用类型，表示形参被赋值后，在方法体内不会指向新的对象。所以，如果在定义方法时想确保形参一直指向传入的实参对象，可以定义成 final 形参。例如：

【例 4.28】 final 参数的使用。

```
代码 FinalArgument.java
class Go{
    }
public class FinalArgument{
    void with( final Go g ){
        g=new Go();              //非法，不能指向新的对象
    }
    void f(final int i){
        i++  ;                   //非法，值不被修改
    }
    int get(final int i){
        return i+1;              //合法，没有修改形参的值
    }
}
```

设计人员把方法形参进行详细描述，编程人员在编写代码时会减少错误发生的概率。

3) static final(静态常量)

变量同时被 static 和 final 修饰时，我们称其为类常量或静态常量，这是类一级的全局常量，只用于修饰字段而不能用于局部变量，它需要在类型被加载时就完成初始化操作。因此，要在定义时或者在 static 块中就给定初始值。例如：

```
static final int i=(int)(Math.random()*26);   //合法，定义时初始化
```

或者

```
static final int j;                  //先声明
static {                             //然后在类型加载前，在静态块中初始化
    j=10;
}
```

但是不能进行如下操作：

```
static final int i;   i=10;          //非法
```

补充知识

与实例常量做对比，实例常量对不同的对象可以有不同的值，而静态常量在内存中只存在一份拷贝，对生成的对象来说值是一样的，静态常量可以在声明时也可在静态块中被初始化。

【例 4.29】 final static 常量的初始化。

```
代码 FinalStatic.java
public class FinalStatic{
    final static int i=10;
    final static int m;
    final int j, k=30;
    static {
        m=20;
        System.out.println("in static block, m="+m);
    } //静态块
    public FinalStatic(){
        j=(int)(Math.random()*26);
        System.out.println("in the constructor,j="+j);
    }
    public static void main(String arg[]){
        FinalStatic t1=new FinalStatic();
        FinalStatic t2=new FinalStatic();
    }
}
```

运行结果：

in static block, m=20
in the constructor, j=20
in the constructor, j=13

根据 4.5.3 中所述的 static 块的用法，static 块只在类型加载到内存时运行一次，所以，上述运行结果中，static 块只运行一次，且在任何一个对象出现之前运行。

2. final 类

final 修饰的类不能被继承。当子类继承父类时，子类将可以访问到父类的内部数据，并可通过重写父类方法来改写父类方法的实现细节，而这种改变对一些类是不必要的，比如科学计算类或者系统类。为了保证某个类不可被继承，我们可以使用 final 修饰符，如 java.lang 包中的 System 类、Math 类。

下面代码示范了 final 修饰的类不可被继承。

```
final class SuperClass { }
class SubClass extends SuperClass {         //编译错误
}
```

3. final 方法

final 方法，是不能被子类所覆盖的方法，说明这种方法提供的功能已经满足了当前要求，不需要在子类中对其进行重写。这可以防止子类对父类关键方法的错误重定义。例如：

```
class Base{
    public final void methodA(){}
```

```
}
public class son extends Base{
    public final void methodA(){            //非法，final 方法不能被重写
        System.out.println("test in sub-Class");
    }
}
```

4.11 枚举类型

枚举(Enumeration)类型从 Java5 开始引入。枚举是由若干个常量构成的集合，其目的是将变量的取值限定在某些常量构成的范围之内，声明为枚举类型的变量取值只能是这些枚举常量中的一个。

1. 定义枚举类型

枚举类型的定义使用关键字 enum，语法格式如下：

```
[修饰符] enum 枚举类型名 [implements 接口名1, 接口名2, …]{
    枚举常量1, 枚举常量2, …[ ; ]
    [变量成员声明及初始化; ]
    [方法声明及方法体;]
}
```

例如：

```
enum Level { TOPSECRET, SECRET, CONFIDENTIAL, PUBLIC }        //枚举常量
```

说明：

(1) 当使用枚举类型成员时，直接使用枚举名称调用成员即可。

(2) 枚举类型实质上是继承 java.lang.enum 的类，因此每一个枚举值都可以看作是类的实例。

(3) 枚举值是 public、static、final 的，会被分配一个 int 型从 0 开始的序号。

(4) 当枚举类型包含其他变量和方法时，最后一个枚举常量后的分号不能省略。

2. 常用方法

(1) 在编译时，编译器会自动塞进一个静态方法 values()，该方法返回所有枚举常量构成的数组。该方法通常与 for-each 结构结合使用，用来遍历一个枚举类型的值。

(2) 枚举类型也继承了来自父类 enum 的方法，常见的方法如下：

```
final String name()         //获取枚举常量对应的字符串
final int ordinal()         //获取枚举成员的索引位置
```

【例 4.30】 枚举类型的使用。

```
代码 Enum2.java
enum Level {
    TOPSECRET,
    SECRET,
```

```
        CONFIDENTIAL,
        PUBLIC
}
public class Enum2{
public static void main(String arg[]) {
    for(Level lc:Level.values()) {
        int order=lc.ordinal();
        switch(lc) {
            case TOPSECRET:    System.out.println(order+" >=85.0");
                               break;
            case SECRET: System.out.println(order+" >=70.0&&<85");
                               break;
            case CONFIDENTIAL:   System.out.println(order+" >=60.0&&<70");
                               break;
            case PUBLIC: System.out.println(order+" <60");
        }
}}}
```

运行结果：

0 >=85.0

1 >=70.0&&<85

2 >=60.0&&<70

3 <60

需要注意的是：枚举类型可以用于 switch 语句，但其 case 后的枚举常量前不能加"枚举类型名"，否则编译不通过。

3. 自定义属性和方法

既然枚举类型本质上是类，那就可以在枚举常量以外定义数据和方法，用于补充枚举常量除名称和序号以外的信息。此外枚举类型可以定义构造方法，但枚举类型的构造方法只能是 private，且默认是 private，这样可以防止调用者自行定义枚举类型的对象。

【例 4.31】 枚举类型自定义属性和方法。

```
代码 Enum3.java
enum Level2 {
    TOPSECRET(">=85.0"),
    SECRET(">=70.0&&<85"),
    CONFIDENTIAL(">=60.0&&<70"),
    PUBLIC;
    private String score;
    private Level2() {score="<60";}
    private Level2(String d1) {score=d1;}
    String getScore() {return score;}
```

```
            void setScore(String d1) {score=d1;}
    }

    public class Enum3 {
        public static void main(String arg[]) {
            for(Level2 lc:Level2.values())
                System.out.printf("%-4d%-14s%-14s\n", lc.ordinal(), lc.name(), lc.getScore());
        }
    }
```

运行结果：

```
0    TOPSECRET        >=85.0
1    SECRET           >=70.0&&<85
2    CONFIDENTIAL     >=60.0&&<70
3    PUBLIC           <60
```

从上述实例中我们也可以证明枚举常量是枚举类型的实例。

习 题

一、简答题

1. 简述面向对象的概念和基本特征。
2. Java 有哪些访问权限修饰符？说明其权限范围。
3. 什么是静态语句块，静态语句块的主要用处是什么？
4. 什么是方法重载，如何定位重载方法？
5. 基本类型和对象类型的参数传递有何区别？
6. 什么是包，包的作用是什么？
7. 简述 this 和 super 关键字代表的含义，以及各自的作用。
8. 类中定义的实例变量在什么时候会被分配内存空间？
9. 什么是静态初始化块，它的特点是什么？与构造方法有什么不同？
10. 什么是单例模式，如何实现该模式？

二、读写程序

1. 改错。

```java
public class test{
    public static void main(String arg[]) {
        String str=null;
        if((str.length()>10)&& str!=null) System.out.println("A");
    }
}
```

2. 判断下列程序是否能编译通过，给出理由。

```java
public class Test{
    public static int add(int x, int y) {return x+y;}
    public static double add(int x, int y){return   x+y; }
    public static int add(int x,int y,int z){return x+y+z;}
    public static long   add(long   x , int y ) {return x+y;}
    public static void main(String arg[]){
        int sum1, sum2;
        double fsum;
        sum1=add(3,5);
        sum2=add(3,5,6);
        fsum=add(7,8);
    }
}
```

3. 定义两个源文件：一个是含 TestB 类的文件 TestB.java，另一个是含 TestPk 类的文件 TestPk.java。编译后查看 class 文件的包结构。

(1) TestB.java。

```java
package b;
public class TestB{
    public TestB(){
        System.out.println("in TestB's constructor");
    }
}
```

(2) TestPk.java。

```java
package pk.a ;
import b.*;
public class TestPk{
    public static void main(String arg[]){
        System.out.println("test package ok");
        TestB bTemp=new TestB();
    }
}
```

4. 编写一个矩形类，将长与宽作为矩形类的属性，在构造方法中将长与宽初始化，定义方法求此矩形的面积。

5. 设计一个一元二次方程类，通过输入三个参数初始化方程对象，并提供方程求解方法。

第 5 章 类的进阶设计

本章学习目标

(1) 理解 JVM 运行时数据区中的内存布局。
(2) 掌握多态机制、抽象类和接口。
(3) 掌握内部类特别是匿名内部类、Lambda 表达式。
(4) 了解工厂模式、注解。

本章在第 4 章的基础上进一步讲解基于 Java 的面向对象的程序设计方法。

5.1 JVM 的数据区

为了更好地理解类、对象、字段、局部变量、方法这些概念在内存中的布局，下面我们将介绍 JVM 中的运行时数据区。

Java 字节码要运行，首先由类加载子系统加载进内存，并在内存中存储数据，形成内存数据区。如图 5-1 所示，JVM 的运行时数据区分为五部分：方法区、堆(Heap)、程序寄存器、Java 虚拟机方法栈(Stack)、本地方法栈。

1. 方法区

方法区(MetaSpace，JDK8 后的方法区称为元空间)是被线程共享的，存储了每个类型的 Class 实例信息(包括类的名称、字段信息、构造方法信息、方法信息)、常量、静态变量以及 JIT 编译后的代码等。

方法区的常量是每个类或接口在加载阶段从 class 文件的常量池中解析出来的字面常量和符号引用在内存中形成的运行时常量池，而且在运行期间，新的常量也可被放入运行时常量池。需注意的是，常量在不同的 JDK 中是有区别的。JDK7 之后，字符串常量池从方法区迁移到堆中。JDK8 为了避免方法区出现内存耗尽异常，将实现方法区的元空间放在本地内存中。

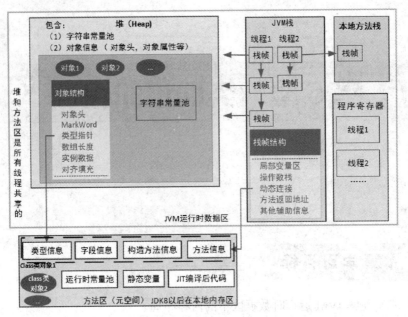

图 5-1　JVM 运行时数据区

2. 堆

堆(Heap)是 JVM 内存管理最大的一块区域,也是垃圾收集器的主要管理区域。堆被线程共享,其唯一的目的是存放通过 new 操作生成的对象。每个对象包含对象的实例数据和对象信息,如对象头、类型指针(可指向方法区的类信息)。JDK7 之后,字符串常量也放在堆中。

3. JVM 方法栈

JVM 方法栈(Stack)是 Java 方法执行的内存数据,是线程私有的。栈是由栈帧组成的,一个栈帧随着一个方法的调用开始而创建,方法调用完成后则销毁。栈帧内存放方法的局部变量(对象方法还会传入 this 引用)、操作数栈、指向该方法的动态链接、方法返回地址等信息。

4. 本地方法栈

一个支持 native 方法(一般为 C 或者 C++方法)调用的 JVM 中,当程序调用本地方法时,会产生一个本地方法栈(Stack)。

5. 程序寄存器

程序寄存器(Program Counter (PC) Register)是线程私有的,当一个新的线程创建时,程序寄存器也会创建。Java 中的程序寄存器用来记录当前线程中正在执行的指令。

5.2　多　态

多态性是面向对象程序设计的三个基本特征之一。Java 中的多态分为编译时多态和运行时多态。其中,编译时多态是静态的,它主要通过方法重载实现(具体见 4.4.1 节),根据相同的方法名和不同的参数列表来区分不同的方法;运行时多态是动态的,它通过方法重写/覆盖和动态绑定来实现,这也是我们通常所说的多态性,即同一段程序可以与可互换的一类对象一起工作。运行时多态主要表现为子类和父类可以有相同的方法头和不同的方法实现，运行时同一消息可以根据发送对象是子类还是父类对象而采用不同的行为。本节主要讲解第二种多态。

Java 实现运行时多态有三个必要条件：向上转型、方法重写和动态绑定。只有满足这三个条件，开发人员才能够在同一个继承结构中使用统一的逻辑实现代码，处理不同的对象，从而执行不同的行为。

5.2.1 对象类型转换与 instanceof

Java 的继承层次创建了一个相关类型的集合，它们在使用中具有兼容性。在继承结构中，Java 引用类型之间的类型转换主要有两种：向上转型(upcasting)和向下转型(downcasting)。

1. 向上转型(自动转换)

对象除了属于自身类型外，还可以作为它的父类类型，这叫作向上转型。图 5-2 中，Car 类有三个子类：ElectricCar、PetrolCar、DieselCar。子类对象既属于子类类型，又属于父类类型 Car。

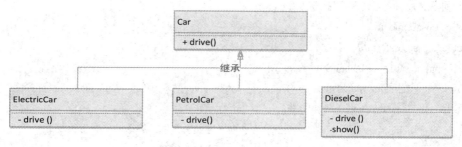

图 5-2 类的继承结构图

【例 5.1】 对象的向上自动类型转换。

```java
代码  Cars.java
class Car{
    public void drive(){System.out.println("in Car class");}
}
class DieselCar extends Car{
    @Override
    public void drive() {System.out.println("in DieselCar class");}
    public void show() {System.out.println(this.toString());}
}
class PetrolCar extends Car{
    @Override
    public void drive() {System.out.println("in PetrolCar class");}
}
class ElectricCar extends Car{
```

```
        @Override
        public void drive() {System.out.println("in ElectricCar class");}
    }
```

利用向上转型，Java 语言允许某个类型的引用指向其子类实例，即把子类对象直接赋给父类引用。代码如下：

```
Car   ins =new DieselCar();
Car   ins=new PetrolCar();
```

对象的向上转型是自动转换，这对面向对象编程来说非常重要。因为子类对象可以通过向上转型从而成为一种父类类型，它使得同一父类引用可以接收兼容类型的不同对象。

2. 向上转型的损失

需要注意，使用向上转型的对象引用可以调用父类类型中的成员，但不能调用子类类型中扩展的成员。这是因为 Java 对象有两种类型：编译时类型和运行时类型。

(1) 编译时类型是对象引用的类型，引用能调用的方法集由引用类型决定。

(2) 运行时类型是对象本身的类型，由存放在对象结构中的类型指针指向的类型所决定，该类型决定了运行时调用的具体方法。

【例 5.2】 向上转型的损失。

```
代码 LossDemo.java
public class LossDemo{
    public static void main(String arg[]) {
        Car demo=new DieselCar();
        demo.drive();      //合法，在 Car 的可见方法集中
        demo.show();       //非法，不在 Car 的方法集中，编译时就会出错
    }
}
```

3. 向下转型(强制转换)

为了解决向上转型不能调用子类扩展方法的问题，可以采用向下转型。与向上转型相反，向下转型是父类的引用被转变成一个子类的引用，这是一种强制转换。需要注意的是，如果原来父类引用指向的是子类对象，那么向下转型的过程才是安全的，编译不会出错。

例如：

```
Car   ins=new PetrolCar() ;     //父类引用指向子类对象
PetrolCar   w= (PetrolCar)ins;
```

向下转型可以调用子类类型中所有的可见成员，避免向上转型的损失，但是如果父类引用指向父类对象，那么在向下转型的过程中是不允许的，编译会出错。例如：

```
Car   ins=new Car() ;          //父类引用指向父类对象
PetrolCar w= (PetrolCar)ins;    //非法，编译错误
```

下面给出一个融合自动向上转换和强制向下转换的例子。

【例 5.3】 自动与强制类型转换应用实例。

```
代码 UseCar1.java
```

```
public class UseCars1 {
    public static Car getCar(String i){                //统一的返回类型
        Car ins=null;
        if(i!=null)
        switch(i){
            case "Electric": ins=new ElectricCar();    //合法，向上转型
                    break;
            case "Petrol": ins=new PetrolCar();        //合法，向上转型
                    break;
            case "Diesel": ins=new DieselCar();        //合法，向上转型
                    break;
            default: ins=null;
        }
        return ins;
    }
    public static void main(String arg[]) {
        DieselCar br =(DieselCar)getCar("Diesel");     //合法，向下转型
        if(br!=null)br.show();                          //可以调用子类扩展方法
    }
}
```

程序分析：

getCar(String)方法借助向上转型将不同子类的返回对象用 Car 类型接收。而在使用 getCar 方法获得对象后，利用强制转换恢复对象的真正类型。

4．instanceof 操作符

为避免运行时出现 Java 强制类型转换异常，一般使用 instanceof 操作符。instanceof 操作符用于判断某个对象的所属类型，其语法格式如下：

```
对象  instanceof  类型                     //返回值为 boolean 类型
```

例如：

```
Car tempCar=getCar("Diesel");              //先获取返回值
DieselCar br;
if ( tempCar instanceof DieselCar)          //检测 tempCar 是不是 DieselCar 类型
    br=(DieselCar)tempCar;                  //安全强制转换
```

注意：被测的必须是对象，不能是基本数据类型。若测试值为 null 值，其结果总是返回"false"。

从 Java 16 开始，instanceof 表达得到增强，对于 instanceof 的判断以及强制类型转换可以合而为一。上述操作可写成：

```
if(tempCar instanceof DieselCar   br)
```

例如：

```
Car br2=getCar("Diesel");
DieselCar br;
if(br2 instanceof DieselCar    br)         //声明 DieselCar 类型的 br，并强制转换
    br.show();
```

5.2.2 方法重写

在继承结构中，子类中如果定义了一个与父类有相同名称、相同参数列表、兼容的返回值类型和异常类型的方法，只是方法体中的实现不同，则称为方法重写(override)，也称为方法覆盖。当父类方法无法满足子类需求时，可通过方法重写进行功能扩展。在重写方法时，需要遵循下面的规则：

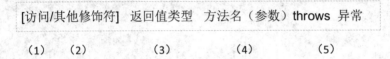

　(1)　　(2)　　　　(3)　　　　　(4)　　　　　(5)

(1) 子类重写方法的访问权限必须等于或高于父类权限。private 方法对子类不可见，所以不能被重写，否则只是新定义了一个子类方法，并没有对其进行覆盖。

(2) final 方法不能被重写，也不能一个是静态的 static 方法，另一个是实例方法。

(3) 返回值类型必须与被重写方法的返回值类型相同或兼容(Java1.5 版本之前，返回值类型必须一样，Java1.5 版本之后，子类方法的返回值类型兼容于父类被重写方法的返回值类型即可。

(4) 方法名、参数列表必须完全与被重写方法的相同。

(5) 子类重写方法声明的异常与父类的保持一致，或是父类方法返回值类型的子类。不能抛出在父类方法的 throws 语句中没被定义的异常(后续第 6 章将进行讲解)。

此外，重写的方法可以使用 @Override 注解来标识。注解@Override 表示它所标注的方法必须是对父类的重写。如果在父类中没有该方法，编译就会出错。

下面给出三个违规设计实例。

【例 5.4】 访问权限缩小错误。

代码　RightError.java
```
class Sup {
    public void show(){
        System.out.println("in superclass ");
    }
}
class Sub extends Sup {
    void show(){        //非法，编译不通过，权限缩小了
        System.out.println(" in subclass");
    }
}
```

程序分析：

show 方法在子类中被重写，权限却由 public 缩小为包内权限，因此编译不通过。

【例 5.5】 private 方法不能被重写。

```
代码  NoOverriding.java
class Sup {
    private void show(){          //私有方法不为外界所见，不能被重写
        System.out.println("in superclass ");
    }
}
class Sub extends Sup {
    public   void show(){         //编译通过，但不是重写父类方法，而是定义一个新方法
        System.out.println(" in subclass");
    }
}
```

程序分析：

show 方法在父类中是 private，对子类是不可见的，因此子类无法重写它。子类中虽然也定义了一个 show 方法，而且编译通过，但实际上这是一个新方法，不是重写方法。

【例 5.6】 注解@Override 的使用。

```
代码  useOverride.java
class Sup {
    public   void show(){
        System.out.println("in superclass ");
    }
}
class Sub extends Sup {
    @Override
    public   void Show(){ //编译错误，因为父类没有名为 Show 的方法
        System.out.println(" in subclass");
    }
}
```

程序分析：

利用注解@Override 有助于纠错。上面的代码可以检出子类的 show 方法没有重写父类方法，而是定义了一个首字母大写的新方法。

5.2.3 动态绑定

重写方法以后，Java 需要通过动态绑定才能实现多态性。将方法调用同其方法体连接起来叫作绑定(Binding)。绑定分为静态绑定和动态绑定(或后期绑定)。静态绑定是在程序执行前由编译器或连接程序绑定，动态绑定是在运行时绑定，JVM 通过对象的类型指针绑

定方法。动态绑定非常重要，利用动态绑定，无须对现存代码进行修改，就可对程序进行扩展。Java 绑定规则如下：

(1) 被 final、static、private 修饰的方法执行静态绑定，与编译时类型的方法进行绑定。
(2) 其余实例方法执行动态绑定，与对象的运行时类型的方法体进行绑定。
(3) 成员变量(包括静态变量和实例变量)执行静态绑定，与引用类型的成员变量绑定。

下面我们将用两个实例说明三个绑定规则。

【例 5.7】 方法静态绑定。

```
代码  staticBind.java
class Sup2 {
    static void show(){ System.out.println("in superclass ");}
}
class SubX2 extends Sup2 {
    static void show(){ System.out.println(" in subclass"); }
}
public class BindTest{
    public static void main(String arg[]){
        Sup2 s =new SubX2();
        s.show();              //静态(或者 private)方法静态绑定
    }
}
```

运行结果：

```
in superclass
```

程序分析：

静态方法 show()执行时，会静态绑定引用 s 的类型 Sup2 中的 show 方法，无法发挥方法重写的作用。对 static 或 private 方法进行重写，无法实现多态性。

【例 5.8】 实例方法动态绑定与成员变量静态绑定。

```
代码  DyStaticBind.java
class Sup3{
    int i=5;
    void show(){
        System.out.println("i in superclass    is:"+i);
    }
}
class SubX3 extends Sup3{
    int i=6;
    void show(){
        System.out.println("i in subclass    is:"+i);
    }
}
```

```
        class DyStaticBind{
            public static void main(String[] arg){
01.         Sup3 sp=new SubX3();
02.         sp.show();              //实例方法,动态绑定
03.         System.out.println(sp.i);   //成员变量,静态绑定
            }
        }
```

运行结果:

i in subclass   is:6
5

程序分析:

语句 1 利用向上转型将子类 SubX3 的对象赋给父类 Sup3 的引用 sp,父类引用调用实例方法 show()。语句 2 在运行时利用动态绑定确定 sp 指向对象的运行时类型是子类 SubX3,因此 show()运行后的结果是"i in subclass   is:6"。子类 show()方法操作的 i 变量是子类空间的 i,因此显示结果是 6。语句 3 打印 sp.i 的值,首先成员变量执行的是静态绑定,因此需要看 sp 编译时类型中的 i 值,也就是父类 Sup3 中的 i,其值为 5。

下面基于例 5.1 中的 Car 系列数据类型,我们融合向上转型、动态绑定及方法重写设计一个实现多态的实例。

【**例 5.9**】多态程序设计。

```
代码 useCars2.java
public class useCars2 {
    public static void showInfo(Car ins) {    //上述四种对象用统一的输入类型 Car
        ins.drive();                          //同样的方法调用,对不同的输入类型展现多态性
    }
    public static void main(String arg[]) {
        //多样的子类对象都可以赋给父类引用
        showInfo(new ElectricCar());
        showInfo(new PetrolCar());
        showInfo(new DieselCar());
    }
}
```

运行结果:

in ElectricCar class
in PetrolCar class
in DieselCar class

程序分析:

showInfo(Car ins)方法利用父类形参 Car ins 接收可兼容对象。在主方法 main 中,showInfo 方法利用向上转型接收子类型的多种对象实参,当对象传入方法时,通过父类引用可以调用接口方法 drive(),方法在执行时利用动态绑定确定对象的真实运行时类型,执

行每个子类重写的 drive() 方法,对不同的输入类型展现多态性。

5.3 对象初始化

1. 对象初始化方法

对象初始化主要是指为对象的字段赋初值,一般通过以下方式实现。

1) 直接赋值

直接赋值是指定义类时在声明字段的同时显式赋值。

2) 默认赋值

Java 允许只声明字段,而不赋初值,但在编译时会为每个字段提供一个默认值。由于局部变量(除形参)不可能被其他方法修改,因此系统为其提供初始值也没有意义。在读取局部变量之前,程序员必须显式为局部变量赋初值,否则会发生语法错误。

3) 初始化语句块

在类中定义的语句块用来初始化静态字段(静态语句块)、实例字段(不常用)。

4) 使用构造方法

最常用的对象初始化方法是在构造方法中为字段赋值。这种方法具有更大的灵活性,也具有最高的优先级,因为构造方法是初始化时最后被执行的操作,所以会覆盖前面初始化的结果。

2. 对象初始化顺序

使用 new 调用构造方法创建对象时,看起来只是执行了一个方法,但实际上 JVM 做的工作远非如此。按照先静态数据后实例数据,先父类数据后子类数据的初始化原则,其过程如下:

(1) 若是初次加载类型,则先初始化父类 static 数据/语句块,然后是子类中的 static 数据。这种操作只做一次。

(2) 初始化父类的其他数据域(如果存在未赋初值的,则用默认值赋初值)。

(3) 调用父类构造方法。若子类的构造方法未通过 super 语句显式调用父类构造方法,则系统会自动先调用父类的无参构造方法(在该情况下,父类没有无参构造方法会导致编译报错)。

(4) 初始化子类中添加的数据域。

(5) 执行子类构造方法中余下的操作。

【例 5.10】 对象初始化过程。

```
代码 ObjectInit.java
class Base2{
    static int x1=show("static Base2.x1 init");
    int i=5 , j;
    Base2(){
```

```java
            show(("in Base2 constructor, i= "+i+", j="+j));
            j=20 ;
        }
        static int show(String s) {
            System.out.println(s);
            return 50; }
    }

    class SubObject extends Base2{
        static int x2=show("static SubObject.x2 init");
        int k=show("SubObject.k init");
        SubObject(){
            show("in SubObject constructor, k= " + k +"   j= " + j);
        }
        public static void main(String arg[]){
            System.out.println("********the first object***********");
            SubObject b=new SubObject();
            System.out.println("********the second object**********");
            SubObject b1=new SubObject();
        }
    }
```

运行结果：

```
static Base2.x1 init
static SubObject.x2 init
********the first object*************
in Base2 constructor, i= 5, j=0
SubObject.k init
int subObject constructor,k= 50     j= 20
********the second object************
in Base2 constructor, i= 5, j=0
SubObject.k init
int subObject constructor,k= 50     j= 20
```

程序分析：

为了显示变量的初始化情况，程序中定义了静态方法 show。show 方法还可以返回整数。

根据程序运行结果，首先，类 Base2 和 SubObject 加载进内存，static 变量被初始化。这一操作早于对象创建，而且是先父类后子类。之后在主方法 main 中创建第一个对象。对象创建过程中先初始化父类实例数据，再调用父类构造方法，因此，在构造方法调用之前，实例数据已经被初始化了，即 i=5, j=0。然后，子类的实例数据被初始化。最后，子类的构造方法被调用。

需要注意的是，第二个对象被创建时，static 数据不再参与初始化，除此之外，其他操作与第一个对象创建时一致。

5.4 抽象类和接口

回顾例 5.1 中的代码，从软件设计的角度考虑：

(1) Car 是具体子类电车、汽油车、柴油车的父类，Car 表示的是一种抽象概念，它并不需要代码编写人员创建出 Car 类的具体实例。

(2) Car 类的 drive 方法描述了车的行为，但由于不知道具体是什么车，所以无法指定该方法的细节。定义 drive 方法的目的实际是为它的子类创建一个通用的方法接口。不同的子类可以用不同的方式实现此方法。

(3) 系统需要提供强制机制，以保证 Car 的子类都要重写父类的 drive 方法。

Java 提供了抽象方法机制来创建统一的方法接口，这种方法称为 abstract 方法。它是不完整的，仅有方法声明，而没有方法体。同时 Java 提供了封装抽象方法的抽象类和接口，用以提供强制机制来保证子类必须重写父类的抽象方法。

5.4.1 抽象方法

用关键字 abstract 修饰的方法是抽象(abstract)方法。抽象方法只有方法声明，而没有具体实现，定义形式如下：

```
[访问权限修饰符]  abstract 返回类型  方法名([形参表]);
```

例如：

```
public abstract  void drive();
```

需要注意的是，抽象方法是要被子类重写的，所以，访问权限不能是 private，且不能被 final、static 修饰。

5.4.2 抽象类

抽象类用来表述在问题分析、设计中得出的抽象概念，是对本质上相同的具体对象、概念的抽象。抽象类不能实例化，也就是不能使用 new 关键字创建对象，它只能被继承。抽象类的定义形式如下：

```
[访问权限修饰符]  abstract class 类名{
//类体
}
```

注意：

(1) 抽象类可以包含零个到多个成员变量、普通方法，也可以包含零个到多个抽象方法。

(2) 抽象类不能被 final 修饰。

(3) 一个类只要有一个方法是抽象方法，这个类就要定义成抽象类。

我们用抽象类重写例 5.1 中的 Car 类，代码如下：

```java
abstract class Car{
    public abstract void drive();
}
```

5.4.3 接口

接口是面向对象的一个重要思想，用于规范对象的公共行为，提供比抽象类更高级别的抽象。利用接口使设计与实现相分离，可使利用接口的用户程序不受不同接口实现的影响。

1. 接口定义

接口 interface 产生一个完全的抽象类，用来定义全局常量和公开抽象方法。其常规声明形式如下：

```
[public] interface 接口名 [extends 接口1, 接口2,...]{
    [public] [static] [final] 字段类型 字段名 = 初始值;    //定义常量
    [public] [abstract] 返回类型 方法名(形参表);            //声明方法
}
```

说明：

(1) 所有的方法都是公开的抽象方法，所以方法可以省略 public 和 abstract 关键字。

(2) 所有的字段都是公开的静态常量，所以字段可以省略 public、static、final 关键字。需要定义时再赋初值。

(3) 与抽象类类似，接口不能被实例化，只能被实现。

(4) 与类不同的是，接口可以继承其他接口(不能是类)，而且支持多继承，多个接口用","分割。

【例 5.11】 接口的定义。

代码 MyInterface.java

```java
interface A {
    String id;              //非法，接口中静态常量需要声明时就初始化
    int flag=2;             //等价于 public static final int flag=2
    int size =10;           //等价于 public static final int size=10
    void show();            //等价于 public abstract void show();
}
interface B{
    int flag=5;
    void show();
}
public interface  MyInterface extends A,B {
    int myFlag=A.flag+B.flag;  //使用继承的同名字段 flag，要加上接口限定
}
```

程序分析：

接口 A 中的常量 id 非法，是因为作为公开的全局常量，接口中没有其他初始化的途径，所以必须在声明时就初始化。

接口 MyInterface 继承了两个接口 A、B，这两个接口中有同名的字段和方法，如果要使用同名字段，需要加上接口限定，比如要用接口 A 中的 flag，需要表示成 A.flag。方法同名对接口继承没有影响，接口 MyInterface 中只有一个抽象方法 show()。

2. 接口实现

接口定义了一批类所需遵守的公共行为规范。如果一个类实现了 implements 接口中的所有方法，则称这个类实现了接口，这体现了规范和实现分离的设计原则。语法形式如下：

```
[修饰符] class 类名 [extends 父类] implements 接口 1,[接口 2,...]{
    //类体
}
```

说明：

(1) Java 不支持类的多重继承，但可以实现多个接口。现实世界中有些事物属于多类事物，如果想用 Java 表示这样的关系，则可以通过接口变相实现多重继承。

(2) 类需实现接口列表中所有的抽象方法，如果有一个方法未被实现，则该类为抽象类。

(3) 接口类型的引用可指向实现类对象，支持向上转型。与类继承有所不同，实现接口真正表示的是 like-a 的逻辑。

(4) 接口中的方法都是 public，所以重写接口中的方法都必须具有 public 权限。

对例 5.1 中的数据类型用接口进行重新定义，并使用简单工厂模式向使用者提供创建对象的方法。工厂模式专门用于创建对象，它提供了创建某一类对象的方法，用户通过这些方法可以方便地创建对象，同时又无须考虑具体的对象创建细节。其中，简单工厂模式是工厂模式的一种，其程序结构如图 5-3 所示，用户通过简单工厂 CarFactory 中的方法 getInstance()创建 Car 的子类对象。

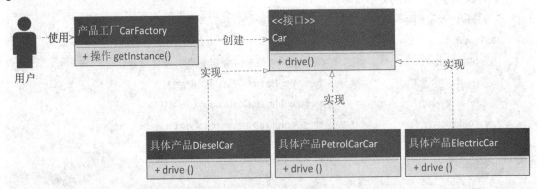

图 5-3 简单工厂模式结构

【例 5.12】 在简单工厂模式中使用接口。

```
代码 useFactory.java
interface Car{
    void drive();
}
```

```java
class DieselCar implements Car{                       //具体类
    @Override
    public void drive() {System.out.println("in DieselCar class");}
}
class PetrolCar implements Car{                       //具体类
    @Override
    public void drive() {System.out.println("in PetrolCar class");}
}
class ElectricCar implements Car{                     //具体类
    @Override
    public void drive() {System.out.println("in ElectricCar class");}
}
enum CarType{DieselCar,PetrolCar,ElectricCar}         //产品类型

class CarFactory{                                     //工厂类
    public static Car getInstance(CarType ct) {       //生成产品，向上转型
        if (ct!=null)
            switch(ct) {
            case DieselCar:return new DieselCar();
            case PetrolCar:return new PetrolCar();
            case ElectricCar:return new ElectricCar();
            default:return null;
            }
        return null;
    }
}
class useFactory{                                     //用户类
    public static void main(String arg[]) {
        Car c1=CarFactory.getInstance(CarType.ElectricCar);
        Car c2=CarFactory.getInstance(CarType.DieselCar);
        c1.drive();
        c2.drive();
    }
}
```

程序分析：

汽车的具体类型被声明成接口，子类型实现该类型就可以了。简单工厂类的核心是工厂类 CarFactory，它利用必要的逻辑判断决定创建哪一类的产品对象，调用者 useFactory 无须关心产品对象的实现细节，只负责消费产品。

当然，如果需要扩展多个产品子类，则必须修改产品工厂类的代码，但是这违背了类

设计的开闭原则(面向扩展开放，面向修改关闭)，我们可以通过工厂模式或抽象工厂模式加以解决。后续 5.5 节我们会给出实例。

3. 接口中的 default/static 方法

接口处于兼容类型的顶层，如果在常用接口中要增加一个新的抽象方法，则所有实现类都必须重写，这是无法想象的。但 Java 不断有新增方法(比如 Iterable 接口新增 forEach 方法)出现，这要求一些常用的接口能适应这些变化。

为了在不影响已有实现类的前提下为接口增加新的行为，JDK8 为接口引入了 default/static 方法。定义格式如下：

```
public default 返回值类型  方法名(参数列表){
//方法体
}
public static 返回值类型  方法名(参数列表){
//方法体
}
```

注意：

(1) 默认(default)方法不是抽象方法，可以被重写，但不强制。重写时去掉 default 关键字。另外，不能直接使用接口调用 default 方法，需通过接口的实现类对象来调用。

(2) 静态(static)方法只能通过接口名调用，不能通过实现类名或者对象名调用。

(3) public 可省略，但 default/static 不能省略，且两者分别修饰实例方法和静态方法。

【例 5.13】接口中的静态和默认方法示例。

```
代码 DefaultStaticClass.java
interface DefaultStaticInterface{
    void show();              //抽象方法

    default void defaultInfo(){
        System.out.println(" default method in interface");
    }
    default void defaultInfo2(){
        System.out.println("default method in interface(no overriding)");
    }
    static void staticInfo(){
        System.out.println("static method in interface ");
    }
}
public class DefaultStaticClass implements DefaultStaticInterface{
    public void show() {
        System.out.println("override abstract method in class");
    }
```

```java
        public void defaultInfo(){
            System.out.println("override default method in class");
        }
    public static void main(String arg[]) {
        DefaultStaticInterface    ds=new DefaultStaticClass();
        ds.show();                  //合法,调用实现的抽象方法
        ds.defaultInfo();           //合法,调用被重写的默认方法
        ds.defaultInfo2();          //合法,调用来自接口的默认方法
        //ds.staticInfo();          //非法,接口中的static方法,只能通过接口调用
        DefaultStaticInterface.staticInfo(); //合法,用接口调用静态方法
    }
}
```

运行结果:

override abstract method in class
override default method in class
default method in interface(no overriding)
static method in interface

程序分析:

接口中定义了一个抽象方法、两个默认方法和一个静态方法。从实现类可以看出,默认方法可以被重写,也可以不被重写。如果被重写,遵循向上转型和动态绑定规则。static方法不能动态绑定,也不能通过实现类访问,只能通过接口访问,所以没必要重写。

接口中的默认方法和静态方法是库/框架设计人员为了解决接口升级问题而引入的兼容机制。对于初学者来说,不必过多关注它们。

4. 接口与抽象类的比较

面向对象程序设计是对现实世界的对象进行抽象,如果这种抽象不能包含足够的信息以描述具体对象,则这样的类应该被设计成抽象类或接口。抽象类与接口是 Java 对现实世界客体进行抽象的两种机制,这两种机制赋予了 Java 强大的面向对象的能力。它们在对抽象的支持上既有相似性,也有区别。

(1) 语法上,抽象类用关键字 abstract class 定义,并且可以定义自己的成员变量和非抽象及抽象的成员方法;接口用关键字 interface 定义,接口内只有公开的静态常量,所有的成员方法都是公开的抽象方法、默认方法或静态方法。

(2) 使用上,抽象类是用来被继承的,一个类只能继承一个父类,但可以实现多个接口,这样可以使用接口实现多重继承,在一定程度上弥补单继承的缺点。

(3) 设计上,抽象类作为父类,与子类之间存在"is-a"关系,即父子类本质上是一种类型;接口只能表示类支持接口的行为,具有接口的功能,因此接口和实现类之间表示的是"like-a"关系。所以,在设计上,如果父子类型本质上是一种类型,那父类可设计成抽象类;如果子类型只是想额外具有一些特性,则可以将父类设计成接口,而且这些接口不宜过大,应该设计成多个专题的小接口。这也是面向对象设计的一个重要原则——接口隔

离原则:一个类对另一个类的依赖性应建立在最小接口上,不应强迫调用者依赖它们不会使用到的行为,过大的接口是对接口的污染。

5.5 实践:工厂方法模式

工厂模式包括简单工厂(Simple Factory)模式、工厂方法(Factory Method)模式和抽象工厂(Abstract Factory)模式。

工厂模式用于创建对象,它与单例模式一样,是一种创建模式。我们在例 5.12 中已经给出了简单工厂模式的示例。简单工厂模式有一个不足之处是工厂类处于核心地位。因为系统功能的扩展体现在引进新的产品上,所以在简单工厂模式中,对工厂类来说,增加新产品就要修改源程序,工厂的角色必须知道每一种产品。面向对象设计要遵循开闭原则(开闭原则要求对扩展开发,对修改关闭)。这就要求新的产品加入系统时,无须对现有代码进行修改。这点在简单工厂模式中对于产品是成立的,但对于工厂类是不成立的。

工厂方法模式解决了这一问题。在工厂方法模式中,核心工厂类不再负责所有产品的创建,仅负责给出具体工厂类必须实现的接口,具体创建的工作交给工厂子类去做。工厂方法模式如图 5-4 所示,主要由如下部分组成:

(1) Factory:抽象工厂。
(2) Concrete Factory:具体工厂,实现抽象工厂的具体 Java 类。
(3) Product:抽象产品,定义产品接口。
(4) Concrete Product:具体产品,实现抽象产品接口的类。

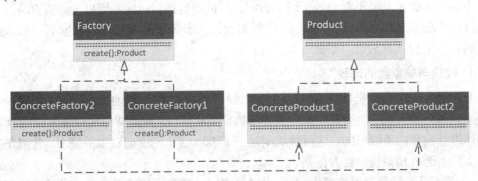

图 5-4 工厂方法模式结构

抽象工厂模式是前两种模式的折中设计,因为篇幅原因,这里不再具体介绍。

【例 5.14】 工厂方法模式示例。为动物园进行动物管理,每只动物入园要生成一只动物对象,并显示当前的动物信息。信息包括当前这种类型的动物有几只,目前动物园共有多少只动物。后期系统会不定期进行动物种类更新,要求为系统提供扩展性。

```
代码 FactoryMethodDemo.java
abstract class Animal {                  //抽象动物类
    private static int sum=0;            //所有动物的全局变量
    public Animal(){
```

```java
            sum++;}
        public int getSum(){
            return sum;
        }
        public abstract String getInfo();
    }                                    //Animal 定义结束
    class Cat extends Animal{
        private static int count=0;      //所有猫的全局变量
        private int id;
        public Cat(){   count++; id=count;
        }
        public String getInfo(){
            return "我是第"+id+"只猫，共生成了"+getSum()+"只动物";
        }
    }                                    //Cat 定义结束
    class Pig extends Animal{
        private static int count=0;      //所有猪的全局变量
        private int id;
        public Pig(){
            count++; id=count;
        }
        public String getInfo(){
            return "我是第"+id+"只猪，共生成了"+getSum()+"只动物";
        }
    }                                    //Pig 定义结束
    interface Factory{                   //抽象工厂接口
        public Animal create();
    }
    class CatFactory implements Factory{ //具体的猫工厂类
        public Animal create() {
            return new Cat();
        }
    }
    class PigFactory implements Factory{ //具体的猪工厂类
        public Animal create() {
            return new Pig();
        }
    }
    public class FactoryMethodDemo {     //使用工厂模式
```

```
    public static void main(String arg[]) {
        Factory f1,f2;
        Animal a1,a2,a3;
        f1=new CatFactory();
        a1=f1.create();
        System.out.println(a1.getInfo());
        a2=f1.create();
        System.out.println(a2.getInfo());
        f2=new PigFactory();
        a3=f2.create();
        System.out.println(a3.getInfo());
    }
}
```

运行结果：

```
我是第 1 只猫，共生成了 1 只动物
我是第 2 只猫，共生成了 2 只动物
我是第 1 只猪，共生成了 3 只动物
```

程序分析：

系统为动物父类提供了一个全局变量 static int sum，用于统计动物的数量，所以，这个值在构造方法中进行改写。同理，为了统计每种子类型的数量，也为每个子类提供了全局变量 static int count，其值自加也在构造方法中完成。然后为每种动物定义了具体的工厂类，重载父接口的 create()方法，生成对象。

5.6 类的关系及设计原则

5.6.1 类的关系

在使用 Java 语言进行编程时，一个程序必然涉及多个类的定义和使用，类与类之间相互关联，共同完成系统功能。类之间的最常见的关系有六种：继承关系、实现关系、依赖关系、关联关系、聚合关系、组合关系。在此基础上人们进一步归纳，将这些关系分为三类或四类。我们按照三大类进行归纳：

(1) 泛化关系(继承关系、实现关系)。
(2) 依赖关系。
(3) 包含关系(关联关系、聚合关系、组合关系)。

1. 泛化关系

泛化关系(Generalization)也称一般化关系，表示类之间的继承关系，接口之间的继承关系以及类和接口之间的实现关系，如图 5-5 所示。

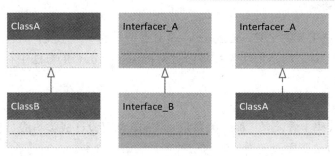

图 5-5　泛化关系

2. 依赖关系

依赖关系(Dependency)也称使用关系，是一个类 A 中的方法使用到了另一个类 B，这种关系非常弱。一般而言，依赖关系在 Java 中体现为局域变量、方法的形参或者对静态方法的调用，如图 5-6 所示。

图 5-6　依赖关系

【例 5.15】 依赖关系和泛化关系实例。

代码　DepGenRel.java
```
abstract class Vehicle{
    public abstract void run(String city);
}
class MotorBike extends Vehicle{              //泛化关系
    public void run(String city){
        System.out.println("摩托车行驶： "+city);}
}
class Person{
    void travel(Vehicle car,String city){     //依赖关系
        car.run(city);}
}
public class DepGenRel{
    public static void main(String arg[]){
        Vehicle motor=new MotorBike();
        Person p=new Person();
        p.travel(motor,"北京-南京");           //依赖调用
    }
}
```

运行结果：

摩托车行驶： 北京--南京

程序分析：

Vehicle 是交通工具的父类，MotorBike 是交通工具的一个子类，两者之间是继承关系。而 Person 和交通工具之间是依赖关系，它们在 Person 的 travel()方法中存在依赖性。

3. 包含关系

包含关系包括关联关系、聚合关系、组合关系。其中，聚合关系和组合关系都是特殊的关联关系。从代码上看，这三种子关系是一致的，都可设计成类与成员变量的包含关系，但在语义上有差别。下面我们看一下这三种关系的语义含义。

(1) 关联：普通的关联关系中，如图 5-7 所示，A 类和 B 类没有必然的联系，如 Person 和他的朋友，不过这种关系比依赖关系的依赖性更强，而且双方的关系一般是平等的。

图 5-7 关联关系

(2) 聚合：是关联关系的一种特例，它体现的是整体拥有部分的关系，即 has-a 的关系。不过，整体与部分之间是可分离的，它们可以具有各自的生命周期，所以整体删除时，部分不会被删除。部分可以属于多个整体对象，也可以为多个整体对象共享。比如，部门和雇员之间的关系(如图 5-8 所示)就是一种聚合关系，一个员工在部门解散后依然存在，并可以加入另一个部门。

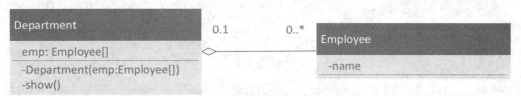

图 5-8 聚合关系

【例 5.16】 聚合关系实例。

```
代码 AggreDemo.java
class Employee{
    String name;
    Employee(String name){this.name=name;  }
}
class Department{
    private Employee[] emps;          //这是一种包含关系
    Department(Employee[] empsArg){
        emps=empsArg;                 //生命周期不同，引用外来的对象，完成聚合对象的实例化
    }
    void show(){
        for(Employee emp:emps){
```

```
                System.out.println(emp.name);}
        }   }
public class AggreDemo{
    public static void main(String arg[]){
        Employee[] mainEm={
                new Employee("张三"),
                new Employee("李四"),
                new Employee("王五")};
        Department dept=new Department(mainEm);     //将成员对象引入整体对象
        dept.show();
    }
}
```

运行结果：
张三
李四
王五

程序分析：

Department 和数组 emps:Employee[]之间是聚合关系，所以，在构造方法中，emps 作为成员变量，它的初始化是引用传入的对象数组，而不是在内部自己生成对象。

(3) 组合：是关联关系的一种特例，这种关系比聚合更强，也称为强聚合。组合也体现整体与部分间的关系，但此时整体与部分是不可分的，整体的生命周期结束也就意味着部分的生命周期结束。而且，多个整体不可同时共享一个部分。如果整体和部分的生命周期不同步，则是聚合关系，否则就是组合关系。比如，人体和各个器官的关系，车与引擎、车体、轮胎的关系(如图 5-9 所示)，都是一种组合关系。图 5-9 中，需在整体中产生所包含类的对象，也就是 Car 的构造方法中需要创建三个部分类的对象。

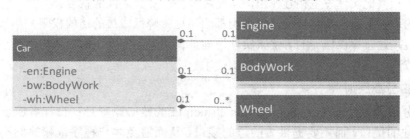

图 5-9　组合关系实例

对于继承、实现这两种关系，它们体现的是一种类和类、类与接口间的纵向关系。其他四种关系体现的是类与类、类与接口间的引用、横向关系，这四种关系都是语义级别的区分。但总的来说，后几种关系所表现的强弱程度依次为：组合>聚合>关联>依赖。

5.6.2　面向对象设计原则

软件开发中，用户的需求是在不断变化的。为了满足用户不断变化的需求，程序员需要依靠好的程序设计方法，因为只有程序设计更加灵活，才能在需求发生改变时更少地改动代码，从而产生更少的程序缺陷。

随着经验的不断积累，程序设计人员总结出了一些面向对象程序的设计原则，大体分为七类，下面我们将详细地讲解这些设计原则。

1. 单一职责原则

单一职责原则(Single Responsibility Principle，SRP)的核心思想是：每个类应该专注于实现一个职责。这是软件开发人员经常会违反的一个设计原则。开发人员通常为了省事，将很多功能集中在一个类里面，从而造成这个类非常大，难于维护。

2. 开闭原则

开闭原则(Open Close Principle)的核心思想为：对拓展开放，对修改关闭。它的意思是说对类的改动是通过增加代码进行的，而不是改动现有的代码，即模块在不被修改的前提下可以被拓展。实现开闭原则最为关键的就是抽象化，这就是"对可变性的封装"。

3. 依赖反转原则

依赖反转原则(Dependence Inversion Principle，DIP)指的是要依赖于抽象，但不要依赖于具体的实现。在软件开发中，所有的类如果需要调用其他类，就应该调用该类的接口和抽象类，而不是直接调用该类的实现类，即要针对接口编程，而不是针对实现编程。

开闭原则是目标，依赖反转原则是手段。

4. 里氏替换原则

里氏替换原则(Liskov Substitution Principle，LSP)的核心思想是：任何基类可以出现的地方，子类一定可以出现。这个是对开闭原则的一个补充。开闭原则的关键是抽象化，里氏替换原则是对实现抽象化的具体步骤的规范化。

5. 迪米特法则

迪米特法则(Law Of Demeter)又叫最少知识原则，其核心思想是：一个软件的实体应当尽可能减少和其他实体发生相互作用，从而降低各个对象之间的耦合。

在类的设计上，利用封装性，每个类都应当尽量降低成员的访问权限，尽量不要公开自己的属性，通过提供统一的方法来实现访问，调用者不需要了解模块内部细节，当模块内部发生改变时，也不会影响其他模块的使用。

6. 接口分离原则

接口分离原则(Interface Segregation Principle)的核心原则是：设计者应该提供尽可能小的单独的接口，而不要提供大的总的接口，从而避免客户程序依赖他们不需要使用的方法。

7. 组合/聚合复用原则

组合/聚合复用原则(Composite/Aggregate Reuse Principle，CARP)的核心是优先使用组合/聚合，而不是使用继承。在使用继承的过程中，人们发现父类的任何改变都可能影响到子类。采用继承后，如果用户需求发生变化，造成父类进行修改，则所有的子类都需要修改。当使用组合时，就降低了这种依赖关系。即使使用继承，继承树一般不要多于三层。

5.7 内部类

定义在另一个类内部的类称为内部类。定义格式如下：
```
class OuterClass{
    [static] class InnerClass{
        …
    }
}
```

类 OuterClass 的内部定义类 InnerClass，此时类 InnerClass 就称为内部类，类 OuterClass 则称为外部类。

设计内部类的原因主要有两个：第一，内部类可以对同包的其他类隐藏，实现类一级的访问控制；第二，内部类拥有对外部类成员的访问权限，包括 private 成员，这种紧耦合的关系虽然在一定程度上破坏了 Java 面向对象的思想，但将逻辑上紧密相关的类组合在一起，并在一个类中控制另一个类的可访问性，在设计回调函数等时会使得代码简洁优雅。

内部类分为实例内部类、静态内部类、局部内部类和匿名内部类，其特点如下：

(1) 内部类仍是一个独立的类，在编译外部类时，内部类也会被编译成独立的 class 文件，文件名前面冠以外部类的类型和 "$" 符号，如 OuterClass$InnerClass。

(2) 内部类是外部类的成员，因此，内部类可以访问外部类的成员，无论是否为 private。如果内部类声明成 static，则只能访问外部类的静态成员。

(3) 内部类可作为外部类的成员，也可作为方法的成员(局部内部类)。如果作为外部类的成员，则可以使用 4 种访问权限修饰符；如果作为方法的成员，则没有访问权限修饰符。

一般来说，无论外部类是否继承了父类，内部类都可以再继承一个类。从这个角度看，内部类使得多重继承的解决方案变得完整。接口只是部分解决了多重继承的问题，而内部类有效地实现了多重继承。

另外，内部类被外部类包裹，自动拥有一个指向外部类或类对象的引用，在此作用域内，内部类有权操作外部类的成员，包括 private 成员。这样内部类就相当于闭包，即包含创建它的作用域 A 的信息的可调用对象 B。这样一来，如果 A 调用 B，而 B 又反过来调用于 A，就能实现回调(callback)。

5.7.1 实例内部类

实例内部类是指没有用 static 修饰的成员内部类，相当于类的实例成员，该内部类是与其所属外部类的对象相关联的。可以说，实例内部类仅存在于其外部类的对象中，需要先有外部类的对象，才能创建内部类的对象。

实例内部类的语法规则如下：

(1) 在外部类的静态方法和外部类以外的其他类中，必须通过外部类的实例创建内部类的实例。其语法如下：

```
OutClass outer=new OutClass();
OutClass.InnerClass  inObject=outer.new   InnerClass();
```

(2) 在外部类中不能直接访问内部类的**实例成员**，必须通过内部类的实例去访问。

(3) 在实例内部类中可以访问外部类的所有成员。

(4) 在实例内部类中使用 this 关键字，其指的是内部类的当前对象，如果要表示外部类的当前对象，需要使用外部类.this。

(5) 内部类不能与外部类同名。

【例 5.17】 下面用简单的代码说明实例内部类的语法规则。

代码 InnerRule12.java

```
class Outer{
    private int a = 100;
    static int b = 200;
    int c=300;
    class Inner{                              //规则5：不与外部类同名
        final static int id = 5;
        String name = " ";
        public String getOutInfo() {
            return "Outer:"+a+b+c;            //规则3：可以访问外部类的成员
        }
        public Outer getOuter(){
            return Outer.this;                //规则4：内部类中用外部类.this 表示当前外部类对象
        }
        public string toString(){
            return this.name+this.hashCode(); //规则4：this 是指当前内部类对象
        }
    }                                         //实例内部类定义结束
    public void method1(){
        System.out.println(Inner.id);         //规则2：合法，因为是内部类的 static 数据
        //System.out.println(Inner.name);     //规则2：非法，不用直接访问内部类实例数据
        Inner i = new Inner();                //规则2：合法，直接访问内部类型
        i.getOutInfo();                       //规则2：合法，通过引用调用内部类方法
        System.out.println(i.toString());     //规则2：合法，同上
    }
    public static Inner method2(){
        Inner i = new Outer().new Inner();    //规则1：静态方法需要创建外部类实例
        return i;
    }
}
public class InnerRule12{                     //规则1：其他外部类，需要创建外部类实例
```

```
    Outer.Inner i = new Outer().new Inner();
}
```

5.7.2 静态内部类

静态内部类是指用 static 修饰的内部类，较少使用。例如：

```
class OuterClass{
    static class InnerClass{
    }
}
```

作为静态成员，它与所属的外部类而不是外部对象相关联。在内部类不需要访问外部类的对象时，应该使用静态内部类(也称为嵌套类)。静态内部类遵循如下规则：

(1) 通过外部类的类名可直接访问静态内部类，所以，在创建静态内部类的实例时，无须创建外部类的实例。例如：

```
OutClass.InnerClass   sic=new OutClass.InnerClass();
```

(2) 静态内部类中可定义静态成员和实例成员。外部类以外的其他类可通过类名访问静态内部类中的静态成员，如果要访问静态内部类中的实例成员，必须通过静态内部类的实例。例如：

```
class Outer1{
    static class Inner{
        int dyM=0;                          //规则 2：实例变量 m
        static int StaN=0;                  //规则 2：静态变量 n
    }
}
public class StaticInnerTest {
    public static void main(String arg[]) {
        Outer1.Inner oi=new Outer1.Inner();
        System.out.println(oi.dyM);         //规则 2：访问静态类的实例变量
        System.out.println(Outer1.Inner.StaN);  //规则 2：访问静态类的静态变量
    }
}
```

(3) 类似于类的静态方法，静态内部类可以直接访问外部类的静态成员，如果要访问外部类的实例成员，则需要通过外部类的实例去访问。例如：

```
class Outer1{
    int a=0;
    static int b=5;
    static class Inner{
        int M1=new Outer1().a;              //规则 3：静态内部类访问外部类的实例变量
        int N2=b;                           //规则 3：静态内部类访问外部类的静态变量
    }
```

}

(4) 接口中可以定义内部类,且默认是 static 内部类,这种类可以被某个接口的所有不同实现所共用。

5.7.3 局部内部类

局部内部类是指定义在方法内的内部类,其有效范围只在定义它的方法内。局部内部类遵循如下规则:

(1) 局部内部类与局部变量一样,不能使用访问权限修饰符和 static 修饰符。
(2) 在局部内部类中可以访问外部类的所有成员。
(3) 在局部内部类中只可以读取当前方法中的常量或初始化后就不再改变的变量。
(4) 如果方法中的成员与外部类中的成员同名,则可用 OuterClass.this.MemberName 的形式访问外部类中的实例成员,或用 OuterClass.MemberName 的形式访问外部类的静态成员。

【例 5.18】 局部内部类的语法规则实例。

```java
代码  LocalInnerClass.java
class Outer2 {
    int a = 0;
    int d = 0;

    public void methodA() {
        int b = 0;
        final int d = 10;

        class Inner {
            int a2 = a;            //规则 2:访问外部类中的成员 a
            int b2 = b;            //合法,b 在作用域中初始化后,就没有被改变
            int d2 = d;            //规则 3:访问方法中的成员
            int d3 = Outer2.this.d; //规则 4:访问外部类中的重名成员
        }
        Inner in=new Inner();
        System.out.println(in.a2+in.d2+in.d3);
    }
    public static void main(String[] args) {
        Outer2 ot = new Outer2();
        ot.methodA();
    }
}
```

5.7.4 匿名内部类

匿名类是指没有类名、只有类体的内部类。如果程序定义某个类却只需要创建一个对

象，这时可以考虑使用匿名内部类。

由于匿名类没有类名，所以在创建匿名类的对象时需要用到该匿名类的父类或接口，而且匿名类的定义和对象创建是同时进行的，因此，在定义匿名类的同时，使用 new 语句来声明对象。其语法形式如下：

```
new 接口/父类([构造方法实参列表]) {
    //类的主体，通常重写父类(父接口)所定义的方法
};
```

例如：定义 Person 类的匿名子类，重写 toString()方法，并生成一个对象。

```
new Person(){
    public String toString(){
        System.out.println("in AnonymousInnerClass");
    }
}
```

匿名内部类的特点如下：

(1) 匿名内部类和局部内部类一样，都可以访问外部类的所有成员。其他局部内部类的特性也适用于匿名内部类。

(2) 匿名内部类没有名字，所以不能定义构造方法，但可以定义非静态字段，重写父类型方法。

(3) 匿名内部类编译后对应的字节码文件名为外部类$数字序号(序号从 1 开始)。

(4) 匿名内部类的常用方式是向方法传参，当匿名内部类重写的父类(接口)只有一个方法时，建议使用 Lambda 表达式，详见 5.8 节的内容。

【例 5.19】 匿名内部类的用法。

代码 AnonymousInnerClass.java
```
interface superInterface{
    String str="in superInterface";
    void show() ;                   //抽象方法
}
abstract class superClass{
    static int sum=10;
    public superClass() {            //无参构造方法
        System.out.println("in default constructor");
    }
    public superClass(int i) {       //带参构造方法
        sum+=i;
        System.out.println("in constructor with arg");
    }
    public abstract void show() ;    //抽象方法
}
class AnonyInnerTest {
```

```java
        String info="in OutClass";
        void connect(superClass sc) {
            sc.show();
        }
        void connect(superInterface si) {
            si.show();
        }
        public void useConMethod() {
            (1) connect(new superInterface() {        //通过接口创建匿名内置类
                public void show() {
                    System.out.println("AnonyInnerTest:"+info);      //可访问外部类成员
                    System.out.println("InnerClass:"+str);           //可使用父接口的成员变量
                }});
            (2) connect(new superClass() {            //利用父类的无参构造方法创建匿名内置类
                public void show() {
                    System.out.println("AnonyInnerTest:"+info);      //可访问外部类成员
                    System.out.println("InnerClass sum:"+sum);       //可使用父类成员
                }});
            (3) connect(new superClass(10) {          //利用父类的带参构造方法创建匿名内置类
                public void show() {
                    System.out.println("AnonyInnerTest:"+info);      //可访问外部类成员
                    System.out.println("InnerClass sum:"+sum);       //可使用父类成员
                }});
        }
        public static void main(String arg[]) {
            AnonyInnerTest ai=new AnonyInnerTest();
            ai.useConMethod();}
    }
```

运行结果:

AnonyInnerTest:in OutClass
innerClass:in superInterface
in default constructor
AnonyInnerTest:in OutClass
innerClass sum:10
in constructor with arg
AnonyInnerTest:in OutClass
innerClass sum:20

程序分析：

首先，代码中定义了两个顶级父类：superInterface 和 superClass。这两个父类都有一个成员变量和一个抽象方法 show()。而父类 superClass 还定义了两个构造方法：一个是无参构造方法 superClass()，另一个是带参构造方法 superClass(int i)。

AnonyInnerTest 类是包含匿名内部类的外部类，在此类中重载了方法 connect，该方法组的形参一个是 superClass，另一个是 superInterface。

AnonyInnerTest 类中还包含另一个方法 useConMethod()，该方法调用了三次 connect 方法。在向方法 connect 传递实参时，程序中用了匿名内置类生成对象并传入方法。标号(1)处，通过接口 superInterface 实现匿名内置类，并创建对象。在匿名内置类中重写了 show 方法，该内置类方法可以访问本身的数据和父类型的数据，还可以直接访问外部类的数据。标号(2)和标号(3)处，都是通过继承父类 superClass 实现匿名内置类的，但两者的区别是调用的父类的构造方法不同，一个调用父类无参的构造方法，另一个则调用父类带参的构造方法。重写的 show 方法其逻辑基本一致，在执行 connect 方法时，首先执行父类的构造方法，然后执行方法体的代码 sc.show()或 si.show()。

小结

匿名内部类在 Java 中的用处很多，它可以简化程序的书写，主要使用在那些需要扩展某个类或实现某个接口作为参数的地方，比如，在 Java 的事件处理的匿名适配器中，匿名内部类被大量使用，详见第 10 章。

5.8 Lambda 表达式

Lambda 表达式本质上是一个匿名函数，它主要包括三部分：参数列表、箭头(→)以及一个表达式或语句块。例如：

(int x, int y)→{return x+y;}

目前很多主流编程语言，如 C++、C#、Python 和 JavaScript 等，都支持 Lambda 表达式。Lambda 表达式也是 Java 8 的重要的新特性。它源自函数式(Functional Programming,FP)编程的思想。该思想的基本特点是允许将函数整体当作一种类型，并能以参数形式传递给其他函数。这种编程方式不关心对象，而专注于对数据的处理。

Lambda 表达式源自美国数学和逻辑学家 Alonzo Church。1936 年 Alonzo Church 想要形式化地表示能有效计算的数学函数，他使用了希腊字母 Lambda 来标记参数。从此以后，带参数变量的表达式就被称为 Lambda 表达式。

5.8.1 函数式接口

在 Java8 以前，Java 是不能直接传递方法的，因为方法必须被封装在类里，不能单独存在。而 Java8 设计者找到了支持 Java 函数式编程的设计：Lambda 类型被认为是一个接口，这种接口不是普通的接口，而是函数式接口。如果一个接口中有且只有一个抽象方法，那么这个接口就可称为函数式接口。Lambda 表达式本身等价于匿名内部类的一个实例，是以简化的语法重写对应函数式接口的唯一抽象方法。这样的接口可以(但不强求)用注解 @FunctionalInterface 来表示。

【例 5.20】函数式接口的用法。

```
代码 FunctionInterface.java
/**正确，只有一个抽象方法*/
@FunctionalInterface
  interface FunctionInterface {
    void show();
}
/**正确，只有一个抽象方法*/
@FunctionalInterface
  interface FunctionInterface1 {
    void show();
    default long cube(int n) {return n*n;}
    static void print() {
        System.out.println("in FunctionInterface.print()");
    }
}
/**错误，有两个抽象方法*/
@FunctionalInterface
interface FunctionInterface2{
    void show();
    String getInfo();
}
```

说明：接口中的默认方法和静态方法不影响该接口是函数式接口。

5.8.2 Lambda 表达式的用法

1. Lambda 表达式的基本语法格式

Lambda 表达式重写了对应函数式接口中唯一的抽象方法，它由三部分组成，语法格式如下：

```
(形参列表)→表达式 或者 {代码块;}
```

Lambda 表达式的核心原则是：可推导可省略。其语法格式及规则说明如下：

(1) 形参列表对应于被重写的抽象方法的形参表。

(2) 形参类型可选。参数类型可以明确声明，也可以由上下文自动推断。

(3) 形参列表外面的圆括号可选。只有一个参数时，圆括号可省，没有或有多个参数时，需要使用圆括号。

(4) "表达式"或"代码块"对应重写方法的方法体。如果主体包含一条语句，可以省略大括号。

(5) 返回关键字 return 可选。如果主体只有一个表达式返回值，则编译器会自动返回值；如果有大括号，则需要指定表达式返回了一个数值。

下面给出几个简单的示例。

```
(int x, int y)-> x+y      //规则 2：明确声明参数类型，返回一个表达式的值
(x, y)->x+y;              //规则 2：由 JVM 自动推断参数类型，返回一个表达式的值
x->x*2;                   //规则 3：只有一个参数，圆括号可省略
()->10;                   //规则 3：没有参数，圆括号不能省略，返回一个值
(x,y)->{return x+y;}      //规则 5：有大括号，需要返回值，要用 return 语句
```

我们可以看出，在定义 Lambda 表达式时其实定义的是一个匿名函数，只要关注方法的**形参和方法**体就可以了，无须关注所实现接口的名称以及方法的名称。

2. Lambda 表达式的使用

Lambda 表达式的一种常见用途就是作为参数传递给方法，这就需要将方法的形参类型声明为函数式接口类型。

【例 5.21】 用 Lambda 表达式定义算数运算操作。

```
代码  UseLambdaDemo.java
interface MathOperator{
    int operation(int x, int y);
}
public class UseLambdaDemo {
    private static int execute(int a, int b, MathOperator mo){
        return mo.operation(a,b);
    }
    public static void public(String arg[]) {
        //实现加法和除法运算
        int re1=execute(40,20,new MathOperator(){        //1、用匿名内部类
            int operation(int x, int y){
                return x+y;}});
        int re2=execute(40,20, (int a, int b)->a+b);     //2、用 Lambda 表达式
        MathOperator div=(a,b)->a/b ;                    //除法运算的 Lambda 表达式
        int re3=execute(40,20,div);
        System.out.printf("a+b=%d, a/b=%d",re2,re3);
    }
}
```

运行结果：

a+b=60, a/b=2

程序分析：

MathOperator 是一个函数式接口，在 UseLambdaDemo 中定义了方法 execute。该方法

接收两个操作数和一个 MathOperator 类型的对象。在主方法中，我们用 Lambda 表达式定义并实例化 MathOperator 对象，并将其传递给方法 execute。Lambda 表达式代替了匿名内部类，因此采用 Lambda 表达式代码更简洁。上述代码中，加法运算另外给出了匿名内部类的实现方法，除法运算给出了有显式引用的 Lambda 表达式。

3. 变量作用域

Lambda 表达式的设计初衷之一就是用来代替匿名内部类。它们之间有相似，也有区别。

(1) 相同：Lambda 表达式与匿名内部类一样，都可以访问外部类的所有成员，但只可读取当前方法中的常量或初始化后就不再改变的变量。

(2) 区别：匿名内部类会被编译成独立的类字节码文件，但 Lambda 表达式会被编译为类的私有方法，所以在 Lambda 表达式中出现的 this 表示表达式所在类的当前对象，而在匿名内部类中 this 表示匿名内部类本身的对象。

【例 5.22】 验证 Lambda 表达式中变量作用域的规则。

```
代码  LambdaFinalTest.java
interface Greeting {
    void sayMessage(String message);
}
public class LambdaFinalTest {
    static String first = "Hello! ";
    private void test() {
        int id=19;
        Greeting greet1 = message ->{
            1. //id=id+1;   //非法，不能修改局部变量
            2. first="java";//合法，可操作外部变量
            3. System.out.println(this.getClass().getName());
            4. System.out.println(message+id);
        };
        greet1.sayMessage("Hello, ");
    }
    public static void main(String args[]){
        LambdaFinalTest lf=new LambdaFinalTest();
        lf.test();
    }
}
```

运行结果：

chapter5.LambdaFinalTest
Hello, 19

程序分析：

Greeting 是函数式接口，在方法 test 中，greet1 显式调用 Lambda 表达式。表达式中，

第一句非法，因为 Lambda 表达式对它所在方法 test 的局部变量进行写操作，尽管不是 final 变量，但这也是不允许的；第二句话合法，因为 Lambda 表达式可以读写外部类的成员变量；第三句合法，因为 this 指的是外部类 LambdaFinalTest 的当前对象；第四句合法，因为局部变量 id 初始化后就没有被修改，所以，Lambda 表达式可以读 id 变量。

5.8.3 方法引用

Java 8 之后增加了双冒号"::"运算符，该运算符用于方法引用。方法引用可以理解为 Lambda 表达式的一种更加简洁的特殊形式。Lambda 表达式的方法体如果仅包含一条方法调用语句，此时可以使用方法引用。语法格式如下：

类名/对象名::方法名　　//只有方法名，没有参数，参数通过函数接口方法推断

方法引用可直接访问类或者对象已经存在的普通方法或构造方法，这些方法的形参格式已知，同时方法引用利用兼容的函数式接口的函数参数信息支持它的简化和使用。方法引用提供了一种引用而不执行方法的方式。方法引用有四种类型：类名调用静态方法、类名调用实例方法、对象名调用实例方法、引用构造方法。表 5-1 给出了方法引用的 4 种用法。

表 5-1　方法引用的 4 种用法

语　　法	示　　例	等价的 Lambda 表达式
类名::静态方法	Integer::valueOf	(str,ra)->Integer.valueOf(str,ra)
类名::实例方法	String::compareTo	(stra,strb)->stra.compareTo(strb)
类名::new	String::new	str->new String(str)
对象名::实例方法	stra::compareTo	strb->stra.compareTo(strb)

说明：

表 5-1 中前三种"类名::方法"最常用，其中在第二种方法中，Lambda 表达式的第一个参数会成为调用该实例方法的对象。除了这类调用，其余方法所引用方法的参数个数及类型应与函数式接口中的抽象方法的参数个数及类型一致。

【例 5.23】　方法引用示例。定义学生类 Student，该类包括 name 和 age 两个私有成员变量，同时定义构造方法、name 和 age 的读写方法、比较学生的方法。

代码中使用数组存储学生对象，并调用 java.util.Arrays 中的 sort(T[] a, Comparator c) 方法进行排序，该方法接收一个函数式接口 Comparator。下面是 Comparator 接口的定义：

本例代码如下：

```
public interface Comparator<T>{    int compare(T o1, T  o2);    }
代码  LambdaMethodRef.java
import java.util.*;
//定义 Student
class Student{
    private String name;                        //姓名
    private int age;                            //年龄
```

```java
        public Student(String name,int age) {
            this.name=name;
            this.age=age;
        }
        public String getName() {
            return name;
        }
        public int getAge() {
            return age;}
        public static int compareByAge(Student st1,Student st2) {
            return st1.getAge()-st2.getAge();
        }
        public int compareByName(Student s2) {
            return this.name.compareTo(s2.name);
        }
}//end of Student
interface Comparable{
    int compare(String o) ;
}
interface StudentFactory{
    Student create(String name,int age);
}
public class LambdaMethodRef {
    public static void main(String arg[]) {
        Student[] st=new Student[4];
//1. 引用构造方法，等价于(name,age)->new Student(name,age)
        StudentFactory sf=Student::new;
        st[0]=sf.create("zhangsan",50);        st[1]=sf.create("lisi",40);
        st[2]=sf.create("wangwu",30);          st[3]=sf.create("zhaoliu",60);
/*2. 类名调用静态方法，等价于 Lambda 表达式(s1,s2)->Student.compareByAge(s1,s2));
等价于匿名类 new Comparator<Student>(){
                            public int compare(Student o1, Student    o2){
                                return Student.compareByAge(o1,o2);}}**/
        Arrays.sort(st, Student::compareByAge);
        for(Student s:st)
            System.out.printf("%-8s,%d\n",s.getName(),s.getAge());
        System.out.println("******************");
//3. 类名调用实例方法，等价于 Lambda 表达式(s1, s2)->s1.compareByName(s2));
        Arrays.sort(st, Student::compareByName);
```

```
            for(Student s:st)
                System.out.printf("%-8s,%d\n",s.getName(),s.getAge());

//4. 对象名调用实例方法，调用 String 的方法 compareTo(String)
        Comparable cp= "wangwu"::compareTo ;
        for(Student s:st)
            if(cp.compare(s.getName())<0)
                System.out.printf("%-8s,%d\n",s.getName(),s.getAge());
    }
}
```

运行结果：

```
wangwu   ,30
lisi     ,40
zhangsan ,50
zhaoliu  ,60
*****************
lisi     ,40
wangwu   ,30
zhangsan ,50
zhaoliu  ,60
*****************
zhangsan ,50
zhaoliu  ,60
```

程序分析：

上述方法中，用类名调用实例方法 Student::compareByName 中，Lambda 表达式的第一个参数会成为调用该实例方法的对象，第二个参数会成为被引用方法的参数，这种简化不太容易理解，使用时要谨慎一些。除此之外，其他形式的方法引用中，被引方法的形参列表都与函数式接口中的抽象方法的形参列表一致，更容易简化。

Lambda 表达式对初学者来说有不小的难度，所以，当初学者开始不能熟练编写 Lambda 表达式时，不妨先写成匿名内部类，然后将其中重写的方法改成 Lambda 表达式。有的集成化开发环境提供将匿名内部类转换成 Lambda 表达式的功能。如图 5-10 所示，在 IDEA 中对匿名内部类做 Alt + Enter 操作(也可以在弹出菜单中选择该功能)可实现上述转换。

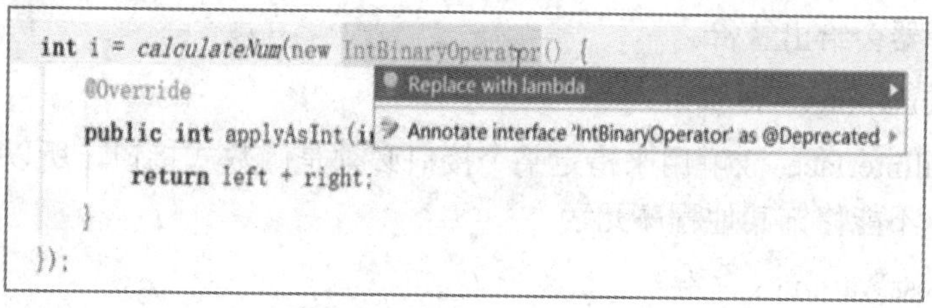

图 5-10　匿名内部类自动转为 Lambda 表达式

5.9 注　　解

从 Java 5 开始,在源代码的某个元素(类、方法、成员变量等)前可以嵌入一些说明信息,这些说明信息称为注解(annotation)。注解相当于程序中解释数据的数据,即元数据(metadata)。注解是以@符号开头的,比如我们在方法重写时使用过的@Override。同 Class 和 Interface 一样,注解也属于一种类型。

与第 2 章介绍的注释不同,注解可以在编译时被编译器使用,也可以在运行时通过 Java 反射功能来获取并使用。不过,注解并不能改变程序的运行结果,也不会影响程序运行的性能。

Java 注解分为三类:第一类是 Java 自带的基础注解,第二类是用户自定义的注解,第三类是元注解。元注解是用于说明注解的注解,比如@Retention、@Target、@Inherited、@Documented、@Repeatable 等,元注解常在自定义注解时使用。下面我们分别介绍各类注解。

1. 常用基础注解

1) @Override 注解

java.lang.Override 用来标注被重写的方法。它可以标注子类中的一个重写方法。如果使用这种注解标注子类方法,而父类没有此方法,那么 Java 编译器将给出错误警示。例如:

```
class Person {
    private String name = "";
    private int age;
    @Override
    public String t0String() { //toString()
        return "Person [name=" + name + ", age=" + age + "]";
    }
}
```

Person 中定义的 t0String()方法是重写的父类 Object 中的 toString()方法,但编程人员键入了一个错误的字符"0",如果有了@Override 注解,Java 编译器就会报错。

2) @Deprecated 注解

@Deprecated 注解用于表示某个元素(类型或类型成员)已过时。当其他程序使用已过时的元素时,编译器会给出警告。

3) @FunctionalInterface 注解

@FunctionalInterface 注解用来指定某个接口必须是函数式接口,所以 @FunInterface 只能修饰接口,不能修饰其他程序元素。

4) @SuppressWarnings 注解

@SuppressWarnings 注解主要用于关闭编译器对类、方法及成员变量产生的一些警告。该注解有一个类型为 String[]的成员，这个成员的值表示所要关闭的警告的名称。

注解语法允许在注解名后跟小括号"()"，括号中是使用逗号分隔的键值对"成员名=成员值"。例如：

@SuppressWarnings(value={"unchecked"，"nls"})

当成员名为"value"时，成员名可省略，此时可以直接写成@SuppressWarnings({"unchecked","nls"})，如果值只有一个元素，还可以省去大括号，写成@SuppressWarnings("unchecked")。

抑制警告的常用关键字如表 5-2 所示。

表 5-2　抑制警告的常用关键字

关键字	用　途	关键字	用　途
all	抑制所有警告	boxing	抑制拆、装箱警告
cast	抑制映射相关警告	dep-ann	抑制启动注释警告
deprecation	抑制过期方法警告	fallthrough	抑制 switch 缺失 breaks 的警告
finally	抑制 finally 模块无返回的警告	hiding	抑制相对于隐藏变量的局部变量警告
incompleteswitch	忽略不完整的 switch 语句	nls	忽略非 nls 格式的字符
null	忽略对 null 的操作	rawtypes	使用泛型时忽略没有指定的类型
restriction	抑制禁止使用劝阻或禁止引用的警告	serial	忽略在序列化类中未声明的 SerialVersionUID 变量
static-access	抑制不正确的静态访问方式警告	synthetic-access	抑制子类没有按最优方法访问内部类的警告
unchecked	抑制没有进行类型检查操作的警告	unqualified-field-access	抑制没有权限访问的域的警告
unused	抑制未被使用的代码的警告		

2．自定义注解

声明自定义注解使用 @interface 关键字实现。定义注解与定义接口非常像。例如：

```
public @interface Test {
}
```

上述注解不包含任何成员变量，被称为标记注解。根据需要，注解中可以定义成员变量，成员变量以无形参的方法或形式来声明，其方法名和返回值定义了该成员变量的名字和类型。代码如下：

```
public @interface MyTag {         //定义带两个成员变量的注解
    String name();
```

```
    String[] telephs();
}
```

如果在注解中定义了成员变量,那么使用该注解时就应该为它的成员变量指定值,代码如下:

```
public class Test {
    @MyTag(name="san", telephs={"51683887123","13905217777"} )
    public String getInfo() {
        ...
    }
}
```

注解中的成员变量可使用 default 关键字设置默认值。代码如下:

```
public @interface MyTag {              //定义了两个成员变量的注解
    String name() default   "AnnTest";
    String[] telephs() default   {"0000"};
}
```

3. 元注解

元注解是对其他注解进行说明的注解,自定义注解时可以使用元注解,这些注解在 java.lang.annotation 包中,如@Documented、@Target、@Retention 和 @Inherited 等。

1) @Target 注解

@Target 注解用来指定注解的使用范围。该注解有一个变量 value,用来设置适用范围。value 是 java.lang.annotation.ElementType 枚举类型的数组。例如:

```
@Target({ ElementType.METHOD , ElementType.CONSTRUCTOR })     //用于方法和构造方法
public @interface MyTarget {
}
class TestMyTarget {
    @MyTarget                        //出现编译错误
    String name;
}
```

代码在编译时会出错,因为@MyTarget 只能修饰成员方法和构造方法。

2) @Retention 注解

@Retention 用于描述注解的生命周期,也就是该注解被保留的有效期。该注解有一个用来设置保留策略的变量 value,value 是 java.lang.annotation.RetentionPolicy 的枚举类型。该类型的枚举常量有三种:SOURCE(在源文件中有效)、CLASS(在 class 文件中有效)、RUNTIME(在运行时有效)。这三个常量表示的声明周期大小为 SOURCE < CLASS < RUNTIME,前者能使用的地方后者一定也能使用。

3) @Documented 注解

@Documented 是一个标记注解,它修饰的注解会被 JavaDoc 工具提取成文档。

JavaDoc 默认是不包括注解的，但如果注解被@Documented 说明，则会被包含在 JavaDoc 中。

4) @Inherited 注解

@Inherited 是标记注解，它说明的注解是自动继承的，即在类继承关系中，子类会继承父类使用的被@Inherited 修饰的注解。例如：

```
@Inherited
@Retention(RetentionPolicy.RUNTIME)
public @interface MyAnn {
}
@MyIAnn
class CaseA {
}
  public class CaseB extends CaseA {
    public static void main(String[] args) {
      System.out.println(CaseA.class.getAnnotation(MyAnn.class));
      System.out.println(CaseB.class.getAnnotation(MyAnn.class));
    }
}
```

运行结果：

```
@MyAnn()
@MyAnn()
```

程序运行结果说明父子类 CaseA 和 CaseB 中都含有注解@MyAnn。

习 题

一、简答题

1. 什么是多态，使用多态有什么优点？
2. 将父类对象引用进行强制类型转换，转化成子类对象的引用，在什么情况下可以奏效？
3. 什么是默认方法，JDK8 为接口引入默认方法的主要目的是什么？
4. 方法中定义的内部类是否可以存取方法中的局部变量？
5. 什么是 Lambda 表达式，其与函数式接口有何联系？

二、读程序

1. 判断是否能编译通过。

```
public class PrivateFinalMethodTest {
    private final void test() {
    }
```

}
class Sub extends PrivateFinalMethodTest {
    public void test() {
    }
}

2. 读程序，写结果。

```
class sup{}
public class sub extends sup{
  public static void main(String arg[]){
    sub sb1=new sub();
    sup sp1=new sub();
    sup sp2=new sup();
    System.out.println("sp1 instanceof sub"+(sp1 instanceof sub));
    System.out.println("sp2 instanceof sub:"+(sp2 instanceof sub));
  }
}
```

3. 根据图 5-11，读程序，写结果。

图 5-11　第 3 题图

```
class A {                    //该类不符合设计原则，但可以用来考察多态
    public String Show(D obj) { return ("A and D");    }
    public String Show(A obj) { return ("A and A");    }
}
class B extends A {
    public String Show(B obj) { return ("B and B");    }
    public String Show(A obj) { return ("B and A");    }
}
class C extends B {
    public String Show(C obj) { return ("C and C");    }
    public String Show(B obj) { return ("C and B");    }
}
class D extends B {
    public String Show(D obj) { return ("D and D");    }
    public String Show(B obj) { return ("D and B");    }
}
public class mainTest {
```

```java
        public static void main(String args[]){
            A a1 = new A();
            A a2 = new B();
            B b = new B();
            C c = new C();
            D d = new D();
            System.out.println(a1.Show(b));
            System.out.println(a1.Show(c));
            System.out.println(a1.Show(d));
            System.out.println(a2.Show(b));
            System.out.println(a2.Show(c));
            System.out.println(a2.Show(d));
            System.out.println(b.Show(b));
            System.out.println(b.Show(c));
            System.out.println(b.Show(d));
        }
    }
```

4. 读程序，写结果。

```java
class Father {
public void Show(Father obj){
    System.out.println("in Father.show-Father ");}
}
class Son extends Father {
    public void Show(Son obj) {System.out.println("in Son.show-Son ");}
    public void Show(Father obj) {System.out.println("in Son.show-Father");}
    public void Show(GrandSon obj) {
        System.out.println("in Son.show-GrandSon");}
}
class GrandSon extends Son {    }
public class mainTest1 {
    public static void main(String args[]){
        Father f2 = new Son();
        GrandSon gs1 = new GrandSon();
        f2.Show(gs1);          //引用类型确定函数，然后动态绑定该函数
    }
}
```

5. 读程序，写结果。

```java
 class superc{
        int i=5;
```

```java
        void show(){
            System.out.println("the i is :"+i);    }
    }
    public class subc extends superc{
        int i=6;
        public static void main(String[] arg){
            subc s=new subc();
            System.out.println(s.i);
            s.show();              //父类域中的 show
        }
    }
```

6. 读程序，写结果，修正程序中不适合的设计。

```java
class Base {
    private String name = "base";
    public Base() {
        tellName();}

    public void tellName() {
        System.out.println("Base tell name: " + name); }
}
public class Dervied extends Base {
    private String name = "dervied";
    public Dervied() {
        tellName();}

    public void tellName() {
        System.out.println("Dervied tell name: " + name);}

    public static void main(String[] args){

        new Dervied();
    }
}
```

7. 读程序，写结果。

```java
@FunctionalInterface
 interface IntPredicate{
    boolean test(int value);
 }
```

```
public class LambdaFinalTest{
    static int seq=0;

    public static void printNum(IntPredicate pred){
        int[] arr={1,2,3,4};
        for(int i:arr){
            if(pred.test(i)){
                System.out.println(i+);
            }
        }
    }
    public static  void main(String[] args){
        int id=0;
        printNum((int value)->{
            System.out.printf("the %d time\n", ++seq);    //合法，修改外部类的变量
            return value%2==0;});
    }
}
```

三、编程题

1. 编写程序模拟如下场景：餐馆里有张三、李四、王五三位客人；客人可以点餐，张三点了鱼香肉丝，李四点了番茄炒蛋，王五点了宫保鸡丁。将每个人点的内容显示出来。

2. 创建一个抽象的水果类，类中有一个获取水果名称的抽象方法，创建消费者类，消费者有吃的方法，参数类型是具体的水果类型，方法实现控制台打印吃了什么。在主方法中，请用匿名类创建吃方法的参数，让消费者吃苹果和香蕉。

3. 声明一个 Student 类，属性包括学号、姓名、职务、英语成绩、数学成绩、计算机成绩。方法包括构造方法、compare 方法(比较两个学生的总成绩，也可以比较单科成绩)。

(1) 在主方法中定义一个 Student 数组，将生成对象存入其中。

(2) 找出总成绩最高的学生，再找出数学成绩最低的学生。

第6章 异常处理

本章学习目标

(1) 理解异常的概念。
(2) 掌握抛出异常、捕获异常和声明异常的异常处理机制。
(3) 能够创建用户自己的异常。

在实际的程序中,错误是不可避免的,防错设计一直是软件设计中的重要组成部分,一个好的软件应该考虑到程序的健壮性,能够处理各种错误,而不是在用户使用过程中冒出各种错误或没有任何提示地中断程序。Java 采用了面向对象的方法来表示程序中的各种运行错误(即异常),并提供了一套标准化的异常处理机制,实现了声明异常、抛出异常、捕获异常的操作,为提高 Java 软件的健壮性和实现错误处理的规范化提供了良好支持。

6.1 异 常

6.1.1 异常的概念

异常(Exception),在 Java 中又称为例外,是程序在运行中由于一些特殊原因出现的错误,它会中断正在执行的程序。一般来说,程序出现的错误分为编译错误和运行错误两种。

1. 编译错误

编译错误是因为所编写的程序存在语法问题,编译系统能直接检测出来。所以,编译错误也是第一时间会被发现和处理的错误。

2. 运行错误

运行错误是程序在运行的时候才会出现的错误。除了因算法设计错误导致的结果错误外,其他运行错误还分为两大类。

(1) 一类是致命性的错误。如 Java 虚拟机产生错误、内存耗尽,系统硬件故障、动态链接失败等系统错误或底层资源错误。这类错误无法预见，属于不可查错误，所以应用程序无法处理这类错误，都会交由系统进行处理。如果发生这类错误，则程序只能终止。

(2) 另一类是一般性的(非致命性)错误。因为编程错误或偶尔的外在因素导致的一般性问题，如除数为零，数组越界，负数开平方，网络连接中断，读取不存在的文件等，是应用程序本身可以处理的异常对象。一般所说的异常都是指这类错误。

下面给出一个程序在运行时出错中断，并抛出异常的实例。

【例 6.1】 程序功能：从命令行接收两个参数，分别转换成整数，并求它们的商。

```
代码 divideException.java
    public class divideException {
        public static void main(String args[]){
            int x=Integer.parseInt(args[0]);
            int y=Integer.parseInt(args[1]);
            int z=x/y;
            System.out.println(x+"/"+y+" = "+z);
        }}
```

例如：

输入的第二个命令行参数是 0：java   divideException   6   0
输出结果：在控制台显示被 0 除的数学错误的异常信息。
Exception in thread "main" java.lang.ArithmeticException: / by zero at divideException.main(divideException.java:5)

6.1.2 异常类

Java 采用面向对象的方法表示异常类，所有异常类型都是 Throwable 的子类。异常类的层次结构如图 6-1 所示，Throwable 派生了两个子类，分别为 Error 和 Exception。

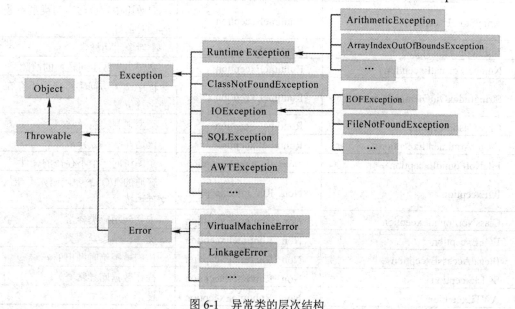

图 6-1 异常类的层次结构

1. Error

Error 是指 Java 运行时系统的内部错误，属于致命性运行时错误。

2. Exception

Exception 及其子类是我们设计 Java 程序时需要关注的，它表示一般性错误。Exception 本身又分为两种：派生于 Runtime Exception 的异常和其他异常(也称 Checked Exception)。

1) 运行时异常

Java 运行时系统对字节码进行解释，并能在程序执行时检测到许多类型的异常，称为运行时异常(Runtime Exception)。比如，空指针异常、数组越界异常、除数为零异常。Runtime Exception 和 Error 类下的派生类是为 Java 解释器保留的，而 Java 解释器只抛出这些异常，并为它们提供默认的捕获处理代码。Runtime Exception 主要是因为程序员在设计实现上疏忽导致的，像数组下标越界异常(IndexOutOfBoundsException)，这种异常是可以通过适当编程避免的，比如先通过 if 检测看下标是否越界。所以，**从语法角度上，Java 不要求捕获这类异常**，当然应用程序也可以自己捕获处理运行时异常。

Java 语言规范将派生于 Error 类和 Runtime Exception 类的所有异常称为非受检查异常(unchecked Exception)。

2) 受检查异常

除了 Error 类和 Runtime Exception 类的所有其他异常称为受检查异常(Checked Exception)。对这类异常，**程序必须强制对可能发生的异常进行处理，否则编译不通过**。

下面列举几个常见的 Java 异常，如表 6-1 所示。

表 6-1 常见的异常类

异常名称	类　型	引起的原因
ArithmeticException	RuntimeException	数学错误，如被零除
ArrayIndexOutOfBoundsException	RuntimeException	数组下标越界
ArrayStoreException	RuntimeException	向数组中存放与声明类型不兼容的对象异常
NullPointerException	RuntimeException	空对象引用异常
NumberFormatException	RuntimeException	字符串和数字间转换的故障
StringIndexOutOfBoundsException	RuntimeException	程序试图访问字符串中不存在的字符位置
ClassCastException	RuntimeException	类型强制转换异常
IllegalArgumentException	RuntimeException	传递非法参数异常
FileNotFoundException	Non_RuntimeException	企图访问一个不存在的文件
IOException	Non_RuntimeException	普通的 I/O 故障，例如不能从文件中读
ClassNotFoundException	Non_RuntimeException	未找到相应类异常
EOFException	Non_RuntimeException	文件已结束异常类
IllegalAccessException	Non_RuntimeException	访问被拒绝时抛出的异常
SQLException	Non_RuntimeException	操作数据库异常类
AWTException	Non_RuntimeException	图形界面异常

第 6 章 异常处理

下面给出示例，演示程序抛出运行时异常和受检查异常。

【例 6.2】 抛出运行时异常的代码。

代码 RuntimeEx.java

```java
class RuntimeEx{
    public static void main(String arg[]) {
        StringBuilder s[]=new StringBuilder[10];
        for(int i=0;i<=10;i++){
            System.out.println(s[i].length());
        }
    }
}
```

程序分析：

上述代码编译可以通过，但运行会出错。分析代码可知，代码存在两处错误导致出现了两类运行时异常：NullPointerException 和 ArrayIndexOutofBoundsException。

(1) 对象数组 s 及其每个数组元素初始值为 null，所以当利用空引用 s[i]调用对象方法 length()时会出错。

(2) 数组长度为 10，其下标最大值为 9，而变量 i 的值可以是 10，因此出现越界。

下面，可以将上述代码进行修改，消除上述异常。代码如下：

```java
class RuntimeEx {
    public static void main(String arg[]) {
        StringBuilder s[]=new StringBuilder[10];
        for(int i=0;i<10;i++){
            s[i]=new StringBuilder("String"+Math.random()*10*i);
            System.out.println(s[i].length());
        }
    }
}
```

【例 6.3】 受检查异常如果不处理，编译无法通过。

代码 ExNoRuntimeExceptionDemo.java

```java
class NonRuntimeExceptionDemo{
    public static void main(String args[]){
        FileInputStream in=new FileInputStream("text.txt");
        int s;
        while((s=in.read())!=-1)
            System.out.print(s);
        in.close();
    }
}
```

程序分析：

创建文件流 new FileInputStream("text.txt") 和读文件 in.read() 操作，关闭流操作 in.close()，这些操作可能会抛出受检查异常 FileNotFoundException 和 IOException，因此，

必须对这些异常进行用户定义的处理，否则编译无法通过。

6.2 异常处理

6.2.1 异常处理机制

1. 传统的异常处理方法

一些传统语言(如 C 语言)处理异常时，一般是用 if 语句先进行测试，如果有错误，则返回一个特定的错误码，然后据此来处理各种错误情况。下面用类 C 语言伪代码给出读文件实例。

```
if (theFilesOpen) {
  determine the length of the file;
  if (gotTheFileLength){
    allocate that much memory;
    if (gotEnoughMemory) {
      read the file into memory;
      if (readFailed) errorCode=-1;
      else errorCode=1;
    }else   errorCode=-3;
  }else errorCode=-5 ;
}
```

这种错误处理机制存在如下问题：
(1) 业务代码与异常处理代码混合在一起，其可读性低。
(2) 返回的出错信息往往是一些整数编码，携带的信息量有限且标准化困难。
(3) 每次调用一个方法时都会进行全面细致的检查，使得程序结构极其复杂，可维护性降低，而且当程序存在多个分支时，往往会有遗漏某些错误的情况出现。
(4) 由谁来处理错误的职责不清晰。

2. Java 异常处理方法

为解决这些问题，Java 提供了专门的异常处理机制。在 Java 中，一个方法如果可能抛出异常，或者有异常抛出，可以有两种处理方法。

1) 捕获处理异常
(1) 方法中出现的异常对象交给 Java 运行时系统。
(2) 运行时系统在方法的调用栈中从生成异常的方法开始回溯，直到找到相应异常的捕获(catch)处理代码，并把异常对象交给其处理，这一过程称为捕获处理异常。
(3) 如果运行时系统找不到可以捕获异常的代码，程序将终止执行。

2) 声明异常
不捕获异常，声明异常只是声明方法有可能抛出的异常，从而让该方法的上层调用方法捕获异常。声明异常只需要定义方法时，在方法头中用 throws 声明可能发生的异常类即可。

Java 提供了关键字 try、catch、throw、throws 和 finally，将业务逻辑和异常处理分开定义，下面章节会分别介绍这些语法。

6.2.2 捕获处理异常

Java 提供了 try-catch-finally 结构，用于捕获和处理异常。那些可能抛出异常的方法或语句被放在 try 控制块中，而抛出的异常会被捕捉，并被关键字 catch 提供的代码块所处理。下面是 try-catch-finally 结构的形式：

```
try{
    调用可能产生异常的方法及其他语句;
    }catch(异常类 1 e1){
        异常处理语句块;
        }
    catch(异常类 2 e2){
        异常处理语句块;
        }
    ...
[finally{最终处理}]
```

当 try 代码块中产生异常时程序中断，异常语句后面的代码会被自动跳过，这时创建一个异常对象交给 JVM，JVM 收到该异常对象后，如图 6-2 所示，从发生异常的方法开始，按调用栈回溯查找调用链中最近的 try 语句，并顺序匹配 catch 语句声明的异常类型。每一个 catch 语句都是以带参方法的形式被定义的。异常对象作为实参传递给与之匹配的第一个 catch 语句，并执行其异常处理语句块。如果上述匹配不成功，则需进一步向上回溯查找 try。若查找到调用栈最后仍没找到 try，则 JVM 终止程序的运行。

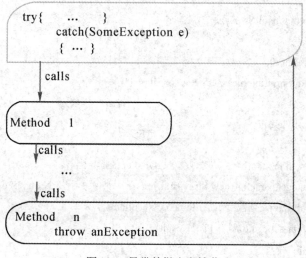

图 6-2 异常的抛出和捕获

161

说明：

(1) 当发生异常时，Java 将跳过 try 块中异常点后面的语句，而且异常处理需要更多的时间和资源。因此，应当仔细分析代码，尽量缩减 try 代码块。

(2) catch 语句可以有零个或多个，finally 语句可以有零个或一个。

(3) 当异常发生时，系统会在各 catch 语句中顺序查找与该异常对象相匹配的形参类型(同属一个类或兼容的父类型)。找到第一个匹配参数后，将不再匹配后面的 catch 语句。所以设计捕获异常代码时要注意其顺序，按照从特殊到一般的顺序来设计。将子类的 catch 块放在前面，将父类的 catch 块放在后面。

(4) 从 java7 开始，多个异常可以写在一个 catch 中，它们之间用"|"隔开，但用"|"操作符合并的异常不要出现互为父子的关系。例如：

```
try{
    …
} catch( 异常类 A|异常类 B|异常类 C   ex) {…}
```

(5) finally 语句是可选项。如果有该语句，则无论是否捕获或处理异常，即使 try 或者 catch 块中包含 break 或 return 语句，finally 块里的语句也会被执行。finally 语句一般用来在数据处理或异常处理后做一些资源回收工作，比如关闭在 try 语句中打开的文件流资源。

例如，需要实现如下功能：从键盘上读取一个整数，如果读取的不是整数，则请提示重新输入，直到获取正确的数字为止，最后进行除法运算。下面给出几个例子，各实例通过调用不同的方法实现上述功能，因为不同的方法抛出的异常不同，因此每个实例处理的异常也不尽相同。下面的三个实例会体现 try-catch 结构使用的相关规则。

1. 用 try-catch 结构捕获处理异常

【例 6.4】 用 System.in.read(byte[] b)输入数据，捕获处理受检查异常和运行时异常。

代码 ReadBySystem.java
```
import java.io.IOException;
public class ReadBySystem {
    public static void main(String arg[])
    {   byte[] b;
        int i=0,result=0;
        System.out.println("please input an int digital");
        while(true)
        { b=new byte[6];
            try{
01.             System.in.read(b);       //可能抛出 IOException 异常
02.             i=Integer.parseInt((new String(b).trim()));    //可能抛出 NumberFormatException 异常
03.             result=25/i;//可能抛出 ArithmeticException
                System.out.println("25/i is:"+result);
                break;
```

```
            }catch(IOException e){
                System.out.println("io error");
                   break;
                }
             catch(NumberFormatException e1){
                    System.out.println("input an exact int digital");
                }
             catch(ArithmeticException   e1){
                      System.out.println("a Non_zero digital");
                 }
            } }}
```

运行结果：

please input an int digital
3e
input an exact int digital..
35.6
input an exact int digital..
5
25/i is:5

程序分析：

标号为 01～03 行的代码中，01 和 02 行都有可能抛出受检查异常(checked Exception)，因此，必须进行异常处理，否则编译不通过。03 行是整数除，因为除数是变量，可能为 0，所以可能会出现运行时异常 ArithmeticException。因为 JVM 对该异常提供了默认的异常处理，因此，系统不强求提供运行时异常处理，但上述程序要求输入 0 后，程序不中断，要给用户提示信息后继续运行，因此，程序也捕捉了 ArithmeticException 异常，并进行处理。

2. 用 finally 回收资源

【例 6.5】用 Scanner(System.in)输入数据。程序抛出受检查异常，并用 finally 回收资源。

代码 ReadByScanner.java
```
import java.util.InputMismatchException;
import java.util.NoSuchElementException;
import java.util.Scanner;
public class ReadByScanner {
    public static void main(String arg[]){
        Scanner scanner=null;
        boolean flag=false;
        System.out.println("1、请输入一个数值型数据");
        while(true) {
```

```java
            try{
                scanner=new Scanner(System.in);
                double tempV=0;
            /* nextDouble()方法可能抛出以下三个异常:
             * InputMismatchException:输入数据不符合浮点数表达，则抛出该异常
             * NoSuchElementException: 如果没有输入数据，则抛出该异常
             *IllegalStateException: 如果 scanner 关闭，抛出该异常 **/
                tempV=scanner.nextDouble();
                System.out.println("result is:"+2.5/tempV);
                flag=true;
                break;
            }
        catch(InputMismatchException e1){
            System.out.println("2、请输入数值类型");
        }
        catch(NoSuchElementException e2){
            System.out.println("3、请输入数据");
        }
        catch(IllegalStateException e3){//如果 scanner 被关闭了，抛出异常
            e3.printStackTrace();
            break;
        }
        finally{
            try{
                if(flag&&scanner!=null) {
                    scanner.close();
                    System.out.print("scanner.close() in finally block");
                }
            }catch(Exception e1){
                e1.printStackTrace();}
        }
    }//end of while
}}
```

运行结果:

1. 请输入一个数值型数据

4t

2. 请输入数值类型

rr

2. 请输入数值类型

5
result is:0.5
in.close() in finally block

程序分析：

scanner.nextDouble 方法可能抛出三类异常，其中 InputMismatchException、NoSuchElementException 异常出现后，程序会循环让用户再次输入。当程序正常执行结束或者产生了 IllegalStateException 异常，任务都会结束。需要注意的是：

(1) 即使调用了 break，也要等到 finally 块运行结束才能退出循环。这里把 break 换成 return 效果也是一样的，这验证了上面说明的规则(4)。

(2) InputMismatchException 是 NoSuchElementException 的子类，因此，前者的 catch 块要先于后者的 catch 块。这符合说明的规则(2)。

(3) 2.5/tempV 是浮点数除，这时除数是可以为 0 的，因此不会抛出算数运算异常。

3. 多异常的处理

【例 6.6】 多个异常处理，既可以顺序地提供不同的 catch 块处理代码，也可以根据规则(4)在一个 catch 中匹配多个异常类型，让多个异常类型对应同样的处理代码。

```java
代码 MultiException.java
import java.util.NoSuchElementException;
import java.util.Scanner;
public class MultiException {
    public static void main(String arg[]){
        Scanner in=null;
        int tempV=0;
        try{
            in=new Scanner(System.in);
            tempV=in.nextInt();
            System.out.println(2.5/tempV);
        }
        catch(NoSuchElementException |ArithmeticException  e){
            System.out.println("请输入非 0 数值");}
        catch(IllegalStateException e) {
            e.printStackTrace();}
        finally{
            try{
                if(in!=null)
                    in.close();
            }catch(Exception e){}
        }
}}
```

程序分析：

NoSuchElementException 和 ArithmeticException 异常的处理代码是一样的，因此，将两个异常用"|"操作符合并到一个 catch 块的输入参数中。NoSuchElementException 是 IllegalStateException 的子类，所以应该先于后者出现。

4. 从异常中获取信息

异常对象封装了异常的有价值的信息。可以利用 java.lang.Throwable 类中的实例方法获取有关异常的信息，各方法的功能如表 6-2 所示。

表 6-2 java.lang.Throwable 类各获取信息方法的功能

方　　法	功　　能
getMessage( ):String	返回描述该异常对象的信息
toString( ):String	返回"异常类全名 +异常对象的描述信息"
printStackTrace( ):void	在控制台打印异常对象和它的调用堆栈信息
getStackTrace( ):StackTraceElement[ ]	返回异常对象相关的堆栈跟踪元素的数组

【例 6.7】 使用异常对象方法获取相关信息。

```java
代码：MessageException.java
public class MessageException {
    public static void main(String[] args){
        try{
            double a=area(-1);
            System.out.println("圆的面积是："+a);
        }catch(IllegalArgumentException e){
            System.out.println("1、use printStackTrace");
            e.printStackTrace();
            System.out.println("2、"+e.toString());
            System.out.println("3、"+e.getMessage());
            System.out.println("4、Trace Info ");
            StackTraceElement[] tElem=e.getStackTrace();
            for(StackTraceElement st:tElem) {
                System.out.printf("%s (%s:%d)\n", st.getMethodName(),
                    st.getClassName(),st.getLineNumber());
            }
        }
    }
    public static double area(int r){
        if(r<0)
         throw new IllegalArgumentException("radius<0!");
        else return 3.14*r*r;
    }
}
```

运行结果如图 6-3 所示。

```
1. use printStackTrace
java.lang.IllegalArgumentException: radius<0!          ←——— printStackTrace()
        at chapter6/chapter6.MessageException.area(MessageException.java:22`
        at chapter6/chapter6.MessageException.main(MessageException.java:6)  ←——— getMessage()
2. java.lang.IllegalArgumentException: radius<0!
3. radius<0!                                            ←———
4. Trace Info
area (chapter6.MessageException:22)                     ←———
main (chapter6.MessageException:6)
```

图 6-3　运行结果

6.2.3　带资源的 try

当在 try 块中使用了系统资源，无论是否发生异常，在资源用完后我们都要关闭资源。常规的做法是在 finally 语句块里关闭资源。

为了简化资源清理工作，Java7 新增了带资源的 try 语句，允许在 try 关键字后紧跟一对小括号，在小括号中声明并初始化资源。当 try 语句执行结束时，系统会自动调用资源的 close() 方法关闭这些资源，不需要再显式地用 finally 关闭。其基本用法如下：

```
try(类型名 1  资源变量 1= 表达式 1;   类型名 2   资源变量 2=表达式 2; …){
      使用资源，不需要考虑关闭资源 res
}
```

补充知识

可以被自动关闭的资源有一个前提，这个资源类已经实现了 java.lang.AutoCloseable 接口，该接口有一个方法：void close()。

Java 中关于文件、流、网络的大部分类都实现了该接口，用 close 方法封装对资源的回收操作。但也有没实现的，比如，第 10 章多线程中的锁 Lock，它关闭锁资源的操作是 unlock()，因此，不能通过带资源的 try 来关闭锁。

【例 6.8】首先采用了普通的 try 语句，通过 Scanner 使用标准输入流，那么程序员必须在 finally 块里显示关闭资源。

```java
代码：resourceTry1.java
import java.util.*;
import java.io.*;
public class resourceTry1 {
    public static void main(String arg[]){
        int d;
        Scanner sc=new Scanner(System.in);
        try{d=sc.nextInt();
            System.out.println(25/d);
        }catch(InputMismatchException e1){   e1.printStackTrace();
        }catch(NoSuchElementException e2){   e2.printStackTrace();
        }catch(ArithmeticException e3){e3.printStackTrace();}
        finally{
```

```
                if(sc!=null)    sc.close();
        }
    }
}
```

【例 6.9】 采用了带资源的 try 语句,使得代码更加简洁。

代码:resourceTry2.java

```
import java.util.*;
import java.io.*;
public class resourceTry2 {
    public static void main(String arg[]){
        int d;
        try(Scanner sc=new Scanner(System.in)){
            d=sc.nextInt();
            System.out.println(25/d);
        }catch(InputMismatchException e1){    e1.printStackTrace();
        }catch(NoSuchElementException e2){e2.printStackTrace();
        }catch(ArithmeticException e3){e3.printStackTrace();}
    }
}
```

6.2.4 throw 抛出异常及 throws 声明异常

1. 抛出异常

检测到异常的程序可以创建一个合适的异常对象并抛出它称为抛出异常。异常的类型不同,抛出异常的方法也不同,Java 中有两种方法抛出异常。

(1) Java 运行时环境自动抛出异常。系统定义的 Runtime Exception 类及其子类和 Error 都可以由系统自动抛出。

(2) 语句 throw 抛出异常。用户程序想在一定条件下显式地抛出异常,这必须借助于 throw 语句抛出。Java 用 throw 语句抛出异常,语句的格式如下:

throw 异常对象

【例 6.10】 设计一个方法,输入半径求圆的面积,如果输入的半径小于 0,则抛出异常。

代码 useThrow.java

```
import java.util.Scanner;
public class useThrow {
    public static void main(String[] args){
        System.out.println("请输入圆的半径:");
        try(Scanner input=new Scanner(System.in)){
            int radius=input.nextInt();
            double a=area(radius);
```

```
                System.out.println("圆的面积是："+a);
            }catch(Exception e){
                System.out.println(e.getMessage());   }
        }

    public static double area(int r)throws Exception{
            if(r<0){
                throw new Exception("The radius can not be negative");}
            else return 3.14*r*r;
        }
}
```

运行结果：

请输入圆的半径：
-6
The radius can't be negative!

2. throws 声明异常

定义方法时，如果方法可能出现异常，但该方法不想或不能自己捕获处理这种异常，那就必须在声明方法时用 throws 关键字指出方法可能发生的异常。throws 语句的用法如下：

返回类型 方法名([参数列表]) throws 异常类1, 异常类2…
{ …//方法体}

补充知识

对于不受检查异常(Runtime Exception 和 Error)，Java 不要求在方法头中显示声明，但是其他异常就一定要在方法头中显示声明。

【例 6.11】 方法 I/O copy 对输入流和输出流做数据复制工作。在方法定义中声明可能出现的异常，并由调用方法 main 进行捕获处理。

代码 ThrowsDemo.java
```java
import java.io.*;
class ThrowsDemo{
    static void I/Ocopy(InputStream in, OutputStream out) throws IOException{
        int s;
        while((s=in.read())!=-1) {          //可能抛出 IOException
            out.write(s);                   //可能抛出 IOException
        }
    }
    public static void main(String args[]){
        try{
            I/Ocopy(System.in,System.out);
        }
```

```
            catch(IOException e){
                System.out.println("捕获异常："+e);
            }
        }
    }
}
```

运行结果：

```
THIS IS A TEST
THIS IS A TEST
```

补充知识

(1) 当异常需要被方法的调用者处理的时候，方法应该声明异常。如果能在发生异常的方法中捕获处理异常，那么就不需要声明异常。

(2) 在继承结构中，当子类方法覆盖父类方法时，子类方法声明的异常集应该属于父类的异常集，或与父类方法的异常兼容。当然，也可以不声明任何异常。例如：

```
class SuperClass {
    public void method() throws IOException, ClassNotFoundException{
        //方法体
    }
}
class SubClass extends SuperClass {
    public void method() throws FileNotFoundException {
        //方法体
    }
}
```

上述代码成立，因为 FileNotFoundException 是 IOException 的子类。

6.3 自定义异常

编程人员有时需要在满足一定条件的情况下抛出异常，如果现有的异常类能满足需求，就不存在问题，否则，用户需要自己定义异常类并创建对象。

在 Java 中，通过扩展 Throwable 或 Exception 类及其子类创建新的异常类。新的异常类一般需要定义构造函数，可以增加属性和方法，或者覆盖父类的属性和方法。有了自定义的异常，程序就可以在满足指定条件的情况下抛出(throw)异常。

【例 6.12】 定义圆，圆的核心属性是半径，在圆的构造方法中输入半径 r，如果 r 小于等于零，则产生异常。圆的构造方法可以选择输入错误时抛出输入异常，这样生成圆对象的方法可以处理这种异常。

代码：SelfException.java

```
//(1) 定义自定义的异常类：InvalidRadiusException
class InvalidRadiusException extends Exception{
```

```java
        public InvalidRadiusException(double radius){
            //显示调用父类的带一个字符串参数的构造函数
            super("Invlid radius "+radius);
        }
    }
//(2) 定义圆，并在其构造方法满足 r<=0 的情况下抛出 InvalidRadiusException 异常
    class Circle{
        double r;
        public Circle(double r) throws InvalidRadiusException{
            if(r<=0) {
                throw new InvalidRadiusException(r);
            }else
                this.r=r;
        }

        public double getArea() {
            return r*r*3.14;
        }
    }
//(3) 使用 Circle 类的主类
    public class SelfException {
        public static void main(String[] args){
            //Scanner input=new Scanner(System.in);
            System.out.println("请输入圆的半径:");
            double   r;
            try(Scanner input=new Scanner(System.in)){
                r=input.nextDouble();
                Circle c=new Circle(r);
                System.out.println("圆的面积是："+c.getArea());
            }catch(InvalidRadiusException e){
                System.out.println(e.toString());
            }
        }
    }
```

运行结果：

请输入圆的半径:
-5
chapter6.InvalidRadiusException: Invlid radius -5.0

程序分析：

首先，自定义异常类 InvalidRadiusException。然后，圆 Circle 的构造方法在输入半径小于等于 0 时，抛出了自定义的异常类对象，因为在方法体中不处理这类异常，所以在方法头中声明了该异常。最后在 SelfException 类中创建了圆对象，因为这是最上层应用，所以需要用 try-catch 结构处理创建圆对象时可能出现的异常。

习　题

1. 什么是运行时异常？什么是受检查异常？
2. Java 处理异常的机制有哪些？
3. 声明异常的目的是什么？怎样声明一个异常？
4. Java 中的异常是如何进行分类的，怎样抛出一个异常？
5. 在 main() 方法中创建一个类，令其在 try 块内抛出 Exception 类的一个对象。为 Exception 的构造器赋予一个字符参数。在 catch 从句内捕获异常，并打印出字符参数。
6. 编写自定义异常，计算两个数之和，当其中任意一个数超出指定范围，抛出自定义异常。
7. 异常类的方法 getMessage() 可以做什么？方法 printStackTrace() 可以做什么？
8. 没有异常发生时，try-catch 块会引起额外的系统开销吗？
9. 假设下面的 try-catch 块中的 statement2 引起一个异常，代码如下：

```
    try {
        statement1;
        statement2;
        statement3;
    }catch(Exception1 ex1) {

    }catch (Exception2 ex2){
    }
    statement4;
```

回答下列问题：

(1) try-catch 块会执行 statement3 吗？
(2) 如果异常未被捕获，会执行 statement4 吗？
(3) 如果 catch 块中捕获了异常，会执行 statement4 吗？

10. 修改下面代码中的编译错误：

```
public void m(int value){
    if(value<40)
        throw new Exception("value is too small");
}
```

11. 当下面的程序的输入是"1 2 3 4"时，程序的输出是什么？

class Ex_Test{

```java
        public static void main(String args[]){
            try{
                System.out.println("before ");
                mb_method1(args);
                System.out.println("in main method");
            }catch(Exception e){
                System.out.println("in main Exception");
            }
            System.out.println("end of main");
        }//方法 main 结束
    static void mb_method1(String a[]){
        try{
            mb_method2(a);
            //System.out.println(a[a.length]);
            System.out.println("in mb_method1");
        }
        catch(Exception e){
            System.out.println("in mb_method1 Exception");
        }
        finally{
            System.out.println("in mb_method1 finally");
        }
    }//方法 mb_method1 结束

    static void mb_method2(String a[]){
        System.out.println(a[a.length]);
    }//方法 mb_method2 结束
}//结束
```

第 7 章 常 用 类

本章学习目标

(1) 了解 Object 类、常用数学函数、字符串类。
(2) 掌握自动拆装箱、泛型设计、泛型结合。
(3) 掌握常用集合、集合工具类、流编程。

Java 官方为开发者提供了很多功能强大的类，这些类被分别放在各个包中随 JDK 一起发布，称为 Java 类库或 Java API，在 JDK9 以上的版本中，还将这些包分到不同的模块中。本章首先介绍 Java 编程中常用的类，包括 Object、Math、基础数据类型的包装类和字符串，然后讨论一些常用的基于泛型的数据结构和工具类，最后介绍反射机制。

7.1 基 础 类

7.1.1 Java 常用 API

在 Java 类库中，以 java 和 javax 开头的包构成了 Java 的核心类库，前者是基础核心类库，后者是扩展核心类库。下面列出一些常用的包。

(1) java.lang 包。java.lang 包所包含的类和接口对所有 Java 程序都是必不可少的，譬如基本数据类型的包装类、基本数学函数(java.lang.math 类)、系统特性的封装类、字符串处理、线程 Thread 和异常类等。每个 Java 程序运行时，系统都会自动加载 java.lang 包，所以不需要用 import 语句手动引入。

(2) java.io 包。java.io 包提供了 Java 程序与数据终端以数据流的方式进行输入/输出操作的各种类，如基本输入/输出流、文件输入/输出流、对象输入/输出流等。

(3) java.nio 包。java.nio 包是基于非阻塞的方式，利用缓存和通道方式实现双向 I/O 读写操作。

(4) java.util 包。java.util 包包含了 Java 语言中的一些实用工具,如日期类、数据结构类和其他实用工具类等。

(5) java.awt 包和 javax.swing 包。java.awt 包包含了支持图形用户界面(GUI)编程的相关类,包括定义窗口、图形、文本、控件、布局管理器及菜单的类,其子包 java.awt.event 提供了事件处理相关的类。javax.swing 包提供了纯 Java 代码实现的图形界面创建类。

(6) java.math 包。java.math 包提供用于执行任意精度整数算法(BigInteger)和任意精度小数算法(BigDecimal)的类,内容主要包括三个类和一个枚举。例如在 BigInteger 类上执行的操作不会产生溢出,也不会丢失精度。

(7) java.net 包。java.net 包支持网络应用开发,目前包含实现 TCP/IP 的 Socket 和 ServerSocket 类、实现 UDP 的数据报和数据报套接字、统一资源定位符(URL)、IP 地址等。使用这些类,开发者可以编写出自己的网络程序。

(8) java.sql 包。java.sql 包是 java 内置的数据库连接访问的包,其中包含了一系列用于与数据库进行通信的类和接口,如进行数据库连接的 java.sql.connection 类。

(9) javax.sql 包。javax.sql 包是对 java.sql 包扩展,提供了 Rowset、Datasource 等 JDBC3.0 功能。

(10) java.text 包。java.text 包提供接口用于处理文本、日期、数字数据的输出格式。

(11) java.naming 包。java.naming 包为命名服务提供了一系列的类和接口。

(12) java.security 包。java.security 包为安全框架提供了相应的类和接口。该包提供了各种加解密算法、密钥管理和消息摘要等功能。

Java 目前的类有 4000 多个,我们没必要都学习。本章将重点介绍其中常用的 java.lang 包和 java.util 包中的一些核心类,读者可以根据自己的需要选择学习。

7.1.2 Object 类

第 5 章已经提到 Object 类是所有类的直接或间接超类,因此,所有的类都继承了 Object 类中的属性和方法。

Object 类的常用方法中有支持线程同步的方法,如 notify()、notifyAll()、wait 方法,这些方法将在第 9 章多线程协作中讲解。有获得类型信息的方法 Class getClass(),也有获得对象的字符串型信息的 String toString()方法,还有比较两个对象是否相等的 boolean equals (Object obj)方法。下面详细介绍 equals()和 toString()方法。

1. equals 方法

equals 方法用于比较两个对象是否相等,在 Object 类里的 equals 方法代码如下:

```
public boolean equals(Object obj) {
    return (this == obj);
}
```

Object 设计 equals 方法的目的是通过 equals 方法来判断两个对象是否相等,如果两个对象相等,则是指它们类型相同,属性值相同。超类 Object 的 equals 方法不够用,因为它提供的默认方法只是判断两个对象是否同一对象,如果两个对象相等,不一定是同一个对象。因此,子类需要重写 equals 方法。例如,字符串类 String 重写了 equals 方法,通过该方法，我们可以比较两个字符串的串值是否相等。

当使用常用的等号"=="时，是用来判断两个 Java 对象的内存地址是否相等，即是否同一个对象。

2. toString 方法

toString()方法用来返回对象的字符串信息，Java 类库里的大多数类都覆盖了 toString 方法。当输出一个对象时，比如 System.out.println(new Car())，实际上输出的是该对象 toString()方法的返回值，而字符串的连接符"+"如果连接的是对象，也会自动调用 toString()方法。

在 Object 类里的 toString 方法代码如下：

```java
public String toString() {
    return getClass().getName() + "@" + Integer.toHexString(hashCode());
}
```

根类 Object 类里的 toString()方法返回的是"类名@哈希码"。实际上 Object 类定义该方法的初衷是输出对象的真正成员内容，因为 Object 类不知道它的子类成员，所以只能统一返回"类名@哈希码"。因此要让 toString 真正发挥作用，必须在子类里也覆盖该方法。

【例 7.1】 Employee 类是自定义的类，在该类里覆盖 equals()和 toString()方法。

代码：Equals_toStringTest.java

```java
package chapter7;
class Employee{
    private String name;
    private int   age;
    private double salary;
    public Employee(String n,int a,double s){
        name=n;
        salary=s;
        age=a;
    }
    public String getName(){ return name; }
    public double getSalary(){return salary; }
    public int getAge(){    return age; }


    public boolean equals(Object obj){
    if(obj instanceof Employee){
        Employee   other=(Employee)obj;
        //如果两个对象指向同一对象地址，或者两者的属性值分别相等，则两个对象相等
        if ((this==other) ||
            (name.equals(other.name)&&age==other.age&&salary==other.salary))
                return true;
        }
        return false;
```

```java
    }
    public String toString(){
        return getClass().getName()+"[name="+name+",salary="+salary+",age="+age+"]";
    }
}

public class Equals_toStringTest {
    public static void main(String[] args){
        Employee alice1=new Employee("Alice",5000,25);
        Employee alice2=alice1;
        Employee alice3=new Employee("Alice",5000,25);
        Employee bob=new Employee("Bob",10000,30);
        System.out.println("alice1==alice2: "+(alice1==alice2));
        System.out.println("alice1==alice3: "+(alice1==alice3));
        System.out.println("alice1.equals(alice3): "+alice1.equals(alice3));
        System.out.println("alice1.equals(bob): "+alice1.equals(bob));
        System.out.println("bob.toString(): "+bob);
    }
}
```

运行结果：

alice1==alice2: true

alice1==alice3: false

alice1.equals(alice3): true

alice1.equals(bob): false

bob.toString(): chapter7.Employee[name=Bob,salary=30.0,age=10000]

程序分析：

通过上述例子可以总结出以下结论：

(1) 如果用"=="比较两个对象时值为 true，那么它们的 equals 也一定是 true。

(2) 如果用"=="比较两个对象时值为 false，但属性值相同，则它们 equals 比较结果也是 true。

7.1.3 包装类

Java 的基本数据类型用来定义简单变量十分方便，但为了与面向对象的其他类型保持一致，Java 为其八个基本数据类型设计了对应的类，称为包装类(Wrapped Class)。包装类封装了基本数据类型的属性值和转换方法，赋予了基本数据类型面向对象的特征。

这八个类分别是 Character、Byte、Short、Integer、Long、Float、Double 和 Boolean。数值型的六个包装类有一个共同的抽象父类：Number 类。这些子类有类似的属性和方法，

表 7-1 以 Integer 类为例说明这些属性和方法。

表 7-1　Integer 类的常用属性和方法

常用属性和方法	功　能
static int MAX_VALUE, MIN_VALUE	int 型的最大常量/最小常量，值为$(2^{31}-1)/-2^{31}$
static Integer valueOf(int i)	构造 Integer 实例，返回一个值为 i 的 Integer 实例
static Integer valueOf(String s)	返回一个数值串 s 表示的 Integer 实例
static Integer valueOf(String s, int radix)	返回一个 radix 进制的数值串 s 表示的 Integer 实例
static int compare(int x, int y)	比较两个 int 值的大小
int intValue()	返回 Integer 实例的基本类型值。对于其他类，这个方法可以用 xxxValue()统一表示
static String toString(int i, int radix)	用 radix 进制，表示值 i 的字符串形式
String toString()	返回当前整数的信息
String toBinaryString(int i)	以二进制无符号整数形式返回 i 的字符串形式

包装类不提倡用构造方法创建对象，可以用 valueOf 方法构造对象，也可以分别用 Java 提供的自动装箱(Autoboxing)和自动拆箱(Unboxing)方法实现构造对象、取值操作。装箱是指将基本数据类型转换成对象的封装类，拆箱是指将封装的对象转换成基本类型数据值。

下面给出实例。

(1) 利用方法进行操作。

```
Integer obj=Integer.valueOf(10);   //构造 Integer 实例
int i=obj.intValue();              //取值
```

(2) 利用自动拆装箱进行操作。

```
Integer obj2=10;                   //装箱，构造包装类对象
int a=obj2;                        //拆箱，从包装类对象取值
```

这样基本类型和包装类可以混用。例如：

```
obj2*10                            //结果为 100
```

7.1.4　数学相关类

数学计算是程序中常见的任务，Java 提供了几个与数学运算密切相关的类，比如 java.lang.Math(数学类)、java.util.Random(随机数类)、java.math.BigInteger(大整型数类)、BigDecimal(大数值精确运算类)。

1. Math 类

Math 类主要用于常用的数学运算，常用方法如表 7-2 所示。Math 的属性都是静态常量，方法都是 static 静态方法，因此，在使用它们时，可以不创建实例而直接通过类名调用。

例如：

```
Math.ceil(2.3);                    //结果 3.0
```

Math.rint(2.4);   //结果 2.0
Math.round(2.4);   //结果 2

表 7-2 java.lang.Math 类的常用方法

分 类	方 法	功 能 描 述
常量字段	(1) double E; (2) double PI	(1) 数学常量 e; (2) 圆周率常量 π
三角函数	(1) double sin(double a); (2) double cos(double a); (3) double tan(double a)	(1) 正弦：返回角度 a 的 sin 值; (2) 余弦：返回角度 a 的 cos 值; (3) 正切：返回角度 a 的 tan 值
反三角函数	(1) double asin(double r); (2) double acos(double r); (3) double atan(double r)	(1) 反正弦：返回 sin 值为 r 的角度值; (2) 反余弦：返回 cos 值为 r 的角度值; (3) 反正切：返回 tan 值为 r 的角度值
乘方	(1) double pow(double y, double x); (2) double exp(double x); (3) double log(double x); (4) double sqrt(double x)	(1) 返回 y 的 x 次方; (2) 返回 e^x; (3) 返回 x 的自然对数; (4) 返回 x 的平方根
取整	(1) double ceil(double a); (2) double floor(double a); (3) int round(float a); (4) round(double a); (5) double rint(double a)	(1) 返回大于或等于 a 的最小整数，类型为浮点型。 (2) 返回小于或等于 a 的最大整数，类型为浮点型。 (3) 返回 a 四舍五入后的值，结果为 int 整型数。 (4) 返回 a 四舍五入后的值，结果为长整型数。 (5) 返回舍入尾数后接近 a 的整数值。如果存在两个这样的整数，则返回其中的偶数。例如： Math.rint(2.5) 结果为 2.0 Math.rint(1.5) 结果为 2.0
其他	(1) abs(a); (2) max(a,b); (3) min(a,b); (4) random()	(1) 返回 a 的绝对值; (2) 返回 a 和 b 的最大值; (3) 返回 a 和 b 的最小值; (4) 返回一个[0.0, 1.0) 之间的随机数

2. Random 类

Random 类用于产生随机数，可以通过实例化 Random 对象创建一个随机数生成器，Java 编译器将以当前系统时间作为随机数生成器的种子，因为每时每刻时间不可能相同，所以，产生的随机数不容易相同。当然也可以在构造方法中，或对象方法中重新设定种子值。例如：

Random r=new Random();
Random r2=new Random(12345);   //输入种子值

产生随机数主要方法有 setSeed()、nextBoolean()、nextBytes()、nextDouble()、nextGaussian()、nextInt()、nextInt(int n)、nextLong()。其中，nextInt(int n)方法生成[0, n)之间的随机整数，nextDouble()生成[0, 1)的浮点数，nextGaussian()返回一个概率密度为高斯分布的双精度浮点数。例如：

r.nextInt();

r2.nextInt(400);

r.nextDouble();

r2.nextGaussian();

其每次运行结果都不一样,给出一次的运行结果如下:

286159253

251

0.28383408896284257

0.026914003016245847

3. BigInteger 和 BigDecimal 类

BigInteger 类可提供任意精度的整数,表示的数字范围比 Integer 类要大得多。因此在 BigInteger 类上执行的操作不会产生溢出,也不会丢失精度。除标准算法操作外,BigInteger 类还提供模算法、GCD(求最大公约数)计算,及判断是否为质数、位处理等操作。

BigDecimal 类用来对超过 16 位有效位的数进行浮点精确运算。双精度浮点型变量 double 可以处理 16 位有效数。一般的 float 和 double 变量只能用来做科学计算或者是工程计算,但在实际应用中,有时需要对更大或者更小的数进行运算和处理。比如在商业计算中要求数字精度比较高,就需要用 BigDecimal 类。BigDecimal 类最常用的方法是加、减、乘、除,其中除法方法参数多一些。常用除法格式如下:

divide(BigDecimal divisor, int scale, RoundingMode rm)

其中,三个参数分别代表除数,商的小数点后的位数,近似处理模式。divide()方法中的处理模式如表 7-3 所示。

表 7-3 BigDecimal 类中的 divide()方法中的处理模式

处理模式	含 义
RoundingMode.UP	商的最后一位如果大于 0,则向前进位,正负数都如此
RoundingMode.DOWN	商的最后一位无论是什么数字,都省略
RoundingMode.CEILING	商如果是正数,按照 UP 模式处理,如果是负数,按照 Down 模式处理,这种模式的处理都会使近似值大于等于实际值
RoundingMode.FLOOR	与 CEILING 模式相反,正数按照 DOWN 模式处理,负数按照 UP 模式处理,这种模式的处理会使近似值小于等于实际值
RoundingMode.HALF_DOWN	对商进行四舍五入操作,如果商的最后一位小于等于5,则做舍弃操作,如 7.54≈7.5
RoundingMode.HALF_UP	对商进行四舍五入操作,最后一位小于 5 则舍弃,如果大于等于 5,则进行进位操作
RoundingMode.HALF_EVEN	如果商的倒数第二位为奇数,按照 HALF_UP 处理;如果为偶数,按照 HALF_DOWN 处理

BigInteger 实例:

BigInteger b1=new BigInteger("98765432100");

BigInteger b2=new BigInteger("123456789");

b1.multiply(b2);	//结果为 12193263111263526900
b1.divideAndRemainder(b2)[0];	//取商,结果为 800
	//为 divideAndRemainder 结果的第一个元素
b1.divideAndRemainder(b2)[1];	//取余数,结果为 900
	//为 divideAndRemainder 结果的第二个元素

BigDecimal 实例:
　　BigDecimal bd1=new BigDecimal("0.00987654321");
　　BigDecimal bd2=new BigDecimal(0.0001234567);
　　System.out.println(bd1.multiply(bd2));
　　System.out.println(bd1.divide(bd2,15,RoundingMode.HALF_UP));

运行结果:
0.000121932543211400699946939563296510744550005256314761936664581298828125
80.000058401042633

7.2 字 符 串 类

字符串是字符的序列,也是程序开发中常用的数据类型。在 Java 中,字符串是作为对象来实现的。处理字符串的类分为两大类:一类是创建之后内容不会做修改和变动的字符串类,如 String 类;另一类是创建后允许更改和变化的字符串类,如 StringBuffer/StringBuilder 类。

7.2.1 String

字符串常量用 String 类的实例来处理,字符串字面常量用双引号""括起来表示。在 Java 中,用双引号括起来的字符串字面常量也被认为是对象。一个 String 对象最多可以保存 $2^{31}-1$ 个字节(占用 4 GB 空间)的文本。为了方便处理字符串,String 类提供了丰富的操作。本节将详细介绍 String 类的使用方法。

1. 创建 String 对象

创建字符串对象时,可以通过构造方法传入字符串的内容,也可以直接赋予一个字符串字面常量,常用方法如下:
(1) 方法 1:

public String(char[] value, [int offset, int length])	
public String(byte[] value, [int offset, int length])	
利用已存在的字符或字节数组创建对象,还可以选择数组中的一部分创建字符串,即	
char[] a={'J', 'A', 'V', 'A'};	
String str=new String(a);	//等价于"JAVA"
String str2=new String(a,1,3);	//等价于"AVA"

(2) 方法 2:

public String(StringBuffer buffer)

利用已存在的 StringBuffer 对象创建 String 对象。StringBuffer 对象中的字符内容可变，我们将在 7.2.3 中介绍。

(3) 方法 3：

public String(String value)

利用已存在的字符串创建一个新的 String 对象。

String ss1 = new String("China");

String ss2 = new String("China");

ss1==ss2? true:false →false

ss1.equals(ss2)?true:false→true

上述代码中出现的字符串在内存中的分布如图 7-1 所示。

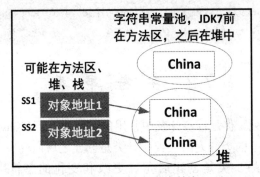

图 7-1 在堆中创建字符串

(4) 方法 4：

直接引用字符串常量：

String s1 = "China";

String s2 = "China";

s1==s2? true:false   //true

s1.equals(s2)?true:false   //true

上述代码中出现的字符串在内存中的分布如图 7-2 所示。

图 7-2 在常量区存放字符串常量

String 类型的字符串一旦创建，其值就不会再改变。字符串作为参数传入方法后，如果字符串 String 对象发生改变，则只能是对象引用指向一个新的字符对象。

【例 7.2】 字符串 String 对象的使用。

代码 StringDemo.java
```java
public class StringDemo{
    public static void change(String str, char ch[]){
        str="Changed";
        ch[0]='C';
    }
    public static void main(String arg[]){
        String s=new String("world");
        char c[]={'H','e','l','l','o'};
        change(s,c);
        System.out.println(" s= "+s);
        System.out.print(" c= ");
        System.out.println(c);
    }
}
```

运行结果：

s= world
c= Cello

程序分析：

在 change 方法中，形参 str 是方法的局部变量，初始时指向实参 s 的对象"world"，但在方法执行过程中，又指向新的对象"Changed"，不再与 s 共享同一个对象，而 change() 方法中的数组 ch，从初始到运行过程都与数组引用 c 指向同一个字符数组，而且通过对象引用改变了数组一个元素的值，这种改变在主方法 main 中也能通过引 c 共享到。所以，最后的结果是在 main 方法中，s 的值依然是"world"，而数组 c 的值变为"Cello"。

2. 字符串的常见处理方法

1) 在字符串中查找字符或子串

查找当前字符串中某个特定字符 ch 或者某个子串 str 出现的位置，如果找不到，则返回 -1。开始查找的位置可以从默认的 0 位置开始，也可以从可选的 fromIndex 位置开始。

```
int    indexOf(int ch, [ int fromIndex ] )
int    indexOf(String str, [ int fromIndex ])
int    lastIndexOf(int ch, [ int fromIndex ])
int    lastIndexOf(String str, [ int fromIndex ])
```

2) 比较两个字符串

compareTo()方法将当前字符串与参数字符串按照字典顺序比较，结果返回一个整数，相等返回 0。如果当前字符串大于参数串，则返回一个大于 0 的整数，反之，返回一个小于 0 的整数。增加 IgnoreCase 的方法在比较时可忽略字母大小写的差别。

```
int compareTo(String anotherString)
```

```
int        compareToIgnoreCase(String str)
boolean    equals(Object anObject)
boolean    equalsIgnoreCase(String anotherString)
```

3) 求字符或子串

charAt()方法是求 index 位置上的字符，substring()方法是求字符串的方法。beginIndex 是子串的起始位置，子串最后位置如果缺省，则到当前串的最后，否则 endIndex 是子串末尾的下一个位置(不包括 endIndex 的字符)。

```
char    charAt(int index)
String  substring(int beginIndex)
String  substring(int beginIndex, int endIndex)
```

4) 判断字符串的前后缀

boolean endsWith(String suffix)：判断字符串后缀。
boolean startsWith(String prefix)：判断字符串前缀。

5) 连接字符串

(1) public String concat(String str)。

连接当前字符串与 str，生成一个新的 String 对象。若 str 是空字符串(长度为 0)，则仅仅返回本字符串对象，不创建新的 String 对象。

例如：

```
String str1="abc";
String str2= str1.concat("cde");          //"abcde"
```

(2) 用连接符" + "连接多个类型值。

例如：

```
""+100+"chars"                            //"100chars"
```

只要"+"的一个操作数是字符串，则编译器就会将其他操作数都变成字符串再连接。

6) 替换字符

替换字符串中的字符，或者替换满足正则表达式 regex 的子串。

```
String    replace(char oldChar, char newChar)
String    replaceAll(String regex, String replacement)
String    replaceFirst(String regex, String replacement)
```

7) 格式化

```
static String    format(String format, Object... args)
```

该方法就像 PrintStream 类的 printf()方法一样(例如 System.out.printf()方法)，可以对字符串进行格式化。具体参数可查阅 JDK API 文档，例如：

String.format("Examples of common types: %d, %f, %s",10, 10.11, "java")

结果为"examples of common types:10, 10.110000, Java"。

8) 分割串

利用正则表达式表示的分隔符 regex 对字符串进行分割，并限定分割的次数。

String[]	split(String regex)
String[]	split(String regex, int limit)

9) 其他操作

String　trim()：去掉字符串前后的空格。

String　toUpperCase()：转成大写。

String　toLowerCase()：转成小写。

int　length()：字符串的长度。

boolean matches(String regex)：判断当前串是否与正则表达式 regex 的描述相匹配。

【例 7.3】 字符串 String 方法的使用。

代码 StringDemo.java

```
public class UseString {
    public static void main(String arg[]) {
        String str1="we are Chinese, you are Koreans";
        System.out.print(str1.length()+"\t");
        System.out.print(str1.indexOf('a')+"\t");
        System.out.print(str1.startsWith("we")+"\t");
        System.out.print(str1.compareTo("hello")+"\t");
        System.out.println(str1.substring(0,6));
        System.out.println(str1.replaceAll("are", "were"));
        String strs2[]=str1.split("[,\\s]",4); //用空白符或者","作分隔符
        for(String s:strs2)
            System.out.println(s);
    }
}
```

运行结果：

30　　3　　true　15　　we　are

we were Chinese,you were Koreans

we

are

Chinese

you are Koreans

7.2.2 使用正则表达式

1. 正则表达式的概念

处理字符串可以借助正则表达式进行字符串模式的匹配判断，这样会使程序更简洁。

正则表达式使用一个字符串来描述符合某个句法规则的文本模式。正则表达式使用普通字符(如 a、b、c)和特殊字符(称为元字符)来描述字符串的组成。

例如，字符串包含大小写字母、数字、下画线和连接字符(-)，并设置长度为 3～15 个

字符，用正则表达式表示如图 7-3 所示。

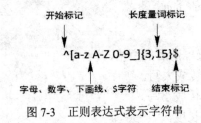

图 7-3 正则表达式表示字符串

2. 正则表达式的语法

下面我们对 Java 的正则表达式中的元字符语法进行介绍。

1) 字符类元字符

字符类元字符语法如表 7-4 所示。

表 7-4 字符类元字符

字 符	描 述
\d	数字，等价于[0-9]
\D	非数字，等价于[^0-9]
\w	单字字符，可用于标识符的字符，不包括"$"
\W	非单字字符，不可用于标识符的字符
\s	空白(空格符、换行符、回车符、制表符)，也可表示成 [\f\n\r\t]
\S	非空白
.	匹配除换行符\n 之外的任何单字符，如 t.n，可匹配 tan、ten、tin
\p{Lower}	小写字母 a～z
\p{Upper}	大写字母 A～Z
\p{ASCII}	ASCII 字符
\p{Alpha}	字母字符
\p{Digit}	十进制数字，即 0～9
\p{Alnum}	数字或字母字符
\p{Punct}	标点符号!"#$%&'()*+,-./:;<=>?@[\]^_{|}~
\p{Graph}	可见字符[\p{Alnum}| \p{Punct}]
\p{Print}	可打印字符[\p{Graph} \x20]
\p{Blank}	空格或制表符[\t]
\p{Cntrl}	控制字符[\x00-\x1F \x7F]

2) 量词类元字符

量词类元字符匹配次数的 6 种元字符：*、?、+、{n}、{n,}、{n,m}。其用法及举例如表 7-5 所示。

表 7-5 量词元字符

元字符	表达的意义	举例
X*	匹配零个或多个 X	zo*能匹配"z""zoo" * 等价于{0,}
X?	匹配零个或一个 X	"do(es)?"可以匹配"do""does"。? 等价于 {0,1}
X+	匹配一个或多个 X	"zo+"能匹配"zo"以及"zoo"等，但不能匹配"z"。+等价于 {1,}
X{n}	匹配 n 个 X	"o{2}"能匹配 oo
X{n,}	至少匹配 n 个 X	'o{2,}'能匹配"oo""ooo"等
X{n,m}	至少匹配 n 个 X，至多匹配 m 个 X。注意逗号和两个数之间没有空格	"o{1,3}"能匹配"o""oo""ooo"

3) 运算符元字符

运算符元字符的语法及举例如表 7-6 所示。

表 7-6 运算符元字符

运算符	含义	举例
[ ]	表示中括号[]中任意一个字符	"[aeio]"表示 a、e、i、o 中任意一个字符
|	指明两项之间的一个选择	"(a|ei|io)"表示 a、ei、io 中的一组
^	(1) 匹配输入字符串的开始位置； (2) 在方括号表达式中使用，当该符号在方括号表达式中使用时，表示不接受该方括号表达式中的字符集合	(1) "^spring.*"； (2) "[^bc]"非 b、c
$	匹配输入字符串的结尾位置。如果设置了 RegExp 对象的 Multiline 属性，则 $ 也匹配 '\n' 或 '\r'	".*App$" 匹配 IOApp，不匹配 Apps
\	用来将其后的字符当作普通字符而非元字符	比如，序列 '\\' 匹配 "\"
( )	标记一个子表达式的开始和结束位置，可以获取供以后使用。分组号从 1 编号，一组内容用"$编号"表示，如 $1。注意：$0 表示整个模式	"\\D+(a|ei|io)"
&&	交运算	[a-e&&[def]]代表字母 d、e

例如：

[abc]表示 a、b、c 中的任意一个字符。

[^abc]表示除 a、b、c 之外的任意字符。

[a-c]表示 a 至 c 的任意一个字符。

[a-j&&[i-k]]表示 i、j 之中的任意一个字符。

"m(o+)n"表示 mn 中间的 o 可以重复一次或多次，如"moon""mon"。

"\\w+\\d+"表示以多个单字符开头，多个数字结尾的字符串，如 a100、df10000。

【例 7.4】 正则表达式的使用。

代码 RegexDemo.java

```
public class RegexDemo {
```

```
        public static void main(String arg[]) {
01.     String str1="10 元 1000 人民币 1000 元 10000RMB，单位有元、RMB、人民币等";
        str1=str1.replaceAll("(\\d+)(元|人民币|RMB)","$1 块");
        System.out.println(str1);
02.     String str2="薪水，职位 姓名 ；年龄 性别";
        String[] dataArr=str2.split("(\\s*,\\s*)|(\\s)*;\\s*|(\\s+)");
        for(String strTmp:dataArr){
            System.out.println(strTmp);
        }
03.     boolean temp="1983-07-27".matches("\\d{4}-\\d{2}-\\d{2}");
        System.out.println(temp);
        }
}
```

运行结果：

10 块 1000 块 1000 块 10000 块，单位有元、RMB、人民币等
薪水
职位
姓名
年龄
性别
True

程序分析：

编号 01 行的字符串 str1 中数字后面有多种单位,我们需要将这些数字单位统一为"块"，同时又不改变其他位置上的同名字符。因此，正则表达式中有两个分组，第一个分组(\\d+)表示数值，第二个分组(元|人民币|RMB)表示可能出现的单位，替换时保持第一个分组的数值不变，只替换第二个分组为"块"。02 行的 str2 利用多种分隔符进行分割，分隔符可以是空白符，可以是前后有空白符的逗号","，或前后可以有空白符的分号";"。03 行利用匹配算法 matches()匹配数字的格式，该格式表示由符号"—"连接的长度分别为 4、2、2 的数字子串。

3. 正则表达式实例

下面给出一些常用的正则表达式，如表 7-7 所示。

表 7-7 常用正则表达式

正则表达式	意 义
^[a-zA-Z_\$][a-zA-Z0-9_\$]*$	Java 标识符
^[\w-]+(\.[\w-]+)*@[\w-]+(\.[\w-]+)+$	E-mail 地址
[\u4e00-\u9fa5]	中文字符
\n\s*\r	空白行
^[1-9]\d{5}[1-9]\d{3}((0\d)|(1[0-2]))(([0|1|2]\d)|3[0-1])(\d{4})\d{3}[x|X] $	18 位身份证号

7.2.3 StringBuilder

StringBuffer、StringBuilder 是创建后允许更改内容的字符串类。它们实际上是一种字符串缓冲区，每个对象占用的空间是可以动态调整的，其主要提供修改字符串内容的操作。

StringBuffer 类是线程安全的，其方法用 synchronized 修饰(第 9 章介绍)，意味着多个线程只能互斥地调用这些方法。StringBuilder 类是线程非安全的，它的方法没有加锁，多线程访问时 StringBuilder 可能出现数据不一致情况，但其性能高于 StringBuffer。因此，在单线程情况下，建议优先使用 StringBuilder，多线程情况下，使用 StringBuffer。这两个类的功能类似，下面给出 StringBuilder 的常用方法，如表 7-8 所示。

表 7-8　StringBuilder 的常用方法

类型	方法	功能
创建对象	StringBuilder() StringBuilder(int capacity) StringBuilder(String str)	默认初始容量为 16 个字符 初始容量为 capacity 利用已存在的字符串 str 初始化
添加	StringBuilder　append(XXX b)	向字符串追加 XXX 类型的数据内容
插入	StringBuilder　insert(int offset, XXX s)	在指定位置插入内容 s，XXX 是任意类型
删除	StringBuilder　delete(int start, int end) StringBuilder　deleteCharAt(int index)	删除指定位置的字符 删除指定区间的子串内容
反转	StringBuilder　reverse()	反转字符串内容
获取 String	String　substring(int start) String　substring(int start, int end) String　toString()	返回从 start 开始的 String 类型子串 返回从 start 到 end 的子串 返回所有内容的 String 字符串

7.3　泛　型

Jdk1.5 引入了泛型的概念，泛型也称为参数化类型，是指在定义类、接口或方法时，可以将成员变量的数据类型由原来的具体类型变成参数形式，而在实例化对象时，再指定具体的类型。我们可定义泛型类、泛型接口和泛型方法，泛型可以解决数据类型的安全问题，有助于避免转型错误，在定义集合类时被普遍采用。

7.3.1　泛型引入

Jdk1.5 之前，为了实现类型的泛化，一般都是通过 Object 类型来指定数据类型，其缺点是可加入任意类型元素，但取元素时需要强制转换，容易出现 ClassCastException 异常。

【例 7.5】 JDK1.5 之前实现泛化的方式示例。

```
代码 GenDemo1.java
class Point{
    private Object x;              //坐标 x，用 Object 泛化类型
```

```java
        private Object y;              //坐标 y，用 Object 泛化类型
        public void setX(Object x){
            this.x=x;
        }
        public void setY(Object y){
            this.y=y;
        }
        public Object getX(){ return this.x;
        }
        public Object getY(){
            return this.y;
        }
    }
    public class GenDemo1 {
        public static void main(String arg[]){
            Point p1=new Point();
            p1.setX("东经 180 度");
            p1.setY("北纬 20 度");              //String-->Object
            String x=(String)p1.getX();         //合法
            String y=(String)p1.getY();         //合法
            System.out.println("X 坐标为："+x+" Y 坐标为："+y);
            System.out.println("------ 出现 ClassCastException 异常----");
01.         Point p2=new Point();
            p2.setX("东经 180 度");
            p2.setY(20);                        //利用自动装箱操作 int-->Integer-->Object
            x2=(Integer)p2.getX();              //非法，运行时抛出 ClassCastException:异常
            y2=(Integer)p2.getY();
        }
    }
```

程序分析：

Point 希望能接受不同类型的坐标值，比如数值型、语义型，因此将 Point 中的 x、y 定义成 Object 型，不同类型的变量被赋给 x、y 后，通过自动向上转型均被当做 Object 类型。当从 Point 类型生成对象获取 x、y 时，需要用强制转换恢复元素的真实类型。这要求程序员必须清楚地知道对象的真实类型，如果转换成错误的类型，如序号 01 行所示，程序虽然在编译时能通过，但在运行时会抛出运行时异常 ClassCastException。

7.3.2 泛型类/接口

泛型类/接口是具有可变类型的类/接口，其中字段的数据类型可以是确定的类型，也

可以是参数化的类型。

1. 泛型类/接口定义

[修饰符] class/interface 名称<类型参数 1,类型参数 2,...>{
//类体
}

说明：

(1) 列表类型可以是任何对象或接口，但不能是基本类型数据，如果要用基本类型可用其包装类。

(2) static 数据不能被声明为泛型。因为 static 数据在类中共享，所有该类对象都是一样的，而泛型类型是不确定的。同样，static 方法也不能操作类型待定的泛型对象。

(3) 类型参数只是占位符，一般用大写 T、U、V 表示，如 public interface Map(K, V)。占位符不是具体类型，不能直接用参数类型实例化，如 new T()，不被允许。

(4) 泛型不能继承 Throwable 及其子类，即泛型类不能是异常类。

【例 7.6】 泛型类示例。

代码 GenPoint.java
```
class Point<T>{
    private T var ;                          //合法
    static T ob;                             //非法，违反规则 2
    private T var2=new T();                  //非法，违反规则 3

    public T getVar(){
        return var ;
    }
    public void setVar(T var){
        this.var = var ;
    }
    public  Point<T> getInstance() {         //合法
        return new Point<T>();               //合法
    }
//非法，返回值需要实例化后确定泛型的具体类型，方法不能是 static 的，违反规则 2
    public static Point<T> getInstance2(){   //非法
        return new Point<T>();
    }
}
```

2. 泛型类的使用

定义了泛型类型后就可以定义泛型类的对象，格式如下：

类名<实际类型列表>　对象名=new 类名<实际类型列表>([构造参数列表])

类名<实际类型列表>　对象名=new 类名<>([构造参数列表])   //在 Java7 之后简化

例如：

Point<String> mynode=new Point<String>();

Point<String> mynode=new Point<>();

说明：

(1) 一个类的子类可通过向上转型，实例化成父类类型，但是在泛型操作中，子类的泛型对象是无法赋给父类泛型引用的。因为这样会使子类泛型完全失去意义。例如：

Point<Object> Obj=new Point<String>();   //非法编译出错

(2) 类型擦除：使用泛型时，如果没有指定泛型的类型，会将可变类型设置成 Object，这样一来就可以接收任意的数据类型，所有的泛型信息将被擦除，恢复到 Jdk5 之前的用法。

Point Obj=new Point();   Obj.setData(10);

(3) 使用泛型时，如果当前无法确定泛型类型，比如作为方法形参时，这时可以用通配符"?"代替实际类型，具体看 7.3.4 小节的讲解。

【例 7.7】泛型类型实例化示例。

代码 GenDemo2.java

```java
class Generic<T>{
    private T data;
    public Generic(){}
    public Generic(T data){this.data=data;}
    public void setData(T data){this.data=data;}
    public T getData(){
        System.out.println("类型是："+data.getClass().getName());
        return data;
    }
}
public class GenericDemo3 {
    public static void main(String arg[]){
        Generic<String> strObj=new Generic<String>("GenTest");
        strObj.setData(10);//非法，编译时错误，可变类型 T 已声明成 String
        System.out.println(strObj.getData());
        //规则1：非法，T 类型的前后不统一
        Generic<Object> strObj=new Generic<String>();

        //规则2，合法，但类型被擦除
        Generic strObj2=new Generic();
        strObj2.setData(10);
        System.out.println(strObj2.getData());
    }
}
```

3. 泛型接口的实现

在实现泛型接口时,应该声明与接口相同的类型参数。声明用法如下:

```
interface 接口名<类型参数列表>{
//…
}
```

实现上述接口的格式如下:

```
class 类名<类型参数列表> implements 接口名<类型参数列表>{
//
}
```

例如:

```
interface ABC<K,V>{
//方法声明
}
class myABC<K,V> implements ABC<K,V>{
//方法实现
}
```

7.3.3 泛型方法

除了定义泛型类或接口,我们还可以只定义泛型方法,该方法可定义在普通类里也可以定义在泛型类中。

1. 泛型方法的定义

泛型方法的定义格式如下:

```
[修饰符] <类型参数 1,类型参数 2,...> 返回值  方法名(参数列表){
//方法体
}
```

例如:

```
class ArrayAlg{
    public static <T> T getMiddle(T... arr){
        return arr[arr.length/2];
    }
}
```

说明:

泛型方法使得该方法能够独立于类而产生变化。如果使用泛型方法可以取代泛型类,那么就应该只使用泛型方法。另外,对 static 方法,如果在泛型类中无法访问泛型类的类型参数(如例 7.6 中的非法方法 public static Point<T> getInstance2()),而 static 方法又需要使用泛型能力,就必须将其定义成上述普通类里的泛型方法。

2. 泛型方法的调用

泛型方法的调用格式如下:

ArrayAlg.getMiddle("aa", "bb", "c"); //编译器有足够的信息能推导出类型
ArrayAlg.<String>getMiddle("aa", "bb", "c");

例如：
```java
public class UseGenMethod {
    public static void main(String arg[]) {
        System.out.println(ArrayAlg.getMiddle("aa","bb","cc"));
        System.out.println(ArrayAlg.getMiddle(1.5,2.6,3.7));
    }
}
```

运行结果：
bb
2.6

7.3.4 类型通配符

到目前为止，当我们使用泛型类创建对象时，都应该为泛型确定一个确切类型，但有些时候，比如定义方法时，如果我们使用泛型类作形参，还不想确定类型，此时就需要使用通配符"？"。

【例7.8】 利用例 7.7 中的 Generic<T>类，在形参中使用通配符。

代码 UseGenericDemo.java
```java
class UseGenericDemo{
    public static void myMethod(Generic<?> g){
        System.out.println(g.getData());
    }
    public static void main(String arg[]){
        Generic<Integer> gint=new Generic<Integer>(12);
        Generic<Double> dOb=new Generic<Double>(3.14);
        myMethod(gint);
        myMethod(dOb);
    }
}
```

注意：
通配符是在使用泛型时出现的，当真正调用 myMethod 方法时，需要传入具体类型的对象。

7.3.5 有界泛型

有时候我们需要对元素的参数类型进行一定的限制，Java 提供了两种有界类型限制参数范围：上界泛型和下界泛型。

1. 上界泛型

使用 extends 关键字声明类型参数的上界，语法格式如下：

1) 定义时限定

类型定义：[修饰符] class 类 <类型参数 extends 父类或接口>
方法定义：[修饰符] <类型 extends 父类或接口> 返回值 方法名(参数列表)

说明：如有一个父类和多个接口限制可用&分割，则父类放第一个。例如：

class Generic<T extends Number>	//定义类
class Generic<T extends Number & Serializable>	//定义类
public <T extends Comparable> T min(T[] a)	//定义方法

2) 使用时限定

泛型类<? extends 父类或接口>

上界泛型使用时通常和通配符一起使用。例如：

void myMethod(Generic<? extends Number> g)

【例7.9】 在形参中使用泛型上界限制参数类型。

代码 BoundGenDemo.java
```
class BoundGenDemo{
    public static void myMethod(Generic<? extends Number> g){
        System.out.println(g.getData());
    }
    public static void main(String arg[]){
01.     Generic<String> gint=new Generic<>("abc");
02.     Generic<Double> dOb=new Generic<>(3.14);
03.     myMethod(gint);        //非法，字符串不是 Number 类型
04.     myMethod(dOb);         //合法
    }
}
```

程序分析：

传入 myMethod 方法的 Generic 对象，其可变类型只能是数值类。01 行的 gint 对象其泛型是字符串类型，所以，在 03 行它传入方法 myMethod 时，编译报错。

2. 下界泛型

下界泛型使用 super 关键字声明类型参数的下界，限制此类型必须是指定类型本身或其父类。其使用语法与 extends 相同，但语义相反。这种用法比较少用。例如：

void myMethod(Generic<? super Double> g)

方法传入的参数必须是 Double 类型，或其父类 Number。

7.4 泛型容器

程序设计中，很重要的一步是考虑如何有效地表示数据。通常我们利用数据结构存储数据元素和元素之间的关系，并为其提供基本的数据操作。在面向对象编程中，我们将包含和管理对象的数据结构称为容器。不同的容器在实现时可以采用不同的存储结构(如数

组、链表、散列表等)，所以用不同的存储结构实现的容器，其特性和适用范围也各不相同。

　　Java 语言提供了丰富的容器类，如集合、线性表、队列、映射等。以 Java1.2 开始，这些常用的数据结构和算法类被定义成一组接口、抽象类以及具体的实现类，它们组织成一个 Java 容器框架，用于统一描述和操作各种容器。

　　容器中的元素只能是对象(实际上只是保存对象的引用变量)，不能是简单数据类型。这与数组不同，数组是 Java 语言的组成部分，既可以保存基本数据类型的值，也可以保存对象。从某种意义上讲，Java 中的数组也是一种容器，但数组是 Java 语言的组成部分，而容器是一组类库。Java 容器的特点如下：

(1) 存储空间可以自主调整。

容器类在使用过程中能自动完成空间的动态调整，满足实际需求。

(2) 提供丰富的数据结构，减少编程工作量。

Java 提供了由不同的存储结构实现的多种数据结构，用户在编程时可根据不同的应用场合，调用相应的容器类，而容器类中的算法都进行了详细设计和优化，因此编程人员无须考虑集合内部实现细节，就可高效地完成数据处理，大大减少了编程工作量。

7.4.1 容器 API 总览

1. Java 容器框架

Java 容器框架(Java Collections Framework，JCF)位于 java.util 包下，分为 Collection 和 Map 两大类，Collection 是单个数据的容器，Map 是"键-值"对的容器。这两个接口又衍生出子接口或实现类，如图 7-4 所示。

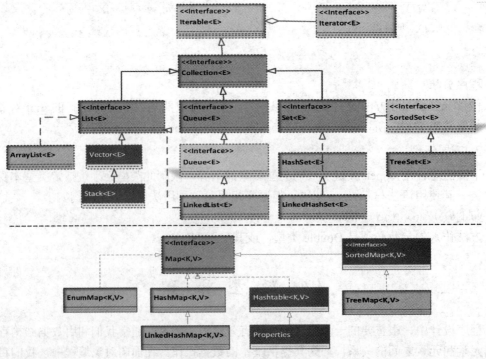

图 7-4　Java 的集合框架

下面介绍常见的核心接口。

1) Collection<E>接口的子接口

(1) List<E>容器：有序元素的集合，是元素可重复的列表。
(2) Set<E>容器：无序元素的集合，元素不可重复。
(3) Queue<E>容器：可认为操作受限的队列列表。

其中，Set 接口重要的实现类有 HashSet 和 TreeSet。List 接口重要的实现类有 ArrayList、LinkedList、Vector 及 Stack。Queue 接口的重要实现类是 LinkedList、PriorityQueue 和 ArrayDeque。

2) Map<K,V>接口

以<键,值>对形式存储元素，查询时只能根据键来查询值，所以键不可重复，值可重复，我们称之为映射。Map 接口的重要实现类是 TreeMap 和 HashMap。

集合是通过泛型定义的，使用时一般都要指明其元素类型。例如：

LinkedList<String> mylist=new LinkList<String>();
LinkedList<String> mylist=new LinkList<>(); //(Java7 之后)

2. Collection 接口

Map 以外的其他容器都继承自 java.util 包中的 Collection 接口，该接口定义了大多数集合类支持的共性方法。另外，Collection 接口从 JDK1.5 开始继承了父接口 Iterable，接口 Iterable 支持增强型 for 循环，其主要方法如表 7-9 所示。

表 7-9 Collection 接口的主要方法

返回值	方法名	功能
boolean	add(E e)	向容器中添加新元素
boolean	addAll(Collection c)	将指定容器 c 中的所有元素添加到当前容器
boolean	remove(E e)	删除指定元素
boolean	removeAll(Collection c)	删除当前集合中与指定容器 c 相同的所有元素
boolean	retainAll(Collection c)	删除当前容器中不在 c 容器中的元素
void	clear()	删除所有元素
boolean	contains(Object o)	判断是否包含元素 o
int	size()	返回当前容器的元素个数
Iterator<E>	iterator()	返回迭代器
boolean	isEmpty()	判断容器是否为空
stream	stream()	返回集合的顺序流
[Object]	toArray()	返回一个数组，其中包含此集合中的所有元素

3. 列表接口

列表接口(List)接口是 Collection 接口的子接口，它表示有序的元素集合，列表可以包含重复的元素。List 能精确地控制每个元素的插入位置，并允许根据元素的索引来访问元素。List 接口扩展的主要方法如表 7-10 所示。

表 7-10 List 接口的主要方法

返回值	方法名	功能
boolean	add(int i, E e)	在此列表的指定位置 i 处插入指定的元素 e
boolean	addAll(int i, Collection c)	将指定容器 c 中的所有元素添加到列表索引 i 处
E	set(int i, E e)	将列表指定位置 i 处的元素替换为 e，返回先前位于指定位置的元素
E	get(int i)	返回此列表中指定位置处的元素
E	remove(int i)	删除此列表中指定位置 i 处的元素
int	indexOf(Object o)	返回列表中元素 o 首次出现的索引，如果此列表不包含该元素，则返回 -1
ListIterator <E>	listIterator()	返回对此列表中的元素的列表迭代器
List	subList(int from, int to)	返回从索引 from 到 to 的子列表

4. 集合接口

集合接口(Set)表示的是不重复元素的集合。Set 接口继承自 Collection 接口，具有与 Collection 接口完全一样的接口，只是方法上增加了不保存重复元素的限制。

5. 队列接口

队列(Queue)从操作上可理解为一种操作受限的列表，但队列接口(Queue)继承自 Collection 而不是 List。Java 容器提供了几种不同的队列。队列通常(但不一定)以 FIFO(First In First Out 先进先出)方式对元素进行排序，而例外的优先级队列(PriorityQueue)，它根据元素自然排序，或者提供比较器对元素进行排序。队列都是在头部删除元素(出队)，而插入元素(入队)时在 FIFO 队列中，所有新元素都插入到队列的末尾。其他类型的队列可能使用不同的放置规则，每个实现都必须指定其排序属性。Queue 常见的操作如表 7-11 所示。

表 7-11 Queue 接口的主要方法

分类	返回值	方法	功能
插入	boolean	add(E e)	将元素 o 添加到队列中，成功则返回 true，若队列可用空间不足，则抛出 IllegalStateException 异常
	boolean	offer(E e)	功能同上，但空间不足时，返回 false 而不抛出异常
删除	E	remove()	删除并返回队头元素，若队列为空，NoSuchElementException 异常被抛出
	E	poll()	功能同上，当队列为空时返回 null 而不抛出异常
查询	E	element()	返回队头元素，结果为空抛出 NoSuchElementException 异常
	E	peek()	功能同上，当队列为空时返回 null 而不抛出异常

上述操作主要分为三类方法：插入(入队)、删除(出队)、查询队头元素。这些方法中的每一种都以两种形式存在：一种在操作失败时引发异常，如方法 add、remove、element 会在空间不足或元素为空时抛出异常；另一种在操作失败后返回特殊值。第二种形式的插入操作是专门为与容量受限的实现一起使用而设计的，但在大多数实现中，插入操作不会

失败。为了方便编码，通常优先考虑使用不抛出异常的 offer、poll、peek 方法。

6. Map 接口

Map 接口与前面介绍的容器不同，Map 集合中的每一个元素都包含一个键(key)对象和一个值(value)对象。键值对(key-value)具有单向关联关系，我们也称这种集合为映射。Map 接口不允许包含重复的键，因为键是唯一用来标识键值对的，而值是可以重复的。Map<K, V>接口的主要方法如表 7-12 所示，其主要有三个角度：键的集合，值的集合，键-值的集合。

表 7-12　Map 接口的主要方法

返回值	方法	功能
int	size()	返回容器中键值对个数
void	clear()	删除容器中的所有元素
boolean	containsKey(Object k)	查询容器中是否存在指定的键 k
boolean	containsValue(Object v)	查询容器中是否存在指定的值 v
Set<K>	keySet()	返回包含所有键的 Set 集合
Collection<V>	values()	返回包含所有值的集合
Set<Map.Entry<K,V>>	entrySet()	返回映射中所有键值对构成的集合
V	get(Object k)	返回键 k 对应的值
V	put(K k, V v)	添加键值对<k,v>，如果已存在该键，则替换原有的值
void	putAll(Map m)	复制 m 的所有键值对到当前集合中
V	remove(Object k)	若存在键 k，则删除键值对，并返回键 k 对应的值，否则返回 null
boolean	remove(Object k, Object v)	删除指定键值对
default void	forEach(BiConsumer<? super K,? super V> action)	对每个键值对实体执行 action 中的操作

7.4.2　容器遍历

容器类在使用过程中经常需要遍历每一个元素，遍历是指按照某种次序将容器中的每一个元素访问且仅访问一次。通常可用下列方式来遍历容器。

1. 增强型 for 循环

增强型 for 循环可以顺序读取数组或集合类中的元素，且集合类需实现 Iterable 接口，Collection 接口就是继承自 Iterable 接口，下面给出顺序打印列表元素的示例代码。

```
ArrayList<String> a1=new ArrayList<String>();
a1.add("NO.1");
a1.add("NO.2");
a1.add ("NO.3");
```

```
for(String e0:a1)
    System.out.println(e0);
```

2. forEach 方法

Iterable 接口在 JDK8 中增加了默认方法 forEach，该方法利用增强型 for 循环顺序处理每个元素，其处理逻辑由 forEach 方法的形参 Consumer 接口确定，forEach 方法源码如下：

```
default void forEach(Consumer <? super T> action){
    for (T t: this)
        action.accept(t);
}
```

其中，接口 Consumer 是函数式接口，只有一个 accept()方法，因而可直接使用 Lambda 表达式作为 forEach 方法的参数。例如，打印每个列表元素的代码如下：

```
ArrayList<String> a1=new ArrayList<String>();
    a1.add("NO.1");
    a1.add("NO.2");
    a1.add ("NO.3");
    a1.forEach(o->{System.out.println(o);});
```

Map 接口虽没有继承 Iterable 接口，但也定义了 forEach 方法进行遍历，我们会在后续章节举例说明。

3. 迭代器 Iterator

Iterator 被称为迭代器，它不属于容器类，但允许用户遍历容器的元素，所有的 Collection 接口都可以用 Iterator(迭代器)接口来列举元素或删除元素。

Vector 等类也可以用 Enumeration(枚举器)来列举元素。Iterator 和 Enumeration 都是列举器，但 Iterator 的方法中还有 remove()可用于删除对象，所以 Iterator 的功能更强。Iterator 接口的常用 API 如表 7-13 所示。

表 7-13 Iterator 接口的常用 API

返回值	方法	功能
boolean	hasNext()	判断是否有未被迭代的元素，若有返回 true
Object	next()	得到下一个未被迭代的元素
void	remove()	删除迭代器当前指向的元素

使用 Iterator 对线性表对象 a1 进行迭代的示例代码如下：

```
Iterator<String> ia=a1.iterator();
while(ia.hasNext())                      //判断是否有未被迭代的元素
    System.out.println(ia.next());       //获得下一个元素
```

4. 使用普通的 for 循环

使用普通的 for 循环需要借助 size()方法获得元素的总个数，然后依次取出每个元素进行访问。使用普通的 for 循环对列表元素进行打印的示例代码如下：

```
for(int i=0;i<a1.size();i++)
    System.out.println(a1.get(i));
```

上述四种方法中，方法 1、2 简洁且更具有普遍性，Collection 接口的所有实现类都适用于这两种方法；方法 3 也被大量使用，但它需要事先知道容器对象所对应的重写方法，比如，对于 List 可通过方法 ListIterator()来得到一个 ListIterator 接口，该接口是 Iterator 接口的子接口，它具有双向检索和添加、修改元素的功能；方法 4 需要对元素进行精确定位和检索，而只有部分容器定义了类似 get(int i)的精确定位方法。

Map 未继承 Iterable 接口，因此 Map 接口实现类不支持增强型 for 循环。但可以先使用 Map 接口的方法将映射转换为集合 Set，然后再对后者使用增强型 for 循环。另外，Map 接口本身也定义了 forEach 默认方法，以遍历每一个映射。

7.4.3 常用 Set：HashSet 类和 TreeSet 类

Set 集合中不能包含重复的对象，且只允许包含一个 null 元素。Set 主要有两个常用的实现类：HashSet 类和 TreeSet 类。其中，TreeSet 类不能包含 null 对象。

HashSet 类是 Set 接口的典型实现，大多数时候使用 Set 集合就是使用这个实现类。HashSet 类利用 Hash(哈希)算法计算一个整数值(哈希值)，依此决定对象存放的位置。HashSet 类具有很好的存取和查找功能。查找元素 a 时，具体过程如下：

(1) 首先调用 a 的 hashCode 方法计算该元素的哈希值。

(2) 如果哈希码与集合中的某个元素 b 的码值相同，则继续调用 a 的 equals(b)进一步判断，若方法返回 true，则查找到 a，否则 a 不存在。

HashSet 类中两个元素相等要满足的条件：第一，两个元素的 hashCode 值相等(定位)；第二，两个元素通过 equals 方法进行比较的结果为 true。之所以需要两次比较，是因为哈希码的计算可能会出现冲突——对不同元素计算出的哈希码相同。

TreeSet 类同时实现了 Set 接口和 SortedSet 接口，其底层基于红黑树(Red-Black tree)实现。因此，TreeSet 允许对元素进行排序。元素排序可以实现对集合的自然排序，能够执行自然排序的元素，其对应的类需实现 Comparable 接口，该接口定义了 int compareTo(Object o)方法。同时，集合也可根据创建时构造方法指定的比较器 Comparator 进行排序，Comparator 接口是一个函数式接口，包含方法 public int compare(Object o1,Object o2))。两个比较方法的返回值结果都是整数，不同的整数值表示不同的比较结果。

(1) 若返回 0，表示两个对象相等。

(2) 若返回正数，表示当前对象大于比较对象 o(o2)。

(3) 若返回负数，表示当前对象小于比较对象 o(o2)。

【例 7-10】 HashSet 与 TreeSet 的使用示例。

```
代码 useSet.java
public class useSet {
    public static void main(String arg[]){
```

```
        HashSet<String> as=new HashSet<String>();
        TreeSet<String>  ts=new TreeSet<String>();
        //ts2 传入 Comparator 比较器，该接口是函数式接口，此处用 Lambda 表达式表示，
        //其功能是对字符串进行降序排序
        TreeSet<String>   ts2=new TreeSet<String>((o1,o2)->{return -o1.compareTo(o2);});
        for(int i=5;i>0;i--)      as.add("string"+i);
        for(int i=5;i>0;i--)      ts.add("string"+i);
        for(int i=5;i>0;i--)      ts2.add("string"+i);
        as.add("string5");         //相等的元素没有被加入
        as.add(null);              //HashSet 可加入一个 null 元素
        ts.add(null);              //TreeSet 不接收 null 元素，抛出异常 NullPointerException
        Iterator<String> t=as.iterator();   //使用迭代器
          while(t.hasNext())   System.out.print(t.next()+",");
          System.out.println();

        for(String item:ts)             //使用增强式 for 循环
           System.out.print(item+",");  //使用字符串的自然排序规则排序
        System.out.println();
        //使用增强式 for 循环，打印自定义的 comparator 接口，实现字符串的降序排序
        for(String item:ts2)
           System.out.print(item+",");
    }
}
```

运行结果：

null,string5,string3,string4,string1,string2,
string1,string2,string3,string4,string5,
string5,string4,string3,string2,string1,

程序分析：

(1) 在 Set 中重复的元素没有被加入。

(2) HashSet 中元素的顺序与加入时的顺序无关。

(3) TreeSet 中不能接收 null 元素。当 TreeSet 集合中的元素类，如 String，实现了 Comparable 接口，节点就按 String 对象的自然排序规则进行升序排列。当 TreeSet 通过构造方法传入一个指定的比较器——实现了 Comparator 接口的类，集合中的元素就按照自定义的降序规则进行排序。

7.4.4 常用 List：ArrayList 和 LinkedList

列表 List 允许包含重复的元素(包括空对象)。实现 List 接口的常用类有 ArrayList(数组列表)、LinkedList(链表)。

1. ArrayList

ArrayList 被称为数组列表,底层由可变长数组实现,ArrayList 和数组一样,在逻辑上相邻的元素在物理上也是相邻的,因此具有随机存取的特性,适合进行查询类操作。ArrayList 类的大多数 API 都重写了父接口 List 中对应的 API,下面给出 ArrayList 的示例代码。

【例 7.11】 ArrayList 的使用示例。

```java
代码 ArraylistDemo.java
import java.util.ArrayList;
public class ArraylistDemo {
    public static void main(String arg[]) {
        ArrayList<String> a1=new ArrayList<String>(3);     //设置初始容量为3
        a1.add("NO.4");
        a1.add("NO.3");
        a1.add ("NO.2");
        a1.add("NO.2");                                    //可接收重复的元素
        a1.add(1, "NO.1");

        a1.forEach(e0->System.out.print(e0+" "));          //利用 forEach 方法遍历顺序表
        System.out.println();
        System.out.println("删除操作后: ");
        a1.remove("NO.2");                                 //删除元素,如果有重复,则删除第一个
        a1.remove(0);                                      //删除特定位置 0 的元素

        for(String e0:a1)                                  //利用增强 for 循环顺序打印
            System.out.print(e0+" ");
        System.out.println();
        System.out.printf("the position of No.2 is   %d",a1.indexOf("NO.2"));
    }
}
```

运行结果:

NO.4 NO.1 NO.3 NO.2 NO.2
删除操作后:
NO.1 NO.3 NO.2
the position of No.2 is   2

程序分析:

从程序的运行结果可知,List 元素的顺序是有意义的,且元素是可重复的,元素可根据位置(索引)进行操作。

2. LinkedList

LinkedList 被称为链表,底层是由链表实现。链表中每个元素除了存放自身的信息,

还要存放指向下一个元素的引用，各元素所占内存单元的相对位置可以是任意的。链表查找元素要从链表首部开始顺序查找，因此不具有随机存取特性。

LinkedList 的优点是便于向集合中插入或者删除元素。当需要频繁向集合中插入和删除元素时，使用 LinkedList 类比 ArrayList 类效果好，因为只要修改相邻元素的指针即可。如果查询类操作较频繁，则用可以随机存取的 ArrayList 类比较好。

LinkedList 除了实现 Collection 和 List 接口，还实现了 Deque(Double Ended Queue，双端队列)接口，该接口继承自 Queue 队列接口，这是为了让 LinkedList 支持在链表的两端进行入队和出队操作。因此，LinkedList 可以作为队列、双端队列和栈这些数据结构来使用。Collection 和 List 接口常用 API 已经在 7.4.1 节列出，表 7-14 给出 LinkedList 重写的 Deque 接口的常用 API。

表 7-14 Deque 接口的常用 API

返回值	方法	功能
void	addLast(E e)	将元素 e 添加到链表的末尾
boolean	offerFirst(E e)	将元素 e 添加到链表的头部，如果用于容量受限的双端队列，当容量不足时，则返回 false
boolean	offerLast(E e)	将元素 e 添加到链表的末尾，如果用于容量受限的双端队列，当容量不足时，则返回 false
E	getFirst()	检索链表的第一个元素，若链表为空，则抛出 NoSuchElementException 异常
E	peekFirst()	检索链表的第一个元素，若链表为空，返回 null
E	pollFirst()	删除并返回队头元素，若链表为空，返回 null
E	removeFirst()	删除并返回队头元素，若链表为空，则抛出 NoSuchElementException
E	removeLast()	删除并返回队尾元素，若链表为空，则抛出 NoSuchElementException
void	push(E e)	将元素 e 压入栈，此时把链表作为栈来使用
E	pop()	将元素 e 弹出栈，此时把链表作为栈来使用
Iterator<E>	descendingIterator()	得到逆序迭代器，链表元素按照从最后一个到第一个的顺序排列

LinkedList 中与队列相关的操作是 offer 和 poll，它们分别执行队列元素的队尾入队和队头出队操作；而与栈相关的操作是 push 和 pop，它们分别执行栈的栈顶入栈和出栈操作。下面给出一个示例，用 LinkedList 构造两个链表对象，并分别用队列和栈的方法对数据进行操作。

【例 7.12】 LinkedList 使用示例。

代码 LinkedlistDemo.java
import java.util.LinkedList;

```java
public class LinkedListDemo {
    public static void main(String arg[]) {
        LinkedList<String> queue=new LinkedList<>();     //实例化链表，作队列使用
        LinkedList<String> stack=new LinkedList<>();     //实例化链表，作栈使用

        System.out.print("入队：");
        for(int i=1;i<5;i++) {
            queue.offer("Queue"+i);                      //入队
            System.out.print(" Queue"+i);
        }
        System.out.printf("\n 出队：");
        while(!queue.isEmpty())
        {                                                //出队
            System.out.print(queue.peek()+" ");          //查询队头元素
            queue.poll() ;                               //出队，也可以使用 queue.pollFirst();
        }
        System.out.printf("\n 入栈：");
        for(int i=1;i<5;i++)
        {
            stack.push("Stack"+i);                       //入栈
            System.out.print(" Stack"+i);
        }
        System.out.printf("\n 出栈：");
        while(!stack.isEmpty())
        {              //出栈
            System.out.print(stack.peek()+" ");          //查询栈顶元素
            stack.pop(); //
        }
    }
}
```

运行结果：

入队：	Queue1 Queue2 Queue3 Queue4
出队：	Queue1 Queue2 Queue3 Queue4
入栈：	Stack1 Stack2 Stack3 Stack4
出栈：	Stack4 Stack3 Stack2 Stack1

7.4.5　常用 Map：HashMap 和 TreeMap

Map 是一种键-值对(key-value)集合，用于保存具有映射关系的数据。Map 接口主要

有两个实现类：HashMap(散列映射)和 TreeMap(树映射)。其中，HashMap 对键进行散列获得对象存放地址。而 TreeMap 用键进行排序，并将数据元素组织成搜索树，TreeMap 因为是排序树，可以方便地从中找到最值。

【例7.13】 Map 的使用示例。

代码 UseMap.java

```java
import java.util.HashMap;
import java.util.Map;
import java.util.TreeMap;
public class UseMap {
    public static void main(String arg[]) {
        Map<Integer,String> hmap=new HashMap<>();
        Map<Integer, String> tmap=new TreeMap<>();
        int temp;
        for(int i=0;i<4;i++)
        {
            temp=(int)(Math.random()*30);
            hmap.put(temp, "HashMap"+temp);
            tmap.put(temp, "TreeMap"+temp);
        }
        System.out.println(hmap);
        System.out.println(tmap);

        System.out.println("所有的值");
        for(String str:hmap.values())
            System.out.print(str+", ");

        System.out.printf("\n 哈希映射的键-值对\n");
        for(Map.Entry<Integer, String> en: hmap.entrySet())
            System.out.printf("键：%d 值：%s \n ",en.getKey(),en.getValue());

        System.out.printf("\n 树映射的 键-值对\n");
        for(Integer key: tmap.keySet())
            System.out.printf("键：%d, 值：%s \n",key, tmap.get(key));
    }
}
```

运行一次的结果：

{24=HashMap24, 25=HashMap25, 10=HashMap10, 14=HashMap14}
{10=TreeMap10, 14=TreeMap14, 24=TreeMap24, 25=TreeMap25}
所有的值

> HashMap24, HashMap25, HashMap10, HashMap14,
> 哈希映射的键-值对
> 24---HashMap24; 25---HashMap25; 10---HashMap10; 14---HashMap14;
> 树映射的 键-值对
> 10---TreeMap10; 14---TreeMap14; 24---TreeMap24; 25---TreeMap25;

7.4.6 遗留容器类

随着 JDK 的发展，一些设计有缺陷或者性能不足的类库难免会被淘汰，最常见的就是 Vector、Stack、HashTable 这三个遗留容器类。

这些容器的大部分方法是线程安全的，因为其内部几乎所有方法都用了 synchronized 来修饰。但 synchronized 是重量级锁，读写操作也没有做适当的并发优化，这在一定程度上降低了容器的性能。因此，目前这些容器类已经被并发性更好的容器取代了。

为了向下兼容，JDK1.2 的后续版本并未抛弃这些容器，而是基于容器框架对它们进行了重新设计。因此我们要对这些类有一定的了解，在开发新应用时，应尽量避免使用遗留容器类。

1. Vector

Vector 实现了 List 接口，大致功能也和 ArrayList 类相似。当不要求线程安全时，应选择 ArrayList 类；如果要求线程安全，往往会选择 CopyOnWriteArrayList 代替 Vector。

2. Stack

Stack 是 Vector 的子类，表示具有后进先出特性(Last In First Out，LIFO)的栈。虽然线程安全，但是并发性不高。当不要求线程安全时，建议选择 LinkedList 类，该类的 push()、pop()、peek()方法就是对栈元素操作的 API。

3. Hashtable

Hashtable 继承自 Dictionary 类，在 Java1.2 后还实现了 Map 接口，它是一个存储键值对的容器。当面对不要求线程安全的应用场景时我们会用 HashMap 类或 TreeMap 类代替，如果要求线程安全，可以使用 ConcurrentHashMap 类。

7.5 容器工具类

在实际应用中，我们经常需要对容器或数组进行整体操作，如查找、替换、排序、反转等操作。Java 容器框架提供了工具类如 Collections、Arrays 和流 Stream，这些工具类提供了一系列静态方法，用以实现上述操作。

7.5.1 使用 Arrays

Arrays 中包含了对数组进行操作的静态方法，下面给出一些常用的 API，如表 7-15 所示。

表 7-15 Arrays 的常用 API

分类	方法	功能
获取列表	List<T> asList(T... a)	利用可变长序列获得一个列表
排序	void sort(xxx[] a, [int from, int to])	对数据进行升序排序，数据类型可以是除 boolean 类型的基础类型和对象类型(需实现 Comparable 接口)，排序范围可选
查找	int binarySearch(xxx[] a, xxx key)	利用二分查找法在数组 a 中找元素 key，查找之前数组 a 需先进行排序
比较	int compare(xxx[] a, xxx[] b, [Comparator<? super T> cmp])	比较两数组的大小：a>b 结果为正数，a=b 为 0，a<b 结果为负数。比较器 cmp 可选
	boolean equals(xxx[] a, xxx[] a2)	比较两个数组是否相等
复制	xxx[] copyOf(xxx[] or, int Length)	拷贝数组 or，length 指定副本长度，若 length 小于 or 的长度，则返回 length 个元素，若大于则用 or 类型的默认值填充
填充	void fill(xxx[] a, xxx val)	用 val 填充数组 a 的每个元素
获取流	xxxStream stream(xxx[] array)	以数组 array 为数据源返回其序列流

【例 7.14】 Arrays 的使用示例。

```
代码 UseArrays.java
import java.util.Arrays;
public class UseArrays {
    public static void main(String arg[]) {
        String[] s1=new String[5];
        for(int i=0;i<s1.length;i++)            //随机生成数组元素"arrayX"
            s1[i]="array"+(int)(Math.random()*10);
        for(String e0:s1)                       //打印生成的元素
            System.out.print(e0+"; ");
        Arrays.sort(s1);                        //用默认的字符串比较方法进行排序
        System.out.println("\n 排序后的 s1 结果是");
        for(String e1:s1)                       //打印排序后的数组元素
            System.out.print(e1+", ");
        System.out.println("\n 查询 array0");
        int position=Arrays.binarySearch(s1, "array0");
        System.out.println(position);
        String[] c1=Arrays.copyOf(s1, s1.length+1);
        System.out.println("复制后的数组 c1 为");
        for(String e1:c1)
            System.out.print(e1+", ");
```

```
            System.out.printf("\ns1 与 c1 比较结果为%d",Arrays.compare(s1,c1));
        }
    }
```
运行一次的结果：
array5; array9; array0; array2; array2;
排序后的 s1 结果是
array0, array2, array2, array5, array9,
查询 array0
0
复制后的数组 c1 为
array0, array2, array2, array5, array9, null,
s1 与 c1 比较结果为-1

程序分析：
二分查找算法是对有序序列进行查找的方法，所以，在进行查找之前，需要先对数据进行排序。复制后的 c1 比 s1 的元素多一个，所以，比较结果为-1，表示 s1 小于 c1。

7.5.2 使用 Collections

Collections 类提供了许多操作集合的静态方法，借助这些静态方法可以实现集合元素的排序、查找、替换和复制等操作。表 7-16 给出了 Collections 类中操作集合的常用 API。

表 7-16 Collections 的常用 API

分类	方 法	功 能
排序	void sort(List list)	根据元素的自然顺序对列表 List 按升序进行排序
	void sort(List<T> list, Comparator<?super T> c)	对列表中元素按照比较器规则排序
查找	int binarySearch(List<? extends Comparable<? super T>> list, T key)	用二分查找算法在列表 list 中搜索指定元素 key，调用此方法前要保证列表有序
	int binarySearch(List<? extends T> list, T key, Comparator<? super T> c)	二分查找列表 list 中指定元素 key。前提：保证列表已经利用比较器 c 进行升序排列
打乱	Void shuffle(List<?> list)	将列表 list 的元素随机打乱
逆序	Void reverse(List<?> list)	反转列表 list 中的所有元素
填充	Void fill(List<? super T> list, T obj)	让列表 list 每个元素为 obj
相交	boolean disjoint(Collection<?> c1, Collection<?> c2)	判断 c1 和 c2 是否不相交
复制	Void copy(List<? super T> dest, List<? extends T> src)	将列表 src 复制到列表 dest
最值	T min(Collection<? extends T> coll)	返回集合 coll 最小值
	T max(Collection<? extends T> coll)	返回集合 coll 最大值

【例 7.15】 Collections 的使用示例。我们对 5.8.3 小节的 Student 类进行重新定义，使之实现 Comparable<Student>接口，变成可比较的类型，然后对 Student 对象进行排序和查找。

代码 UseCollections.java

```java
import java.util.ArrayList;
import java.util.Collections;
class Student implements Comparable<Student>{
    private int level;              //级别
    private String name;            //姓名
    private int age;                //年龄
//带参构造方法
    public Student(String name,int age,int level) {
        this.name=name;
        this.age=age;
        this.level=level;
    }
    public String getName() {
        return name;
    }

    public int getAge() {
        return age;
    }
    public int getLevel() {
        return level;
    }
    @Override
    //实现 Comparable<Student>中的接口方法，比较姓名
    public int compareTo(Student s2) {
        return name.compareTo(s2.name);
    }
    //自定义比较规则：比较年龄
    public int compareByAge(Student s2) {
        return this.getAge()-s2.getAge();
    }
    public String toString() {
        return "["+level+","+ name+": "+age+"]" ;
    }
}
```

```java
public class UseCollections {
    public static void main(String arg[]) {
        ArrayList<Student>    slist=new ArrayList<>(4);
        int pos;
        slist.add(new Student("zhangsan",50,1));
        slist.add(new Student("lisi",40,1));
        slist.add(new Student("wangwu",30,2));
        slist.add(new Student("zhaoliu",60,2));
        //用 Comparable 接口方法 comparaTo 定义的默认规则排序
        Collections.sort(slist);
        slist.forEach(a->System.out.print(a.toString()+", "));
        //用二分法查询, 比较规则与 Student 的内置比较规则一致
         Student s1= new Student("lisi",40,1);
        pos=Collections.binarySearch(slist, s1);
        System.out.println("\n the position of lisi is:"+pos);
        //等价于 Collections.sort(slist,(s1,s2)->s1.compareByAge(s2));
        Collections.sort(slist, Student::compareByAge);
        slist.forEach(a->System.out.print(a.toString()+", "));
        //用二分法查询, 比较规则与排序时自定义的比较器 Comparator 比较规则一致
        pos=Collections.binarySearch(slist, s1, Student::compareByAge);
        System.out.println("\n the position of lisi    is:"+pos);
    }
}
```

运行结果：

[1,lisi: 40], [2,wangwu: 30], [1,zhangsan: 50], [2,zhaoliu: 60],
the position of lisi is:0
[2,wangwu: 30], [1,lisi: 40], [1,zhangsan: 50], [2,zhaoliu: 60],
the position of lisi   is:1

程序分析：

程序中有两个参数的 sort 方法，其中第二个参数需要实现 Comparator<Student>接口，该接口是函数式接口，只包含一个 compare 方法，因此第二个参数可利用 Lambda 表达式表示：

Collections.sort(slist, (s1,s2)->s1.compareByAge(s2));

而该 Lambda 表达式只有一条语句，且是方法调用，所以，可进一步用 Lambda 表达式的方法引用简化：Collections.sort(slist, Student::compareByAge)。

7.5.3 使用 Stream

Java8 引入了流式操作 Stream 的概念，流式操作是指能够串行或并行地对数据流进行

函数式操作。流是通过数组和集合建立的数据流，进入流的元素可以进行如过滤、排序、转换等操作，这些操作借鉴了函数式编程的思想，可以通过 Lambda 表达式指定具体的计算逻辑，这极大地简化了代码，是 Java 编程思维的一大改进。

Stream 不但提供了强大的数据操作能力，更重要的是 Stream 既支持串行也支持并行，且并行处理机制使得 Stream 获得性能提升。函数式操作和并行运算是计算领域的新特点。

1. 获取流

使用流之前首先要获取流，我们可以从数组和集合中获取，也可以利用 Stream 或它的子接口直接创建流。子接口流有：

(1) IntStream:整数的流。

(2) LongStream：长整数的流。

(3) DoubleStream：实数的流。

Stream 是普通流，如果要把普通的 Stream 转换成整数或实数流，可以通过 Stream 中的 mapToInt()、mapToLong()、mapToDouble()方法来转换成相应的流。

假设有两个对象，一个是数组 a1：[No.4, No.3, No.2, No.1]，另一个是集合 ArrayList 对象 col1: [C.4, C.3, C.2, C.1]，获取流的常用方法如表 7-17 所示。

表 7-17 获取流的常用方法

功　　能	获得流的方式	示　　例
在数组上获得流	Arrays.stream(数组)	Arrays.stream(a1)
在数组上获得并发流	Arrays.stream(数组).parallel()	Arrays.stream(a1).parallel()
在集合(Collection 的子类型)上获得流	集合对象.stream()	col1.stream()
在集合上获得并发流	集合对象.parallelStream()	col1.parallelStream()
用 Stream.of 获得流，或用 IntStream.range(int s int e) 获得步长为 1 的整数流	Stream.of(一组元素) IntStream.range(开始，结束)	Stream.of(1,3,5,7) IntStream.range(3,10)
java.util.Random生成随机数序列流	Random 对象 r 方法 r.Xxxs (long Size,int Origin, int bound) (Xxx 可为 int long double)	Random r=new Random(); r.ints(5,100,200)

2. 流式操作

产生数据流后，可以用流的方法对数据进行多次处理和操作。流式 API 有两类：一类称为中间操作(intermediate operation)，另一类称为终端操作(terminal operation)。中间操作是指操作结束后返回一个新的 Stream，终端操作是指产生一个最终的结果值。**当一个终端操作被调用，流将关闭并且不可再用。**

通过这些操作，我们可以将原先的多个操作变成在一个数据流管道上的批处理，最后直接得到结果。表 7-18 列出 Stream 接口中的一些常用方法。

表 7-18　Stream 接口中的常用方法

返回类型	方　　法	功　　能
中间操作		
Stream	filter(Predicate<? super T> pre)	返回一个符合匹配条件的流
Stream	map(Function<? super T,? extends R> m)	对每个元素执行函数 m 后的结果流
Stream	sorted([Comparator<? super T> c])	返回排序后的结果流，比较器 c 可选
Stream	distinct()	返回去掉所有重复元素的流
Stream	limit(long maxSize)	返回长度不超过 maxSize 的子流
XxStream	mapToXx(ToXxFunction<? Super T> m)	依据 m 进行类型转换，Xx 可以是 Int Long Double
终端操作		
Optional	max/min(Comparator<? super T> c)	根据比较器 c 求最值
void	forEach(Consumer<? super T> action)	为流中的每个元素执行 action 操作
Object[]	toArray()	以数组形式返回流的数据
long	count()	返回流中的元素数
T	reduce(T id, BinaryOperator<T> ac)	通过二目操作，ac 将流中元素积累到一起
R	collect(Collector<? super T,A,R> collector)	收集操作：将元素按一定规则收集到一个集合中

子接口 IntStream、LongStream、DoubleStream 还有更多操作，如 sum(求和)、average(求平均)等，通常处理一个流涉及以下操作：

(1) 获取流。

(2) 执行一个或多个中间操作。

(3) 执行一个最终操作。

例如，要求将集合中所有长度不小于 3 的字符串转换成大写字符并输出，用流式操作实现上述功能：

```
List<String> ls=Arrays.asList("a","bcdef","ghijk","lmn","opq","rstuv");
ls.stream().filter(s->s.length()>=3).map(s->s.toUpperCase()).forEach(e->System.out.print(e+", "));
```

【例 7.16】利用流式操作进行数据处理的示例。

```
代码 UseStream.java
import java.util.*;
public class UseStream {
    public static void main(String arg[]) {
        //1. 对数组流进行操作
        System.out.println("1、对数组进行流式操作");
        String str[]= {"a","bcdef","ghijk","lmn","opq","rstuv","a"};
```

```java
            String result=Arrays.stream(str)
                .parallel()
                .distinct()                          //去掉重复元素
                .map(e->e.toUpperCase())             //映射成大写字母
                .reduce("", (a,b)->a+b);             //通过二目运算，将字符串连接起来
            System.out.println(result);

            //2. 对 Random 生成的整数流进行操作
            System.out.println("2、利用 Random 的 ints()方法生成流并进行操作");
            Random r=new Random();
            OptionalDouble max=r.ints(10,100,200)    //生成10个100~200间的数组成的流
                    .filter(i->i<150)                //过滤≥150的数
                    .mapToDouble(i->i*i)             //映射得到每个数的平方
                    .sorted()                        //排序
                    .max();
            System.out.println(max.isPresent()? "最大值： "+max.getAsDouble():"无值");

            //3. 对集合进行操作，对年龄大于30的同学进行排序，并打印输出
            System.out.println("3、对 Student 集合进行流式操作");
            List<Student> ls=Arrays.asList(new Student("zhangsan",50,1),
                            new Student("lisi",40,1),
                            new Student("wangwu",30,2),
                            new Student("zhaoliu",60,2));
            ls.stream()                              //获取流
                .filter(e->e.getAge()>30)            //过滤
                .sorted(Student::compareByAge)       //排序
                .forEach(e->System.out.print(e+","));
    }
}
```

运行一次结果：

1. 对数组进行流式操作

    ABCDEFGHIJKLMNOPQRSTUV
2. 利用 Random 的 ints()方法生成流并进行操作

    最大值：21904.0
3. 对 Student 集合进行流式操作

    [1,lisi: 40],[1,zhangsan: 50],[2,zhaoliu: 60],

程序分析：

程序的第一部分：对数组流进行操作中，用到了 map(中间操作)-reduce(终端操作)操作，

这是并行计算中最有名的处理方式。

程序的第二部分：对 Random 生成的整数流进行操作中，最后的终端操作 max()返回结果是一个 OptionalDouble，该类型是 Optional 的子类，表示一个可能有值的浮点数，也可能不存在。如果有值存在，isPresent() 返回 true；如果没有值，被认为是 OptionalDouble.empty，isPresent()返回 false。**该类对空指针异常 NullPointerException 做了优化，保证该类型保存的值不会是 null**。

程序的第三部分：对集合进行操作中，值得一提的是使用了 Arrays.asList(T…val)，通过输入一串参数(可变长)得到一个列表。

> 补充知识
>
> (1) 流的中间操作并不是立即执行的，它可能要等到终端操作执行时才会执行。这种方式称为惰性执行。
>
> (2) 流不能存放元素，当执行过终端操作后，不能再基于其中间流做操作。
>
> (3) 使用 parallel()或 parallelStream()得到的流是并发流，其底层是多线程执行的，数据在处理前会被拆分，然后进行同步处理，这些操作对程序员是透明的，无须手动干预，适合进行大数据处理。

3. 数据收集

Stream 类中的 collect(Collector<? super T,A,R> collector)方法，将元素按一定的规则收集到一个集合中，其功能可理解为高级的 "数据过滤+数据映射"，是对数据的深加工，但这些复杂操作不是由 Stream 实现的，而是由 collect 的形参 Collector 实现的。Collectors 收集器类是 Collector 接口的实现类，它提供了丰富的 API，下面只给出 Collectors 类中两个方法的用法。

(1) Collector<T,?,List<T>> toList()返回一个收集器，将输入的元素累积成一个新的 List。

(2) Collector<T,?,Map<K,List<T>>> groupingBy(Function<? super T,? extends K> classifier)返回一个实现分组操作的收集器，根据分类函数对元素进行分组，并将结果以 Map 形式返回。

【例 7.17】 在流式操作中使用 Collectors 进行数据收集。

```
代码 TestCollector.java
import java.util.Arrays;
import java.util.List;
import java.util.Set;
import java.util.Map;
import java.util.stream.*;

public class TestCollector {
    public static void main(String arg[]) {
        List<Student> ls=Arrays.asList(new Student("zhangsan",50,1),
                                       new Student("lisi",40,1),
```

215

```java
                                    new Student("wangwu",30,2),
                                    new Student("zhaoliu",60,2));

            System.out.println("\n 一、收集操作，收集成一个列表");
            List<Student> aslist=ls.stream()
                    .sorted(Student::compareByAge)          //排序
                    .collect(Collectors.toList());                  //收集，转成一个列表

            aslist.forEach(e->System.out.print(e+","));//打印列表

            System.out.println("\n 二、收集操作， 分组进行收集");
            Map<Integer,List<Student>> sMap=ls.stream()             //获取流
                    .collect(Collectors.groupingBy(Student::getLevel));     //分组收集

            //打印分组情况
            Set<Integer> keySet=sMap.keySet();
            for(Integer i:keySet) {
                System.out.println(i+"级别的学生列表");
                List<Student> levelList=sMap.get(i);
                //将特定级别的学生列表元素打印出来
                levelList.forEach(e->System.out.print(e+", "));
                System.out.println();
            }
        }
    }
```

运行结果：

一、收集操作，收集成一个列表
[2,wangwu: 30],[1,lisi: 40],[1,zhangsan: 50],[2,zhaoliu: 60],
二、收集操作， 分组进行收集
1 级别的学生列表
[1,zhangsan: 50], [1,lisi: 40],
2 级别的学生列表
[2,wangwu: 30], [2,zhaoliu: 60],

程序分析：

Collectors 的数据处理功能非常丰富，比如分组功能，我们仅展示了进行一级分组的用法，如果想进行多级分组，可以调用 groupingBy 的其他重载方法。

流式 API 结合 Lambda 表达式进行操作，对于初学者来说有一定的难度，需要一个适应过程，学习者可以多看不同的实例程序和 JDK 的文档示例。

7.6 Class 类与反射

Java 反射机制是指在运行状态中，对于任意一个类，都能知道这个类的所有属性和方法；对于任意一个对象，都能够调用它的任意方法和属性。这种动态获取信息以及动态调用对象方法的功能称为反射机制。简单来说，反射机制指的是程序在运行时能够获取自身的信息。在 Java 中，只要给定类的名字，程序就可以通过反射机制来获得类的所有信息。

Java 反射机制在服务器程序和中间件程序中得到了广泛运用。在服务器端，往往需要根据客户的请求，动态调用某一个对象的特定方法。此外，在中间件的实现中，运用 Java 反射机制可以读取任意一个 JavaBean 的所有属性，或者给这些属性赋值。反射机制功能强大且复杂，不过，如果读者仅对设计应用程序感兴趣，而对设计框架和工具不感兴趣，可以忽略这部分知识。Java 反射机制主要提供了以下功能，这些功能都位于 java.lang.reflect 包。

(1) 在运行时可以分析类，判断任意一个类所具有的成员变量和方法。
(2) 在运行时构造任意一个类的对象。
(3) 在运行时调用任意一个对象的方法。

1. 获取类的信息

获取到每一个字节码文件(.class)对应的 Class 类型的对象，Class 实例是由 JVM 在类加载时自动创建的。获得 Class 信息的方法有：

(1) 使用 Class.forName("完整的类名")。例如，Class c1=Class.forName("java.lang.String")。
(2) 通过类型的 class 属性获得。例如，Class c2=String.class，Class c3=int.class。
(3) 使用对象的 getClass()方法获得。例如，在 Object 类中定义了一个 getClass() 方法获得类。

例如：

```
String str = "Hello";
Class clz2 = str.getClass();
```

一个 Class 对象表示一个类型，而 Class 类实际上是一个泛型类，如 Class<String>，但在应用中可以忽略类型参数，使用原始 Class 类。

2. 获得类的成员信息

有了 Class 对象，可以进一步获取 Class 类的信息，包括该类的字段(Field 类)、构造方法(Constructor 类)、方法(Method 类)、修饰符(Modifier 类)、注解等。常用的 API 有：

(1) Constructor[] getDeclaredConstructors()：返回构造方法对应的 Constructor 数组。
(2) Constructor getDeclaredConstructor(Class<?>...parameterTypes)：返回特定的带参构造方法。例如，返回参数类型依次为 int 和 String 的构造方法，下面两种方式均可实现。

```
objClass.getDeclaredConstructor(int.class,String.class);
objClass.getDeclaredConstructor(new Class[]{int.class,String.class});
```

(3) Method[] getDeclaredMethods()：返回 Method 对象的数组。

(4) Method[] getMethod(String name,Class… paramTypes)：返回 Method 数组。

(5) Field[] getDeclaredFields()：返回 Class 对象表示的类型的所有字段。

(6) int getModifiers()：返回类、接口或方法以整数编码的权限修饰符。

(7) String getName()：返回实体(类、接口、方法、构造方法)的名称。

(8) Annotation[] getAnnotations()：从 Method、Class 等实体调用该方法获取注解。

3. 使用反射机制动态创建对象并调用方法

使用反射机制最主要的好处是可以动态创建对象并调用对象的方法，这样就可以动态调用对象，使得程序便于扩充。反射功能是各种框架性的应用基础，如 Hibernate、SpringBoot 等都用到了反射。

常用的方法有通过 Constructor 对象的 newInstance()方法动态创建类的实例对象，通过 Method 对象的 invoke()方法可以动态调用对象的方法。

(1) T newInstance(Object... initargs)：用参数 initargs 初始化构造函数并声明新实例。

(2) Object invoke(Object obj1, Object... args)：对象 obj1 利用指定参数 args 调用方法。

【例 7.18】 利用反射机制，动态创建 ReDemo1 对象并调用方法。

代码 ReflectTest1.java

```java
import java.lang.reflect.Constructor;
import java.lang.reflect.Field;
import java.lang.reflect.Method;

class ReDemo1{
    private   int flag=10;
    private String name;
    public ReDemo1(int temp,String temp2) {
        flag=temp; name=temp2;
    }
    public void hello(String str) {
        System.out.println(name+": "+str+": "+flag);
    }
}
public class ReflectTest1 {
    public static void main(String arg[]) {
        try {
            //1. 得到该对象所对应的 Class 对象
            Class c1=Class.forName("chapter7.ReDemo1");
            //2. 获得该类型的构造方法对应的 Constructor 对象
            Constructor con=c1.getConstructor(int.class,String.class);
            //3. 通过该构造方法对象，获得该类型的一个实例对象
            Object obj=con.newInstance(10,"zhangsan");
```

```
            //4. 通过 Class 对象得到该方法所对应的 Method 对象
            Method    method1=c1.getDeclaredMethod("hello", String.class);
            //5. 通过 Method 对象的 invoke 方法调用
            method1.invoke(obj, "nice to meet you");

            //6. 通过 Class 对象访问属性, 即使是 private 属性也可访问
            Field f1=c1.getDeclaredField("flag");
            f1.setAccessible(true);
            f1.set(obj, 20);
        }catch(Exception e) {
            e.printStackTrace(); }
    }
}
```

反射机制能够运行时动态获取类的实例,大大提高系统的灵活性和扩展性。与 Java 动态编译相结合,可以实现强大的功能。但反射机制也有一定的缺点,比如,反射会消耗一定的系统资源。因此,如果不需要动态地创建一个对象,那么就不需要用反射。反射调用方法时可以忽略权限检查,获取这个类的私有方法和属性,因此可能会破坏类的封装性而导致安全问题。

习　题

1. 什么是自动拆箱、自动装箱?
2. 常用的遍历容器的方法有哪几种?
3. 反射机制的优点和缺点有哪些?利用反射能否在类的外部访问该类的私有成员?
4. 编程生成 50 个 1~5 之间的随机数,并统计每个数出现的概率。
5. 编程判断一个字符串是否回文字符串,"回文串"是一个正读和反读都一样的字符串。
6. 利用正则表达式进行密码复杂度验证,密码复杂性指的是必须包含大写字母、小写字母、数字、特殊字符中的至少三项,且长度要大于一个特定值。
7. 使用 ArrayList 类记录一组 Student 对象(可利用例 7.15 中定义的 Student),并在该数据结构基础上实现遍历、查询、删除对象的操作,并利用 Collections 类实现排序。

第8章 I/O 类

本章学习目标

(1) 理解流的层次结构。
(2) 掌握输入/输出流、数据输入/输出流、文件输入/输出流及其常用方法。
(3) 理解随机访问流。
(4) 理解对象流以及对象序列化。
(5) 理解 NIO 的主要概念及数据的处理过程。

前面的所有例子都有一个共同特点，即主要对程序中的数据进行处理，而在实际应用中，程序往往需要与外部设备或网络进行数据的输入/输出(Input/Output，I/O)操作，尤其是对磁盘文件的操作，这是计算机程序的重要功能。对各种外部设备和网络进行数据的输入/输出操作，称为 I/O 处理。

Java1.4 之前用流(Stream)封装对数据的读写操作。流(Stream)是一个抽象的概念，它提供了对数据序列读/写操作的统一接口，封装了程序与操作系统的 I/O 细节，基于流的 I/O 处理类封装在 java.io 包中。

从 JDK1.4 开始，Java 又提供了位于 java.nio 包的 I/O 操作。java.nio 包从 JDK1.4 开始提供并在 JDK7 中做了大的改进。java.nio 提供了基于通道和缓冲区的非阻塞式 I/O 模式，适于大数据文件或者网络流读写操作，其中的很多操作实际上依赖于 io 包，因此本章将重点介绍 io 包(io 包的类也足以胜任多数程序对 I/O 读写操作的需求)。

8.1 流的概念与分类

程序所处理的数据如果从外部终端读入，则这个终端称为数据源(Source)，它可以是磁盘文件、键盘、内存、网络接口等；而程序的运行结果又要写到数据宿(Destination)终端，数据宿可以是磁盘文件、内存、显示器、网络接口、打印机等。

java.io 用流的概念对数据读写操作进行封装。下面从不同角度对流进行分类。

1. 根据数据流的流动方向分类

根据数据流流动方向的不同，数据流可分为两类：

(1) 从数据源读数据到程序的数据流称为输入流，如图 8-1(a)所示。

(2) 将数据从程序写到数据宿的数据流称为输出流，如图 8-1(b)所示。

图 8-1　输入/输出流示意图

2. 根据数据的处理单位分类

根据数据的处理单位不同，数据流可分为字节流(Byte Stream)和字符流(Character Stream)。

计算机中所有的信息是以二进制的形式存在的，字节流中的数据是未经加工的原始二进制数据，以字节为传输单位。字符流是经过一定编码后的数据，它以字符为单位读写数据。

3. 根据流的功能分类

根据流的功能，数据流可分为节点流(Node Stream)和处理流(Processing Stream)。

节点流是指从(向)某个特定的数据源读(写)数据的流，它直接建立在输入/输出终端之上。处理流也称为过滤流，它将某个已存在的流(节点流或处理流)作为自己的数据源或数据宿进行封装和处理。处理流比节点流提供了更丰富的特性(如缓冲，解析为基本类型数据、对象等)。图 8-2 所示是节点流和处理流的示意图。

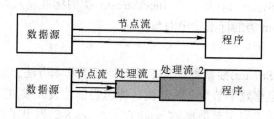

图 8-2　节点流与处理流

Java 语言中的输入/输出类(I/O 类)主要定义在 java.io 包中，尽管 I/O 包下的类有很多，但它们都直接或间接继承自 4 个抽象类，如表 8-1 所示。

表 8-1　I/O 基本类

分　类	字　节　流	字　符　流
输入流	InputStream	Reader
输出流	OutputStream	Writer

8.2 字节流

字节流以字节为单位来处理流上的数据,它是最基础的 I/O 流。输入/输出字节流的顶层类为 InputStream 和 OutputStream,如图 8-3 所示。

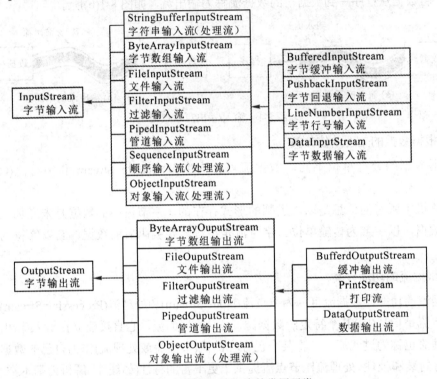

图 8-3 字节输入/输出流的常用子类

前面我们用到的 System.in 是一个 InputStream 类的标准输入对象,而 System.out、System.err 是 PrintStream 类的标准输出对象。

1. 字节输入流

字节输入流(InputStream)抽象类定义了输入处理的基本方法。该类定义的基本方法包括读取字节数据、确定有效字节数、关闭流、标志当前位置、跳过给定长度的输入数据。其中,最主要的方法是读取字节数据的 read()方法。表 8-2 列出了 InputStream 抽象类的主要方法。

表 8-2 InputStream 抽象类的主要方法

方法原型	功能及参数说明
int read()	从输入流中读取下一字节数据,以 int 类型返回 0~255 的值。若读取前已达到流的末尾,则返回 -1
int read(byte[] b)	从输入流中读取若干字节,并保存到字节数组 b 中,返回值为实际读取的字节数。若读取前已到达流的末尾,则返回-1

续表

方法原型	功能及参数说明
int read(byte[] b, int off, int len)	从输入流中最多读取 len 个字节,并将所读取的字节填充到字节数组 b 中。字节数组 b 的填充位置从 off 开始,返回值为读取的字节数。若读取前已到达流的末尾,则返回 -1
int available()	返回输入流中可以读取的字节数。注意,这是一个估计字节数,实际的读操作所读得的字节数可能大于该返回值
void close()	关闭输入流并释放与之关联的所有系统资源
void mark(int readlimit)	对输入流的当前位置做标志,以便以后回到该位置。readlimit 指定了在能重新回到该位置的前提下允许读取的最大字节数
boolean markSupported()	判断输入流是否支持 mark 和 reset 方法
void reset()	将输入流的当前位置重新定位到最后一次调用 mark()方法时的位置。调用此方法后,后续的 read()方法将从新的当前位置读取数据
long skip(long n)	跳过输入流中的 n 个字节数据,返回值为实际跳过的字节数

注:最后四种方法用于包装流。

InputStream 的各子类都对 read()方法进行了重载,用于读取不同类型的数据。执行输入流的 read()方法时,程序会处于阻塞状态,直至发生以下任何一种情况:流中的数据可用,到达流的末尾,发生了其他异常。读操作完毕,应及时调用 close 方法以关闭流并释放资源。

2. 字节输出流

字节输出流(OutputStream)抽象类以字节为单位从程序输出数据,其核心方法为 write()方法。如表 8-3 所示,该类定义了向流中写入字节数据、刷新流、关闭流等操作。

表 8-3 OutputStream 抽象类的主要方法

方法原型	功能及参数说明
void write(byte[] b)	将字节数组 b 写到输出流中
void write(byte[] b, int off, int len)	将字节数组 b 中从 off 开始的 len 个字节写到输出流中
void write(int b)	将 b 的低 8 位写到输出流中,高 24 位被忽略
void close()	关闭输出流并释放与之相关联的所有系统资源
void flush()	强制将所有缓存字节刷新到输出流

通常情况下,各种各样的输出类都会有一个 flush()方法,这是因为在目前所有的存储媒体中内存访问的速度是最快的。因此,为提高数据的输出效率,通常在内存中开辟一块缓冲区,输出数据流会在提交数据之前把所要输出的数据先写入内存缓冲区中,待缓冲区存满后再一次性写入输出流中。在这种方式下,数据的末尾一般会有一部分数据由于数量不够一个传输单位而留在缓冲区里,用方法 flush()可以将这部分数据强制写到输出流中,然后清空缓冲区。如果调用 close 方法,也会先执行 flush 操作,再关闭输出流,释放资源。

8.3 字 符 流

由于在 Java 中使用 Unicode 字符,因此在输入/输出过程中存在字节数据和字符数据转换的问题。为此,在 java.io 包中,专门提供了 Reader 和 Writer 类及它们的子类,用于字符的输出和输出处理,其常用子类如图 8-4 所示。

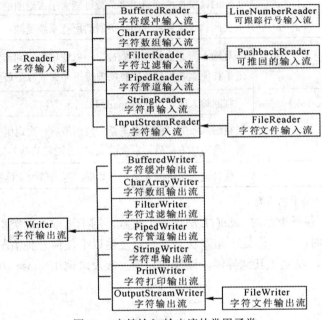

图 8-4 字符输入/输出流的常用子类

1. 字符输入流

字符输入流(Reader)用于以字符为单位向程序输入数据,该类与 InputStream 类相似。表 8-4 列出了其主要的 read()方法及功能。

表 8-4 Reader 抽象类的主要方法

方 法 原 型	功能及参数说明
int read()	从输入流中读取一个字符,以 int 型返回(0~65 535)。若读取前已到达输入流的末尾,则返回 −1
int read(char buf[])	从输入流中读取若干个字符并存储到字符数组 buf 中,返回值为实际读取的字符数。若读取前已到达输入流的末尾,返回 −1
abstract int read(char buf[],int off,int len)	从输入流中读取 len 个字符,并存储到字符数组 buf 中,在 buf 数组的存储位置从 off 开始。返回值为实际读取的字符数。若读取前已到达输入流的末尾,则返回 −1

2. 字符输出流

字符输出流(Writer)用于以字符为单位从程序中输出数据,该类与 OutputStream 类似。表 8-5 列出了其主要的 write()方法及功能。

表 8-5　Writer 抽象类的主要方法

方法原型	功能及参数说明
void write(int c)	将 c 的低 16 位写到输出流中，高 16 位被忽略
void write(String str)	将字符串 str 写到输出流中
void write(String str,int off,int len)	将字符串 str 中从 off 开始的 len 个字符写到输出流中
void write(char buf[])	将字符数组 buf 写到输出流中
abstract void write(char buf[],int off,int len)	将字符数组 buf 中从 off 开始的 len 个字符写到输出流中

InputStream/OutputStream 以及 Reader/Writer 提供的大部分方法并未进行任何有意义的操作，而是在各种子类中实现更多的处理细节。在使用这些子类时，还应当注意以下几点：

(1) 这些类的大部分方法都被声明成可抛出 IOException 异常，该异常是受检查异常，因此，需要进行异常处理。

(2) 读写操作占用了系统资源，如果不再需要流操作，则需要关闭流并释放资源。

8.4　File 类与文件流

文件是存储在辅助存储媒体中的一组相关信息的集合，是程序所要处理数据的主要数据源或数据宿。在 Java 语言中，java.io.File 类表示一个磁盘文件或文件夹，该类封装了文件或目录的相关属性，如名称、大小、最终修改时间等，并提供了对文件的管理操作，但不支持从文件中读取数据或者向文件中写入数据。

Java 语言将读写操作封装在输入/输出流中。如果要对文件进行读写，有专门的文件流 FileInputStream/FileOutputStream、FileReader/FileWriter 提供服务，在创建上述流时，需要指定特定的文件作为数据终端。

8.4.1　File 类

创建 File 类对象时，需要给定具体文件或目录名，其构造方法如表 8-6 所示。

表 8-6　File 类的构造方法

构造方法原型	功能及参数说明
File(String path)	构造一个 File 对象，该对象的路径由 path 指定
File(File parent, String child)	构造一个 File 对象，该对象的父路径是 parent 对象的路径，而 child 则指定被创建对象的子路径名或文件名
File(String parent, String child)	构造一个 File 对象，该对象的父路径由字符串 parent 给定，而 child 则指定被创建对象的子路径名或文件名
File(URI uri)	根据给定的 URI(Uniform Resource Identifier，统一资源标识符)对象构造 File 对象。URI 是 URL(Uniform Resource Locator，统一资源定位器)的父集，用于描述本地或网络上的某个资源

创建 File 类对象的示例如下：

// "/" 与 "\\" 等价，用于路径中的目录分隔，分割符也可用静态属性 File.separatorChar
File myFile1 = new File("E:/code/test1.txt");
File myFile2 = new File("/", "test2.txt");   //根目录下的 test2.txt 文件
File myDir = new File(".");   //当前目录
File myFile3 = new File(myDir,"test3.txt");

File 类的常用方法如表 8-7 所示。

表 8-7　File 类的常用方法

方　法　原　型	功能及参数说明
获取文件或目录属性	
boolean canRead()	判断文件是否可读
boolean canWrite()	判断文件是否可写
boolean exists()	判断文件或目录是否存在
boolean canExecute()	判断程序是否能够执行当前的文件对象
boolean isDirectory()	判断文件对象是否一个目录
boolean isFile()	判断文件对象所表示的是否一个文件
boolean isHidden()	判断文件对象所表示的文件是否一个隐藏文件
String　getAbsolutePath()	返回文件的绝对路径字符串
String getName()	返回用字符串表示的文件名(不包括父目录)
String getPath()	返回文件的完整路径字符串
String getParent()	返回父目录字符串。如果此对象没有指定父目录，则返回 null
String[] list()	列出目录下的所有文件和目录
String[] list(FilenameFilter filter)	列出目录下的所有满足 filter 过滤条件的文件和目录
long lastModified()	返回文件或目录的最后一次被修改的时间，单位为毫秒
long length()	以字节为单位返回文件对象所表示的文件的大小
对文件和目录的操作	
boolean createNewFile()	当文件不存在时，创建该文件并返回 true；若文件已存在，返回 false
boolean mkdir()	当目录不存在时，创建该目录；若上层目录不存在，则不创建
boolean mkdirs()	当文件对象所表示的目录不存在时，创建该目录。若上层目录不存在，则一并创建。若创建成功，返回 true；否则返回 false
boolean renameTo(File dest)	将当前文件重命名为 dest 文件对象的名称。若重命名成功，则返回 true
boolean delete()	删除当前的文件或目录。若对象是目录，则该目录为空目录才能删除
static File[] listRoots()	返回文件系统的根所组成的文件数组。对于 Windows 平台，该方法返回所有磁盘分区(如 C:、D:、E:)。对 UNIX/Linux 平台，则是根路径"/"

第8章 I/O 类

【例 8.1】 递归地列出目录中指定类型的所有文件。为了列出指定类型的文件，利用接口 java.io.FilenameFilter 实现一个文件过滤器。

代码：UseFile.java

```java
import java.io.File;
import java.util.Date;
import java.text.SimpleDateFormat;
import java.io.FilenameFilter;

public class UseFile {
    public static void listFiles(File dir,String filter) {
        File home=dir;
        //SimpleDateFormat 是用以控制日期输出格式的格式化器
        SimpleDateFormat fmt = new SimpleDateFormat("yyyy-MM-dd hh:mm:ss");
        if(!home.exists()||!home.isDirectory())                 //递归结束的条件
            return;
        File[] files=home.listFiles(new FileFilter(filter));
        for(int i = 0; i<files.length; i++){
            System.out.printf("%-60s",files[i].getAbsolutePath());   //获得文件名
            if(files[i].isFile()) {                                  //如果是文件
                System.out.printf("%-10d", files[i].length());       //打印文件大小
            } else {                                                 //否则是目录
                System.out.printf("%-10s","<dir>");
            }
            long m = files[i].lastModified();                        //文件或目录的最后修改时间
            Date d = new Date(m);                                    //构造日期对象
            System.out.printf("%5s\n",fmt.format(d));                //格式化日期
            listFiles(files[i],filter);                              //递归输出子目录的内容
        }
    }
    public static void main(String[] args) {
        File home=new File("E:/code1/chapter10");
        System.out.printf("名称%-50s 大小(字节)%-5s 最后修改时间 \n"," "," ");
        listFiles(home, "java");
    }
}

class FileFilter implements FilenameFilter {                    //定义文件过滤器
    String extension;                                           //文件扩展名
    public FileFilter(String extn) {
```

```
            this.extension = extn.toLowerCase();
        }
        //判断文件名 fileName 的扩展名是否符合过滤条件
        public boolean accept(File dir, String fName) {
            File temp=new File(dir,fName);
            if (fName.toLowerCase().indexOf(extension) != -1 ||temp.isDirectory())
                return true;
            return false;
        }
    }
```

运行结果如图 8-5 所示。

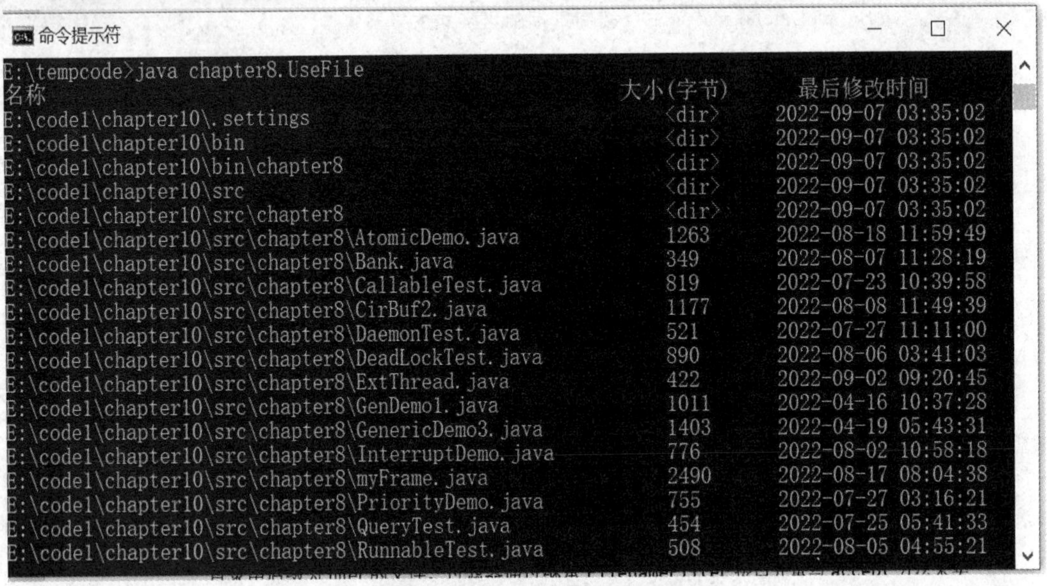

图 8-5 例 8.1 程序运行结果图

程序分析：

主程序 main 通过调用 listFiles(File dir,String filter)方法打印 dir 目录及其子目录中匹配过滤字串 filter 的文件。过滤器通过继承 FilenameFilter 接口并重写 accept 方法来实现。上述程序的过滤器用于接收目录及子目录中的.java 文件。

listFiles 方法的功能是打印 java 文件和文件夹信息。可通过递归调用 listFiles 方法来实现对子文件夹的遍历操作。

8.4.2 文件流

Java.io 包提供了字节流类 FileInputStream 和 FileOutputStream，它们用来对文件节点进行读写。如果程序员要对纯文本文件进行读写，Java 也提供了字符节点流 FileReader 和 FileWriter，它们分别继承自 InputStreamReader 和 OutputStreamWriter 类。换言之，字符流是在字节流的基础上封装后形成的节点流。表 8-8 给出了利用构造方法创建文件流的用法。

表 8-8　文件流的主要构造方法

单位	文件输入/输出流构造方法	说　明
字节	FileInputStream(String name) FileInputStream(File file)	根据文件 name 或 file 创建输入流。若该文件不存在或是一个目录，则抛出 FileNotFoundException 异常
字节	FileOutputStream(String name, [boolean append]) FileOutputStream (File file, [boolean append])	创建输出流，如果没有 append 参数，无论指定的文件是否存在，均会建立一个空文件。若有 append 参数且为 true，则后续的写操作将从已有的文件的末尾追加。若不能创建文件或者创建目标是目录，则抛出 FileNotFoundException 异常
字符	FileReader(File file) FileReader(String filename, [Charset charset])	类似于 FileInputStream，但输入的基本单位为字符，可使用系统默认编码，也可指定编码集
字符	FileWriter(File file, [Charset charset], [boolean append]) FileWriter(String name, [Charset charset], [boolean append])	类似于 FileOutputStream，输出的基本单位为字符，可指定编码集，也可指定以追加或覆盖的方式写数据

不同的字符集中，每个字符在内存中所占用的字节个数和字节排列顺序是不同的。常用的字符集包括 ASCII、Unicode、ANSI 等。ASCII 字符集为单字节字符集，而 ANSI、Unicode 字符集为多字节字符集，即一个字符由多个字节表示。ANSI 字符集是中国以及部分亚太地区的多字符编码格式，它定义了 GB2312、BIG5、GBK、Shift_JIS、ISO-8859-2 等多种编码方式表示，Unicode 字符集定义了 UTF-8、UTF-16BE(Big Endian，大端序)、UTF-16LE(Little Endian，小端序)等多种编码方式。当 Java 字符输入流接收 Java 字符输出流时，其编/解码都是基于 Unicode 的，不会出现字符和字符串显示混乱的现象，但当 Java 字符输入流接收来自外部的其他国际通用的文本字符流数据时，如果其与 Java 使用的 Unicode 不兼容，则其接收的字符串可能会出现显示混乱(乱码)的现象。

【例 8.2】 利用字符文件流完成文件复制操作。

```
代码：UseFileIO.java
import java.io.*;
import java.nio.charset.Charset;
public class UseFileIO {
    public static void main(String[] args) throws IOException {
        long size = 0;
        Charset  cs=Charset.forName("UTF-8");
        try(FileReader fr=new FileReader("西游记.txt",cs);
                FileWriter fw = new FileWriter("西游记_备份.txt")) {

            char[] buf = new char[1024];
                int len = 0;
            //一次读写一个数组大小的数据
            while((len = fr.read(buf)) != -1) {
```

```
            fw.write(buf, 0, len);
            size += len;
        }
        System.out.println("复制完成，共复制了 " + size +" 个字符。");
    } catch(FileNotFoundException e) {
        System.out.println("找不到要复制的文件!");
    }catch(IOException e) {
        System.out.println("复制过程中出现 I/O 错误!");
    }
  }
}
```

运行结果如图 8-6 所示。

(a) 西游记.txt

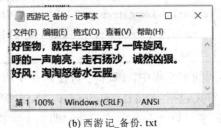
(b) 西游记_备份.txt

图 8-6 例 8.2 运行结果

程序分析：

(1) 文件流占用系统资源，使用后需要将其关闭，所以，代码中使用带资源的 try 来声明和管理文件流。

(2) 创建文件"西游记.txt"时使用 UTF-8 字符集进行编码(这由文件创建者来决定)，因此创建 FileReader 对象读入文件时也需要使用该编码集进行解码，否则会出现乱码。当要复制数据到文件"西游记_备份.txt"中时，程序选择使用系统的默认编码方式 ANSI 进行编码。在中文 Windows 系统中，ANSI 编码代表 GBK。GBK 既能表示简体中文，也能表示繁体中文。

(3) 若将程序中的写操作 fw.write(buf,0,len)修改为 fw.write(buf)，则会使得到的新文件比被复制的文件略大一些。这是因为最后一次读取文件数据时，输入流中供读取的数据可能已不足 1024 字节(除非被复制的文件大小恰好是 1024 的整数倍)，但最后一次写出依然将整个 buf 数组写到了输出流中。

常见的节点流还有数组流 ByteArrayInputStream、ByteOutputStream、CharArrayReader、CharArrayWriter，内存字符串流 StringReader、StringWriter，管道流 PipeInputStream、PipeOutputStream、PipedReader、PipeWriter。管道流负责实现进程/线程间的通信。

8.5 处理流

处理流简化了输入/输出过程中的一些数据处理需求(如缓冲，解析基本类型数据、对象等),实现了在读/写数据的同时对数据进行处理。处理流不能独立使用,它必须连接具体的节点流对象,因为处理流本身不能真正完成输入/输出操作,需将可完成输入/输出操作的流对象作为 I/O 的真正执行者。表 8-9 列出了常用的处理流。

表 8-9 常用的处理流

类 型	字 节 流	字 符 流
缓冲	BufferedInputStream BufferedInputStream	BufferedReader BufferedWriter
字节字符转换		InputStreamReader OutputStreamWriter
对象序列化	ObjectInputStream ObjectOutputStream	
解析基本数据类型	DataInputStream DataOutputStream	
带行号	LineNumberInputStream	LineNumberReader
可回退	PushbackInputStream	PushbackReader
打印显示	PrintStream	PrintWriter

8.5.1 缓冲流

缓冲流维护着暂存数据的内存缓冲区。当我们读/写数据时,数据首先进入缓冲区,而后的操作则是对缓冲区进行访问,这降低了不同硬件设备之间的速度差异,提高了读写速度。缓冲流可以自定义缓冲区的大小(也可以使用默认值),以满足不同需要。

缓冲输入流重写了基类输入流的 mark 和 reset 方法,允许在输入流中做标记,并重复读取流中的某些数据。

缓冲输出流每次写数据时,都是将数据写到缓冲区,当缓冲区满或者调用 flush 方法后,才会将数据一次性写到数据终端中并清空缓冲区。**缓冲输出流关闭最外层的流,相应地也会关闭内层流。也就是说,只要关闭最外层流即可。**缓冲流的构造方法如下:

1. 字节缓冲流

字节缓冲流如下:

BufferedInputStream(InputStream in, [int size])
BufferedOutputStream(OutputStream out, [int size])

例如:

(1) 创建一个文件输入的过滤流:

FileInputStream fis=new FileInputStream("Infile");
BufferedInputStream bis=new BufferedInputStream(fis);

(2) 创建一个文件输出过滤流:

FileOutputSteam fos=new FileOutputStream("Outfile");
BufferedOutputStream bos=new BufferedOutputStream(fos);

2. 字符缓冲流

字符缓冲流如下：

BufferedReader(Reader in, [int size])

BufferedWriter(Writer out, [int size])

例如：

BufferedReader bufR=new BufferedReader(new InputStreamReader(System.in))

BufferedReader 有一个方法 String readLine() throws IOException，它的功能是从流中读取一行字符文本。BufferedWriter 有一个特有的方法 public void newLine() throws IOException，它的功能是写入一个行分隔符。

【例 8.3】 从标准输入端输入多行文本，并写入文件 a.txt 中。

代码：UseFileIO.java

```java
import java.io.*;
public class UseBuffer {
    public static void main(String[] args) {
        System.out.println("请输入多行文本");
        try(BufferedReader bufR=new BufferedReader(new InputStreamReader(System.in));
            BufferedWriter bos=new BufferedWriter(new FileWriter("a.txt"))){

            String str=null;
            while((str=bufR.readLine())!=null && str.length()>0) {
                bos.write(str);
                bos.newLine();
            }
            bos.flush();
            System.out.println("输入结束");
        }catch(IOException e){
            System.out.println(e.getMessage());    }
    }
}
```

运行结果如图 8-7 所示。

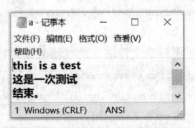

(a) 命令行的输入   (b) 输出文件的结果

图 8-7　例 8.3 运行结果

程序分析：

首先，InputStreamReader 流用于将字节流转成字符流，然后被缓冲流封装。其次，无论是缓冲流还是节点流都占用了系统资源，因此，需要在使用完后释放资源。这里利用带资源的 try 声明并关闭上述流。

8.5.2 数 据 流

到目前为止，我们用到的流其基本读写单位都是字节或字符。因此，当输入数据时，进程需要将 double、float 等数据转变成字节或字符再输出。在输入时，则通过流读取这些字节或字符数据后，再解析成程序能直接处理的数据类型。

要想不进行转换而直接读写要处理的数据类型，就需要有一种新的流来进行数据处理。DataInputStream 和 DataOutputStream 流提供了这样的方法，它们除提供父类 InputStream 和 OutputStream 的字节读写方法外，还提供了可直接读写所有 Java 基本数据类型和字符串的方法。这些方法的形式如下：

(1) readXxx()：在 DataInputStream 类中，返回基本数据类型或字符串，如 byte readByte( )、char readChar( )、short readShort()、int readInt( )、 float readFloat()、double readDouble() 、long readLong( )、Boolean readBoolean( )、String readLine( )、String readUTF()。

(2) writeXxx(d)：在 DataOutputStream 类中，将数据 d 直接写到输出流中，d 可以是基本数据类型或者字符串，如 void writeBoolean(boolean v)、void writeByte(int v)、void writeShort(int v)、void writeChar(int v)、void writeInt(int v)、void writeLong(long v)、void writeFloat(float v)、void writeDouble(double v)、void writeBytes(String s)、void writeChars(String s)、void writeUTF(String s)(使用 UTF-8 编码方式将字符串写到输出流中)。

为了创建数据 I/O 流，需使用其构造方法：

DataInputStream(InputStream source)

DataOutputStream(OutputStream destination)

例如，创建一个 DataInputStream 对象：

FileInputStream in = new FileInputStream("d:/abc.txt");

DataInputStream din = new DataInputStream(in);

创建一个 DataOutputStream 对象：

FileOutputStream out = new FileOutputStream("d:/des.txt");

DataOutputStream dout = new DataOutputStream (out);

【例 8.4】 使用 DataOutputStream 将数据写入 a.data 文件中，然后用 DataInputStream 从该文件中读取并显示出来。

```java
代码：DataIOStream.java
import java.io.*;
public class DataIOStream {
    public static void main(String arg[]) {
        double r=4.0d;
        String str="this is a test";
        try(DataOutputStream dos=
```

```
                    new DataOutputStream(new FileOutputStream("a.data"));
                DataInputStream dis=
                    new DataInputStream(new FileInputStream("a.data"))
            ){
                dos.writeDouble(r);
                dos.writeUTF(str);
                dos.close();                        //写入文件

                double tempR=dis.readDouble();      //从文件中读取
                String tempStr=dis.readUTF();
                System.out.printf("r=%f, str=%s",tempR,tempStr);

            }catch(EOFException e) {
                System.out.println("已达到数据流的末尾，读取未完成!");
            }catch(IOException e) {
                System.out.println("读取过程中发生了 I/O 错误!");
                e.printStackTrace();
            }
        }
    }
```

运行结果：
r=4.000000, str=this is a test

注意：

(1) 一般用捕获 EOFException 异常来判断是否读到了 DataInputStream 的末尾。需要注意的是，EOFException 是 IOException 的子类，故应先于 IOException 捕获。

(2) 数据输入/输出流中使用的 UTF-8 编码是一种针对 Unicode 的可变长度字符编码，它可以用来表示 Unicode 标准中的任何字符，但 UTF-8 编码中的每一个字符使用不同数量的字节编码(1～4 个字节)。UTF-8 编码是 ASCII 编码的一个超集，每一个 ASCII 字符在 UTF-8 编码中只需一个字节编码。

8.5.3 对象序列化

Java 对象位于内存中，但在实际应用中常常需要在虚拟机停止运行或者对象需要迁移到其他平台时保存(持久化)指定的对象，同时，在有需要的时候又可以在内存中重构出这些对象。上述过程称为对象的序列化(serialization)、反序列化(deserialization)过程。

对象序列化是程序中比较重要的概念，被广泛地应用于分布式网络平台。序列化也称为串行化，可使对象转换为顺序字节。8.5.2 节涉及的 DataInputStream、DataOutputStream 可以读写基本数据类型和字符串类型,但无法读写其他对象。Java 使用处理流 ObjectOutputStream 和 ObjectInputStream 直接读写对象，从而实现对象的序列化和反序列化，当然对象 I/O 流不仅可以序列化/反序列化对象，还可以像数据 I/O 流一样读写基本的数据类型。

下面给出实现序列化/反序列化的方法。

1. 隐式序列化(实现 Serializable 接口)

隐式序列化是最简单的一种序列化对象的方法。

1) 对象的要求

由对象流处理的对象必须是可序列化对象。在大多数情况下，如果一个类实现了 java.io.Serializable 接口，则通过该类创建的对象称为可序列化对象。

Serializable 是一个空接口，其中并没有定义任何方法，只是用于标记实现它的类为可序列化的类。实现 Serializable 接口的形式如下：

```
class className implements Serializable{
    …
}
```

默认情况下，对象流不仅会序列化当前对象本身，还会对该对象引用的其他对象(可序列化对象)进行序列化，依此类推。但有些字段是敏感的，如果不想被序列化，可以标记为 transient(瞬时的)。字段如果使用了 transient 或 static 关键字修饰，是不会被序列化的。

2) 对象流的操作

ObjectOutputStream 提供了 writeObject(Object o)方法进行序列化，ObjectInputStream 提供了 Object readObject() 方法进行反序列化操作。

【例 8.5】 定义可序列化类型 SePerson，将其序列化并存放于文件 se.data 中。

代码：SeIO.java

```java
import java.io.*;
class SePerson implements Serializable {
    private static final long serialVersionUID = -4830331550637537793L;
    private    transient String pin;            //不参与序列化的字段
    private    static int count=0;              //同上
    private String name;
    private int age;
    public SePerson(){
    }
    public SePerson(String name,String pass, int i){
        password=pass;
        this.name=name;
        age=i;
        count++;
    }
    public String getInfo(){
        return "name:"+name+" pin:"+pin+" age=:"+age+" count="+count;}
}
```

```java
class SeIO {
    public static void main(String arg[]) {
        SePerson so=new SePerson("阿 sa","*_3412",78);
        SePerson so2=new SePerson("张三","!@7890",40);
        try( FileOutputStream fos=new FileOutputStream("se.data");
            ObjectOutputStream  oos=new ObjectOutputStream(fos)){

            oos.writeObject(so);
            oos.writeObject(so2);
        }
        catch(IOException e){
            System.out.print(e.getMessage());}
    }}
```

对象输出流 oos 通过 writeObject 方法将两个对象 so 和 so2 序列化后写入文件。

【例 8.6】 将存放于文件 se.data 中的数据在内存中反序列化成对象。

代码：DeseIO.java

```java
class DeseIO {
    public static void main(String arg[]) {
        try(FileInputStream fis=new FileInputStream("se.data");
            ObjectInputStream ois=new ObjectInputStream(fis)){

            SePerson ex= (SePerson)ois.readObject();
            SePerson ex2= (SePerson)ois.readObject();
            System.out.println(ex.getInfo());
            System.out.print(ex2.getInfo());}
        catch(Exception e2){
            System.out.print(e2.getMessage());}
    }
}
```

运行结果：

name:阿 sa pin:null age=:78 count=0

name:张三 pin:null age=:40 count=0

从结果来看，password 字段是 transient 字段，count 字段是 static 字段，它们都未参与序列化，因此在重构对象时会用默认值为其赋值。

SePerson 中有一个字段是 serialVersionUID，该字段涉及版本问题。当用 readObject() 方法读取一个序列化对象的字节流信息时，会从中得到所有相关类的描述信息以及对象的状态数据；然后将此描述信息与其本地要构造的类的描述信息进行比较，如果相容则创建一个新的实例并恢复其状态，否则抛出 InvalidClassException 异常。Java 的可序列化类的描述信息用指定 private static final long serialVersionUID 的值来实现。

2. 显式序列化(实现 Externalizable 接口)

前面用到的是默认的序列化方法，若需要对序列化的细节加以控制，则可以让被序列化的对象类实现 java.io.Externalizable 接口。Externalizable 继承自 Serializable，它定义 writeExternal(ObjectOutput out)和 void readExternal(ObjectInput in)两个抽象方法，分别用于指定序列化、反序列化哪些属性，从而控制写出和读取对象数据的细节。

【例 8.7】 利用 Externalizable 接口序列化 SePerson2 对象，且只序列化它的 name 属性。

```
代码：ExternalizeDemo.java
import java.io.*;
class SePerson2 implements Externalizable {
    private     transient String password;
    private String name;
    private int age;
    public SePerson2() {
    }
    public SePerson2(String name,String pass, int i){
        password=pass;
        this.name=name;
        age=i;
    }
    public String getInfo(){
        return "name:"+name+", password:"+password+", age="+age;}
@Override
public void writeExternal(ObjectOutput out) throws IOException {
    out.writeObject(name);          //只序列化 name
}
@Override
public void readExternal(ObjectInput in) throws IOException, ClassNotFoundException {
    name = (String)in.readObject();     //只反序列化 name
    }
}
public class ExternalizeDemo {
    public static void main(String arg[]) {
        SePerson2 so2=new SePerson2("张三","!@7890",40);

        try(FileOutputStream fos=new FileOutputStream("se.data");
            ObjectOutputStream  oos=new ObjectOutputStream(fos);
            FileInputStream fis=new FileInputStream("se.data");
            ObjectInputStream ois=new ObjectInputStream(fis)){
```

Java 语言程序设计

```
            oos.writeObject(so2);
            oos.close();
            SePerson2 ex=(SePerson2)ois.readObject();
            System.out.println(ex.getInfo());
        }catch(Exception e2){
            System.out.print(e2.getMessage());}
    }
}
```

运行结果：
name:张三, password:null, age=:0

程序分析：
上述可序列化类必须有一个 public 的不带参数的构造方法，系统首先需要构造这个对象，然后反序列化进行字段设置，而对象的读写方法可以不按照默认规则，使用自定义的规则去序列化或反序列化对象。

3. 显式和隐式结合序列化(在 Serializable 类中增加方法)

如果既想利用隐式的序列化方法，又需要在此基础上增加一些额外的逻辑，可以在实现 Serializable 接口的基础上添加两个 private(私有)的方法：writeObject()和 readObject()。其使用形式如下：

```
class classname implements Serializable{
    //...
    private void writeObject(ObjectOutputStream out)throws IOException{
        out.defaultWriteObject();
        //其他逻辑
    }
    private void readObject(ObjectInputStream in)throws IOException, ClassNotFoundException{
        in.defaultReadObject();
        //其他逻辑
    }
}
```

writeObject() 和 readObject() 方法中，首先要分别调用 defaultWriteObject() 和 defaultReadObject()方法，再添加额外的算法逻辑。

【例 8.8】 实现 Serializable 接口，显式和隐式结合起来以增强序列化 transient 字段的功能。

代码：Seri_Ext.java
```
import java.io.*;
class SePerson3 implements Serializable {
    private   transient String password;
    private String name;
```

```java
        private int age;
        public SePerson3(String name,String pass, int i){
            password=pass;
            this.name=name;
            age=i;
        }
        public String getInfo(){
            return "name:"+name+", password:"+password+", age="+age;}
        private void writeObject(ObjectOutputStream out)throws IOException{
            out.defaultWriteObject();
            out.writeUTF(password);//在默认规则基础上，序列化了 transient 字段
        }
        private void readObject(ObjectInputStream in)throws IOException, ClassNotFoundException{
            in.defaultReadObject();
            password=in.readUTF();//在默认规则基础上，反序列化了 transient 字段
        }
}
public class Seri_Ext {
    public static void main(String arg[]) {
        SePerson3 so3=new SePerson3("张三","!@7890",40);
        try(FileOutputStream fos=new FileOutputStream("se.data");
                ObjectOutputStream  oos=new ObjectOutputStream(fos);
                FileInputStream fis=new FileInputStream("se.data");
                ObjectInputStream ois=new ObjectInputStream(fis)){
            oos.writeObject(so3);
            oos.close();
            SePerson3 ex=(SePerson3)ois.readObject();
            System.out.println(ex.getInfo());
        }catch(Exception e2){
            System.out.print(e2.getMessage());}
    }
}
```

运行结果：

name:张三, password:!@7890, age=40

8.6 随机读写类

前面所介绍的 FileInputStream 和 FileOutputStream 类只能分别创建对象来进行文件的

顺序读写，当我们需要在程序中对文件内容进行随机读写时，可以使用 Java 提供的一个更方便的类——RandomAccessFile。

RandomAccessFile 直接继承自 Object 类，并实现了 DataOutput 和 DataInput 接口，因此，RandomAccessFile 类同时实现了读和写功能，并可以读写各种基本数据类型和字符串。RandomAccessFile 类中还定义了一个用来指示文件当前读写位置的指针(称为文件指针)，并允许自由定位文件指针实现随机读写。所以，如果需要访问文件的部分内容，而不是把文件从头读到尾，使用 RandomAccessFile 类将是更好的选择。

1. RandomAccessFile 对象的创建

创建 RandomAccessFile 对象：

RandomAccessFile(File file, String mode)
RandomAccessFile(String name, String mode)

构造参数中除了需要指定作为数据终端的文件信息外，还需要指定文件的访问模式。允许使用的模式如表 8-10 所示。

表 8-10 RandomAccessFile 的访问模式

模式	含 义
"r"	只读模式，用该模式打开的文件只能从文件中读取数据，对该文件的任何 write 操作都将抛出 IOException 异常。如果文件不存在，则将抛出 FileNotFoundException 异常
"rw"	读写模式，用该模式打开的文件既可以从文件中读取数据，也可以向文件中写入数据。如果文件不存在，系统将尝试创建它
"rws"	同步读写模式。在该模式下打开的文件的读写操作与 "rw" 相同，但还要求对文件内容或元数据的每次更新都同步写入基础存储设备中
"rwd"	数据同步读写模式。在该模式下打开的文件的读写操作与 "rw" 相同，但还要求对文件内容的每次更新都同步写入基础存储设备中

2. RandomAccessFile 的主要使用方法

RandomAccessFile 类的主要使用方法如表 8-11 所示。

表 8-11 RandomAccessFile 类的主要方法

方 法 原 型	功能及参数说明
void close()	关闭随机文件流，并释放与之关联的系统资源
long getFilePointer( )	返回文件指针的当前位置
void seek(long pos)	将文件指针移动到 pos 位置处
int skipBytes(int n)	将文件指针跳过 n 个字节
long length()	返回文件的长度
int read()	从文件中读取 byte 类型数据并以 int 类型返回
int read(byte[] b)	从文件中读取若干字节并填充到字节数组 b 中
int read(byte[] b,int off,int len)	返回实际读取的字节数，若到达流的末尾则返回 -1。off 和 len 分别指定填充位置和读取的字节数，不指定 len 时则读取 b.length 个字节

续表

方法原型	功能及参数说明
xxx readXxx()	返回指定类型的数据，类型 Xxx 可以是 boolean、byte、short、int、long、char、float、double line(一行文本)、UTF(UTF-8 编码的字符串)
void write(byte[] b)	将字节数组 b 的内容写入文件中
void write(byte[] b, int off, int len)	将字节数组 b 中从 off 位置起共 len 个字节的内容写入文件中
void write(int b)	向文件中写入 1 个字节，忽略高位的 3 个字节
void writeXxx(Xxx v)	写入指定类型的数据，类型 Xxx 可代表 boolean、byte、short、int、long、char、float、double
final void writeBytes(String s)	按序将字符串中每个字符的低字节写入文件中，忽略每个字符的高字节
void writeChars(String s)	按序将字符串中的每个字符写入文件中
void writeUTF(String str)	先用 UTF-8 将字符串编码，然后写入文件中

另外，RandomAccessFile 类提供的方法虽然多，但只能读写文件，不能读写其他 I/O 节点。RandomAccessFile 类的一个重要使用场景就是网络请求中的多线程下载及断点续传。

【例 8.9】 向 phone.txt 文件中写入若干用户电话信息(每个用户电话信息包括姓名和电话号码)，然后显示 phone.txt 文件中记录的全部用户电话信息。

代码：UseRandomAccessFile.java

```java
import java.util.HashMap;
import java.util.Map;
import java.io.*;

class TelePhoneBook {
    RandomAccessFile rw;                          //随机文件流变量
    //构造方法，fileName 指定文件名
    public TelePhoneBook(String fileName) throws FileNotFoundException {
        rw = new RandomAccessFile(fileName,"rw");   //构建随机文件流对象
    }
    //将一条记录写进文件
    public void writeRecord(String name, String phone) throws IOException {
        rw.seek(rw.length());                    //将文件指针移动到末尾，以便追加数据
        rw.writeUTF(name);
        rw.writeUTF(phone);
    }

    //显示电话本文件中的所有记录
    public void showAllRecord() throws IOException {
```

```java
            long fileLength = rw.length();              //获取文件长度
            rw.seek(0);                                  //文件指针定位到文件开始位置
            String name,phone;
            //当文件指针没有移过文件末尾时，读取并显示用户电话信息
            while(rw.getFilePointer() < fileLength) {
                name=rw.readUTF();
                phone=rw.readUTF();
                System.out.println("姓名："+name+" 电话："+phone);
            }
        }
        //用于关闭随机文件流
        public void close() throws IOException {
            if(rw != null)
                rw.close();
        }
}
//测试类
public class UseRandomAccessFile {
    public static void main(String arg[]) {
        Map<String,String> hmap3=new HashMap<>();
        hmap3.put("张三", "13833333333");
        hmap3.put("李四","13844444444");
        hmap3.put("王五", "13855555555");
        TelePhoneBook tel;
        try {
            tel = new TelePhoneBook("phone.txt");   //构造对象，并指定存储文件名

            for(String key: hmap3.keySet()){        //写入用户电话信息
                tel.writeRecord(key, hmap3.get(key));
            }
            tel.showAllRecord();                    //显示所有的记录
            tel.close();                            //关闭流
        }catch(FileNotFoundException e) {
            System.out.println("无法找到文件");
        }catch(IOException e) {
            System.out.println("读写异常");
        }
    }
}
```

运行结果：
姓名：李四 电话：13844444444
姓名：张三 电话：13833333333
姓名：王五 电话：13855555555

程序分析：

在整个读写过程中，写操作通过 rw.seek(rw.length())操作将指针移动到文件尾部，从而实现追加操作；读数据通过 rw.seek(0)操作将指针定位到开始位置进行读操作。整个读写操作完成后，关闭文件流，以保证资源回收。

8.7 Scanner 类

在 JDK 5.0 版本之前，使用字节输入流对象通过键盘输入各种数据类型的数据不是一件容易的事情，这给初学者学习 Java 带来了不少困难。从 JDK 5.0 版本开始，Java 增加了一个专门用于处理数据输入的 Scanner 类，该类位于 java.util 包中，用户使用它可以方便地实现各种数据类型数据的输入。

Scanner 也称为读取器，它支持以较为简单的方式从输入流中获取基本类型的数据或字符串，同时提供了对带有分隔符(用以分隔多个数据的字符，如空格、逗号等)的文本的解析能力。Scanner 类的主要方法如表 8-12 所示。

Scanner 类的使用非常简单，程序员首先创建输入源，然后套接输入源，创建 Scanner 对象，再调用 Scanner 对象的各种读取方法，就可以从输入源中提取各种数据类型。

表 8-12 Scanner 类的主要方法

方 法 原 型	功能及参数说明
Scanner(InputStream source)	以字节输入流 source 为输入源创建读取器。charsetName 指定读取时使用的字符集，否则使用系统默认的字符集。如果字符集不存在，则抛出 IllegalArgumentException 异常
Scanner(InputStream source, String charsetName)	
Scanner(Readable source)	以字符输入流 source 为输入源创建读取器
Scanner(File source)	文件 source 作为输入源，charsetName 指定读取时使用的字符集。若不指定字符集，则系统使用默认的字符集。若文件不存在，则抛出 FileNotFoundException 异常。如果字符集不存在，则抛出 IllegalArgumentException 异常
Scanner(File source, String charsetName)	
Scanner(String source)	构造方法，以字符串 source 为输入源创建读取器
Scanner(Path source,[String charsetName])	从指定文件 source，以指定字符集 charsetName 创建读入器
Scanner useDelimiter(String pattern)	设置读取器的分隔符模式，默认分隔符为空白符。空白符包括空格、\t(水平制表符，Tab 键)、\f(换行符)、\r(回车)、\v(垂直制表符)、\n(回车换行)
void close()	关闭读取器，该方法不会抛出 IOException 异常

续表

方法原型	功能及参数说明
Scanner reset()	将读取器的分隔模式、进制基数以及区域属性恢复为默认值
Scanner useRadix(int radix)	设置读取器使用的进制基数(默认为十进制)
boolean hasNext()	检测输入源是否还有输入内容,判断是否到达输入源的末尾
boolean hasNext(String pattern)	判断输入源中下一个标记是否与指定模式匹配
String next()	从输入源中的首个有效字符开始读入,遇到空白符停止读入
boolean hasNextLine()	检测输入源中是否存在下一行,读入内容包括空格和制表符
String nextLine()	读取输入源的下一行(注意:有可能读入上一行的行结束符)
boolean hasNextXxx()	检测输入源是否存在下一个"Xxx"表示的数据类型的数据,
boolean haxNextXxx(int radix)	"Xxx"代表的数据类型可以是 boolean、byte、short、int、long、float、double、BigInteger 和 BigDecimal 等,如 haxNextInt()。radix 指定使用的进制基数
xxx nextXxx()	从数据源中读入一个"Xxx"表示的数据类型的数据并返回。
xxx nextXxx(int radix)	若数据源中的下一个数据不是"Xxx"类型,则抛出 InputMismatchExcetpion 异常。radix 指定使用的进制基数

【例 8.10】 利用 Scanner 从 data.txt 中读入数据,并计算每个人的平均成绩,记录的格式如下:

```
成绩1 成绩2 成绩3 成绩4 姓名
代码: useScanner.java
import java.io.FileNotFoundException;
import java.util.InputMismatchException;
import java.util.Scanner;
public class useScanner {
    public static void main(String arg[]) {
        File f=new File("./data.txt");
        int count=0;
        double sum=0;
        String name;
        try(Scanner sc=new Scanner(f)){
            while(sc.hasNext()) {
                int score=0;
                for(int i=0;i<4;i++) {
                    score=sc.nextInt();
                    count++;
                    sum +=score;
                }//end for
                name=sc.next();
```

```
                        double aver=sum/count;
                        System.out.println(name+" 的平均成绩:"+aver);
                }//end while
            }catch(FileNotFoundException e) {
                System.out.println("没有找到文件");
            }catch(InputMismatchException e) {
                e.printStackTrace();
            }
    }}
```

运行结果如图 8-8 所示。

(a) 源文件data.txt   (b) 运行后的结果图

图 8-8 Scanner 操作的数据

8.8 NIO 中的文件系统工具类

java.nio 是对原来的 java.io 的改进。NIO 已经成为文件处理中越来越重要的部分，JDK 7 对 NIO 进行了极大的扩展，增强了对文件处理和文件系统特性的支持。下面将介绍 java.nio.file 及子包中一些与文件系统相关的标准接口和工具类。

NIO.2 引入了 Path 接口，代表一个与平台无关的平台路径，描述了目录结构中文件的位置。NIO.2 在 java.nio.file 包下还提供了 Files、Paths 工具类。Files 包含了大量静态的工具方法，用于获取文件的属性及操作文件的内容；Paths 则包含了两个返回 Path 的静态工厂方法。

1. Paths 与 Path 类

Path 代表一个系统独立的路径信息。通过工具类 Paths 的 get()方法，可以简单地创建一个 Path 对象。方法格式如下：

Path get(String first, String... more)	//用一个(串)字符串，确定 Path 对象
Path get(URI uri)	//将一个 URI 路径转变成 Path 表示的路径

例如：

Path p=Paths.get("e:", "tempcode","Test.class");
Path p=Paths.get("e:/tempcode/Test.class");

2. Files 类

Files 工具类的方法非常丰富，给文件属性和文件数据本身都提供了管理功能。Files 类是 java.nio.file 包中的最终类，可以对文件、目录的属性进行查询，对属性状态进行判断，也可以对文件或文件夹进行操作。比如，创建文件或目录；对文件或目录进行整体的拷贝、删除、移动操作；对文件的内容进行读写操作。下面我们给出其中的一些方法。

(1) 创建目录或文件。

Path createDirectory(Path path, FileAttribute<?> … attr)：创建目录。

Path createFile(Path path, FileAttribute<?> … arr)：创建文件。

(2) 对文件、目录整体进行操作。

Path copy(Path source, Path target)：将源文件复制到目标文件。

long copy(Path source, OutputStream out):将文件内容复制到输出字节流。

long copy(InputStream in, Path target, CopyOption... options)：将文件复制到目标文件。

void delete(Path path)：删除文件。

boolean deleteIfExists(Path path)：如果文件存在，则删除文件。

Path move(Path source, Path target, CopyOption... options)：将一个文件移动或重命名为目标文件。

(3) 对文件、目录属性进行判断。

boolean exists(Path path, LinkOption … opts)：判断文件是否存在。

boolean isDirectory(Path path, LinkOption … opts)：判断是否目录。

boolean isRegularFile(Path path, LinkOption … opts)：判断是否文件。

boolean isHidden(Path path)：判断是否隐藏文件。

boolean isReadable(Path path)：判断文件是否可读。

boolean isWritable(Path path)：判断文件是否可写。

boolean notExists(Path path, LinkOption … opts)：判断文件是否存在。

(4) 对文件内容进行处理。

Stream<String>　lines(Path path)：将文件的所有行作为流返回。

Stream<String>　lines(Path path, Charset cs)：将文件所有行解码为 cs 字符并作为流返回。

SeekableByteChannel newByteChannel(Path path, OpenOption…how)：获取与指定文件的连接，how 用于指定打开方式。

DirectoryStream<Path> newDirectoryStream(Path path)：打开 path 指定的目录。

InputStream newInputStream(Path path, OpenOption…how):获取输入流对象。

OutputStream newOutputStream(Path path, OpenOption…how)：获取输出流对象。

DirectoryStream<Path> newDirectoryStream(Path dir, String filter): 获取目录下的文件。

Path walkFileTree(Path start, FileVisitor<?super Path> visitor)：遍历目录树。

【例 8.11】利用 Files 和 Path 对文件夹进行操作，显示目录中的文件级相关信息。

代码：UseNIO2.java

import java.io.IOException;

import java.nio.file.*;

import java.nio.file.attribute.DosFileAttributes;

import java.nio.file.attribute.FileTime;

```java
public class UseNIO2 {
    public static void main(String arg[]) {
        Path path1 = Paths.get("e:/tempcode");//目录
        Path path2=Paths.get("e:/tempcode/Test.class");//已存在目录
        Path path3=Paths.get("e:/tempcode/backup.class");//待创建文件
        try (DirectoryStream<Path> dirStream =
            Files.newDirectoryStream(path1)
            ){
            Files.copy(path2, path3, StandardCopyOption.REPLACE_EXISTING);
            //复制，如果目标文件已存在则替代其内容

            for(Path p:dirStream) { //打印 path1 中的文件信息：名称、大小、创建时间
                Path name=p.getFileName();
                DosFileAttributes att=
                            Files.readAttributes(p, DosFileAttributes.class);
                long size=att.size();
                FileTime time=att.creationTime();
                System.out.printf("%-20s \t%d\t%s\n",name,size,time.toString());
            }
        }catch(IOException e) {
            System.out.println(e.toString());
        }
    }
}
```

习 题

1. 编写一个程序，读入一个文本文件，显示文件中包含的字符数和行数。

2. 分别以字节流和字节缓冲流完成图片文件的复制(可通过系统自带的图片查看工具打开复制得到的文件，以验证是否复制成功)，并打印两种方式分别耗费的时间。

3. 编写一个记录日常消费的程序，程序功能为自动显示当前日期，通过键盘输入消费项目和消费金额等信息，并将这些信息转化为一个字符串追加存放到一个记录文件中，在程序启动时首先显示上一次的消费信息。

4. 假定有如下三个类：

    class A{int x; B b;}   class B{String s; C c;}   class C{int x;}

创建 A、B、C 的不同对象，其中引用值要给出引用对象。将创建的对象存储在文件 a.dat 中。之后从 a.data 中取出对象，并验证取出对象的状态是否与存储时相同。

第 9 章 线程与并发编程

本章学习目标

(1) 理解线程和进程的概念。
(2) 掌握多线程的创建方式。
(3) 理解线程的生命周期和状态转换。
(4) 掌握线程同步机制的实现原理。
(5) 了解线程的死锁。

在前面几章中，本书中执行的 Java 程序只做一件事，而在现实系统中，用户一般同时做多件事，比如，编写程序时，同时也可以打开播放程序听音乐。现代操作系统均支持多任务(Muti-tasking)，即同时可执行多个任务。多个任务可以通过系统同时运行多个程序来实现，在同一个程序中也可以同时开启多个线程分别实现多个子任务。

这些在一段时间内可以同时执行的任务(子任务)称为并发(Concurrent)程序。前一种并发由操作系统的多进程实现，后一种子任务并发通常由操作系统或者程序设计语言以多线程的方式实现。Java 语言的一大特色是提供程序语言级的多线程机制。

9.1 线程的概念

在学习多线程之前，有必要弄清楚几个概念：程序、进程和线程。它们之间彼此相关但又有明显的区别。

1. 程序

程序是一段静态代码，是指令与数据的集合。通常是外存上保存的可执行的二进制文件。

2. 进程

进程(Process)是程序的一次运行活动，是一个动态的概念。它对应从代码加载、执行到结束的一个过程,该过程也是进程创建、存活到消亡的过程,进程可以申请和拥有一整套系统资源,是系统进行资源分配和调度的基本单位。

同一段程序可以被加载到系统的不同内存区域分别执行,形成多个进程。

3. 线程

线程是进程中能够独立执行的实体。一个进程可以产生多个线程执行序列,线程也有创建、存活到消亡的生命周期,每个线程都有独立的运行栈和程序计数器,是 CPU 调度的最小单位。

线程和进程的主要区别是:

(1) 每个进程都有独立的代码和数据空间(进程上下文)。进程运行期间,拥有的主要系统资源包括虚地址空间(存放 text、data、stack)、文件表、资源控制信息、信号处理资源和核心栈,除了 text 可被其他进程共享外,上述资源都属于进程私有。因此以进程为单位进行 CPU 调度时,进程切换的开销很大,并发效率低。

(2) 同一个进程的所有线程共享该进程的内存资源(代码和数据空间)。因此,线程可方便地利用共享内存实现数据交换、通信和同步。与进程相比,多个线程由于共享同一进程的内存资源,在以线程为单位进行 CPU 调度时,线程切换开销小。因此在实际应用中,多线程非常有用。

4. Java 的多线程程序设计

Java 的应用程序总是从主类的 main 方法开始。JVM 加载代码,发现 main 方法后会启动一个线程,这个线程称为主线程。如果在 main()方法中再创建其他线程,就形成了多线程结构,主线程和其他线程会轮流切换执行,只要有一个前台线程还没结束,则整个应用进程就不会结束,直到所有线程都结束,应用进程才会结束。Java 的多线程程序如图 9-1 所示。

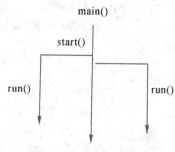

图 9-1　Java 多线程程序

9.2　线程创建

Java 提供了三种实现线程的方法:一是扩展 Thread 类创建其子类;二是实现 Runnable 接口;三是实现 Callable 接口。

9.2.1　扩展 Thread 类

1. Thread 类和 Runnable 接口

要想执行线程对象,需先定义线程类。java.lang.Thread 类用来封装线程执行机制。线程要执行的代码用 java.lang.Runnable 接口定义。该接口是函数式接口,只包含一个实现线程所要执行代码的 run 方法。

```
public void run()
```

Thread 本身也实现了该接口。因此,创建线程的一个简单方法是扩展 Thread 类,并重写 run()方法。

2. 扩展 Thread 类定义线程

```
class 子线程名 extends Thread {
    public void run() {
        /* 覆盖该方法*/
    }
}
```

当创建派生类的新对象后，可以使用 Thread 的 start()方法启动该线程的 run()方法。

> **补充知识**
> run()方法规定了线程要执行的任务，但我们不是直接调用 run 方法，而是通过 start 方法启动线程执行代码。

【例 9.1】 通过扩展 Thread 的方式创建线程类。

代码 ExtThread.java

```java
public class ExtThread extends Thread{
    private int order ;
    public ExtThread(int order ){
        this.order=order;
    }
    public void run(){
        for(int i=1; i <=20; i+=2 ){
            System.out.print(order+",");
        }
    }
}

class TestExtThread{
    public static void main(String arg[]) {
        ExtThread et1=new ExtThread(1);      //创建线程
        et1.start();                          //启动线程
        ExtThread et2=new ExtThread(2);      //创建线程
        et2.start();                          //启动线程
    }
}
```

运行一次的结果：

1,2,2,2,2,2,2,1,2,1,2,1,1,1,1,1,2,1,1,2,

从运行结果来看，两个线程在"同时"运行，其输出结果是交替出现的。当然，每次并发执行的结果并不是一样的。

9.2.2 实现 Runnable 接口

创建线程的第二种方法是向 Thread 的构造方法传递 Runnable 对象(设为 R)，该对象就是线程执行代码和处理数据的封装。当线程启动时，将自动执行 R 的 run 方法。实现 Runnable 接口的语法如下：

```
public class  类名  [extends 父类]  implements Runnable{
   public void run(){
        //线程执行的代码
   }
}
```

Thread 类中有以下两个常用构造方法可以接收 Runnable 实例。

Public Thread(Runnable target)

Public Thread(Runnable target, String name)   //name 为线程名

如果某个类已继承了别的类，则无法再继承 Thread 类。此时，通过实现 Runnable 接口来编写线程的方法更为灵活。

【例 9.2】 通过实现 Runnable 接口的方式创建线程类。

代码 RunnableThread.java

```java
public class RunnableThread implements Runnable{
    private int order;
    public RunnableThread(int order) {
        this.order=order;
    }
    public void run() {
        for(int i=1; i <=20; i++ ){
            System.out.print(order+",");
        }
    }
}
class TestThread2{
    public static void main(String arg[]) {
        RunnableThread r1=new RunnableThread(3);
        Thread thread1=new Thread(r1);
        thread1.start();
        try {
            Thread.sleep(1);
        }catch(Exception e) { }
```

```
            System.out.print(" Done in main,");
    }
}
```

运行一次的结果：

3, Done in main,3,3,3,3,3,3,3,3,3,3,3,3,3,3,3,3,

主程序中调用了 sleep(long millis)方法，它是 Thread 类中的静态方法，作用是使当前进程休眠 mills 毫秒。

在 TestThread2 主程序中，RunnableThread 线程类只生成了一个对象，可以定义为匿名类。同时由于 Runnable 是函数式接口，只包含 run 方法，所以可以写成 Lambda 表达式。其代码如下：

```
01. //实现 Runnable 的匿名类对象
    new Thread(new Runnable() {
    public void run() {
        for(int i=1;i<=10;i++)
            System.out.print(5+",");
    } }).start();
02. //实现 Runnable 匿名类对象的 Lambda 表达式
    new Thread(()-> {
    for(int i=1;i<=10;i++)
        System.out.print(6+","); }).start();
```

9.2.3 使用 Callable 接口和 FutureTask 接口

前两种实现线程的方法有一个共同的特点：执行任务后不会返回执行结果。因为 run()方法是没有返回值的。如果用户想获取线程的执行结果，则需要利用共享变量或使用线程间通信来实现。这样操作起来比较烦琐。

从 Java5 开始，Java 就提供了 Callable 接口和 Future 接口，Callable 及 Future 接口与 Thread 的关系如图 9-2 所示。Callable 接口的格式如下：

```
public interface Callable<V>{
    V call()throws Exception;
}
```

方法 call 类似 Runnable 接口的 run 方法，表示要执行的代码，运行可以得到执行结果(类型为 V)或者抛出异常。

Future 接口表示异步计算的结果，它可以用 get()方法来获得结果，用 isDone()方法来判断任务是否完成了，用 isCancelled()方法判断任务是否成功取消，用 Cancel()方法来取消任务。

用 Callable 对象可以封装执行代码，不过 Thread 类并不接收 Callable 对象。解决方法是用实现了 Runnable 接口和 Future 接口的类，比如 FutureTask 接口，通过构造方法接收

Callable 对象。这样 FutureTask 既可以让 Thread 接收它，又可以用 Callable 对象的 call()方法作为线程执行任务，同时，还封装了 Future 对返回值的提取操作。比如，可以通过 FutureTask 的 get 方法获取执行结果，该方法会阻塞直到任务返回结果。

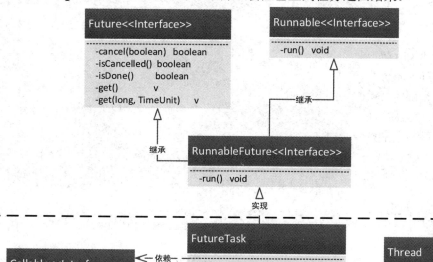

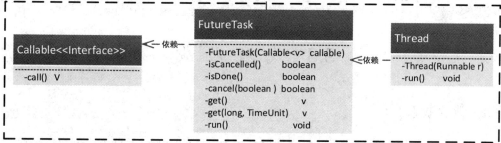

图 9-2　Callable 及 Future 接口与 Thread 的关系

整个过程分为四步：

(1) 创建 Callable 接口的实现类，并实现 Call 方法。

(2) 使用 FutureTask 包装 Callable 的对象。

(3) 使用 FutureTask 对象作为 Thread 对象的 target 创建并启动线程。

(4) 调用 FutureTask 对象的 get()方法来获取子线程执行结束的返回值。

【例 9.3】　通过 Callable 和 FutureTask 创建线程类。

代码 CallableTest.java

```
import java.util.concurrent.Callable;
import java.util.concurrent.FutureTask;
public class CallableTest {
    public static void main(String arg[]) {
01.     MyCallable mc=new MyCallable();
02.     FutureTask<Integer> ft=new FutureTask<>(mc);
03.     new Thread(ft).start();
        try {
04.         System.out.printf("\nthe result is:%d\n",ft.get());
        }catch(Exception e) {
```

```
            System.out.println(e.toString());
        }
    }
}
class MyCallable implements Callable<Integer>{
    public Integer call() {
        int sum=0;
        for(int i=1;i<10;i++)
            sum+=i;
        return sum;
    }
}
```

运行结果：
the result is:45

9.3 线 程 控 制

9.3.1 线程状态

线程是有生命周期的，线程的生命周期有多种不同的状态，且状态之间可以转换。在 Java 中，线程从创建到结束通常要经历 6 种状态，线程状态可通过调用 getState 方法获得。线程的各状态之间的转换关系如图 9-3 所示。

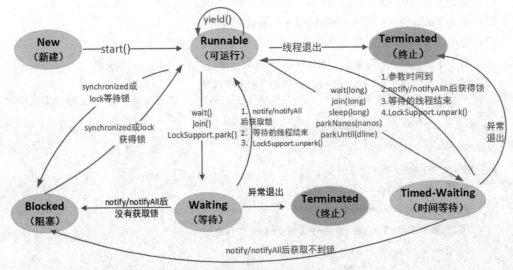

图 9-3　线程的 6 种状态及转换关系

(1) 新建态(New)：利用 new 新建一个线程对象，在没有调用 start 方法前，线程处于新建状态，此时，它已经被初始化，有了除 CPU 之外的内存空间和其他资源，线程尚未启动。

(2) 可运行态(Runnable)：在 Java 中，可运行态包括就绪态(ready)和运行态(running)。就绪态是指线程已经获得除 CPU 外执行所需的所有资源，只要 CPU 分配执行权就能运行，所有就绪态的线程都存放在就绪队列中。运行态是指获得 CPU 时间片，正在执行的线程。

(3) 阻塞态(Blocked)：当线程请求锁失败时，就会进入阻塞态。一旦获得锁，就会重新进入就绪队列等待 CPU 调度。

(4) 等待态(Waiting)：当运行中的线程调用 wait、join、park 操作后，线程进入等待状态，等待线程需要被其他线程唤醒后才能继续运行，进入等待状态会释放 CPU 时间片和资源。

(5) 计时等待态(Timed waiting)：当运行中的线程调用 wait(time)、sleep(time)、join(time)、parkNanos、parkUntil 方法时会进入计时等待态。在达到一定时间后线程才有可能会被唤醒。

(6) 终止态(Terminated)：表示该线程已经执行完毕。

9.3.2 线程控制方法

线程应用程序中所用的方法主要来自 Thread 类和其父类 Object 类。表 9-1 列出了控制线程的常用方法。

表 9-1 控制线程的常用方法

类 型	方 法	描 述
启动线程	start()	启动线程，使线程从新建态进入可运行态
运行线程	run()	线程的执行代码，由系统自动调用
设守护线程	void setDaemon(boolean on)	将此线程标记为守护线程或用户线程
修改优先级	void setPriority(int newPri)	将线程优先级改为 newPri
线程让步	static void yield()	线程主动让出 CPU 使用权，转到就绪态(下一步还会参与 CPU 竞争)
查询类操作		
	static Thread currentThread()	返回当前执行线程的对象引用
	String getName()	返回线程名称
	int getPriority()	返回线程优先级
	Boolean isAlive()	测试线程是否处于活动状态
暂停线程执行		
	static void sleep(long mils)	让当前线程休眠
	void join()	如 th1.join()，表示挂起当前线程，等待 th1 线程运行结束再运行当前线程
	void join(long mil)	表示当前线程最多等待 mil 毫秒后再运行
	wait()(继承自 Object)	obj.wait()挂起当前线程，并释放目标对象 obj 的锁

续表

类型	方法	描述
唤醒等待线程		
中断线程	void interrupt()	对于调用了 sleep、wait、join 等方法的休眠线程，该方法会结束休眠状态，并抛出异常；但运行态的线程不能被中断。对于非阻塞的线程，只是改变了线程中断状态，即 Thread.isInterrupted() 将返回 true
唤醒线程	notify()/notifyAll()	唤醒通过 wait()操作处于等待态的线程

1. 查询类操作

【例 9.4】 调用线程的 currentThread()、getName()、getPriority()方法。

代码 QueryTest.java

```java
public class QueryTest {
    public static void main(String arg[]) {
        new Thread() {
            public void run() {
                System.out.println(this.getName());
                System.out.println(this.getPriority());
            }
        }.start();

        new Thread(new Runnable() {
            public void run() {
                Thread th=Thread.currentThread();
                System.out.println(th.getName());
                System.out.println(th.getPriority());
            }
        }).start();
    }
}
```

运行结果：

Thread-0
5
Thread-1
5

程序分析：

在主线程中，启动了两个匿名线程，第一个线程通过继承 Thread 类实现匿名线程类，在此类里，this 即指当前的匿名线程。第二个线程通过构造方法传入一个实现了 Runnable

接口的匿名对象,如果要在此 Runnable 匿名类中获得其所在的线程对象,必须使用 Thread.currentThread()方法,因为此时如果使用 this,它表示的是 Runnable 匿名对象,而不是封装它的 Thread 对象。

2. sleep 方法

sleep(long millisecond)方法可以让线程挂起指定长时间(单位为毫秒)。当时间到达后,线程将回到可运行状态。若线程在休眠过程中被其他线程中断(比如执行了 interrupt 方法),则会抛出 InterruptedException 异常,因此 sleep 方法通常被放置在异常处理模块中使用。其基本使用方法是:

```
try {
    Thread.sleep(100);
}catch(InterruptedException e) {
    处理代码
}
```

3. join 方法

线程之间在执行顺序上可能有要求。比如有两个线程,线程 a 要在线程 b 之前执行,那就可以在线程 b 中将线程 a 加入线程 b(a.join()),等线程 a 执行完后,再执行线程 b。join 方法实际上是将两个线程合并成一个串行线程。

join 方法可以不带参数,也可以传入一个表示等待时长的参数(毫秒),若调用 join 方法的线程被其他线程中断,则抛出 InterruptedException 异常。

【例 9.5】 利用 sleep 和 join 方法暂停线程运行的示例代码。

```
代码 Sleep_Join.java
public class Sleep_Join {
    public static void main(String arg[]) {
        MyThread th1=new MyThread();
        th1.start();
        try {
         th1.join();
        }catch(InterruptedException e) {
            System.out.println("Join method is interrupted");
        }
        System.out.println("Done in main");
}}

class MyThread extends Thread{
    public void run() {
        for (int i=0; i <=5; i++){
            try {
                Thread.sleep(500);
```

```
                System.out.print(i+"");
            } catch(InterruptedException e) {
            e.printStackTrace();
            }
            }
    }}}
```

运行结果：

0 1 2 3 4 5
Done in main

程序分析：

MyThread 线程的功能是每隔 500 毫秒输出一条语句。在主线程中开启线程对象 th1，因为在主线程 main 中调用了 th1.join()，说明主线程要等到 th1 线程运行结束后再运行剩余的代码，因此，无论上述代码运行多少次，主线程的输出语句"Done in main"都是在 th1 线程的循环输出结束后才被打印出来。

4. interrupt 方法

在 JDK1.0 中，可以使用线程的 stop()方法来停止线程，但在后续版本中，已经不主张用 stop()方法了。现在一般是通过给线程设置中断状态，让线程决定是否应该终止。也就是说，请求中断一个线程只是为了引起该线程的注意，被中断线程可以决定如何应对中断。

目前，Java 线程的中断设置是通过调用 Thread.interrupt()方法来实现。这个方法通过修改被调用线程的中断状态来告知线程"它被请求中断"。

对于非阻塞线程，interrupt 方法只是改变了中断状态，即 Thread.isInterrupted()将返回 true；对于调用了 sleep、wait、join 方法的阻塞线程，这些线程不处于执行态是不可能给自己的中断状态置位的。但线程收到中断信号后，则会抛出异常 InterruptedException。

【例 9.6】 线程中断 interrupt()方法的示例代码。

```
代码 InterruptDemo.java
public class InterruptDemo extends Thread{
    public static void main(String arg[]) {
        Thread th1=new Thread() {
            public void run() {
                System.out.println("\t\t in th1 thread");
                try {
                    Thread.sleep(2);
                }catch(InterruptedException e) {
                    System.out.println(" Exception handle in th1");
                }
            }};
        Thread th2=new Thread() {
            public void run() {
```

```
                    while(true) {
                        if(this.isInterrupted()) {
                            System.out.println("close the task in th2");
                            break;
                        }else
                            System.out.println("Th2 is going on");
                    }
                }};
        th1.start();
        th2.start();
        try {
            sleep(1);
        }catch(InterruptedException e){}

        th1.interrupt();
        th2.interrupt();
    }}
```

运行结果：
    in th1 thread
Th2 is going on
Th2 is going on
…
Th2 is going on
close the task th2.
Exception handle in th1

程序分析：
在主线程中，用匿名内置类定义并启动了两个线程 th1、th2。其中，th1 通过 sleep(2) 进入等待状态，而 th2 处于非阻塞态，两个线程都分别调用了中断方法 interrupt。th1 抛出异常并进行打印输出"Exception handle in th1"，而 th2 是非阻塞态，调用 interrupt 方法后，只是改变了它的中断标记。因此 this.isInterrupted()==true，用户自定义发生中断，打印"close the task in th2"并退出循环。

> **补充知识**
>
> 线程中有两个功能相似的方法：isInterrupted 和 interrupted。isInterrupted 方法是实例方法，它用来判断线程是否被中断；Interrupted 方法是静态方法，它用来检测线程是否被中断，同时，调用 interrupted 方法会清除该线程的中断状态。

5. yield 方法

线程让步是指当前正在执行的线程交出 CPU 使用权，进入就绪队列。如果线程 thread 想让与它具有相同优先级的其他线程获得更多的运行机会，可使用 thread.yield()方法让出自己当前的 CPU 使用权。但 thread 下一次还是要参与 CPU 时间片的竞争。所以，如果没有其他可运行的线程，则该方法不产生任何作用。

6. 设置 Daemon 线程

线程分为用户线程(User Thread)和守护线程(Daemon Thread，也称后台线程)。守护线程的作用是为用户线程服务，在 Java 程序中，如果还有用户线程存在，整个程序就不会结束；当正在运行的线程都是守护线程时，即使守护线程没有结束，Java 虚拟机也会自动关闭。

将一个线程设为守护线程，需要在线程启动(调用 start 方法)之前调用 setDaemon(true)方法，该线程就会变为守护线程。但不要用守护线程去访问系统资源，如文件、数据库，因为它会随时中断。

【例 9.7】守护线程的示例代码。

```java
代码 DaemonTest.java
public class DaemonTest {
    public static void main(String arg[]) {
        MyDeamonTh mt=new MyDeamonTh();
        mt.setDaemon(true);
        mt.start();
        try {
            Thread.sleep(500);
        }catch(InterruptedException e) {
        }
        System.out.println("Done in main");
    }
}
class MyDeamonTh extends Thread{
    public void run() {
        for(int i=1;i<10;i++){
            try {
                Thread.sleep(100);
            }catch(InterruptedException e) {
            }
            System.out.println(this.getName()+" is alive");
        }
    }}
```

运行结果：

Thread-0 is alive
Thread-0 is alive
Thread-0 is alive

Done in main

从运行结果看，主线程结束时，守护线程还没运行完，只循环了 3 次，但程序也结束了。

7. 线程调度和线程优先级

多线程的并发性是指宏观上在一段时间内有多个线程同时运行。但在单处理器系统中，任一时刻仅能有一个线程被执行。故微观上，这些程序是交替执行的。当多个线程处于可运行态时，它们会进入可运行队列中等待 CPU 服务。调度线程会依据某种原则，从可运行态线程中选定一个线程运行，这就是线程调度。

线程调度模型有两种：分时模型和抢占模型。分时模型是指让所有线程轮流获得 CPU 的使用权，并且平均分配每个线程占用 CPU 的时间。抢占模型会给每个线程自动分配一个线程的优先级(priority)。在其他上下文条件相同的情况下，优先级高的线程有优先被调度的权利，优先级相同的线程，一般遵循先到先服务的原则。Java 虚拟机采用的就是第二种调度方法。当然，实际的执行情况与 Java 虚拟机的实现情况有关。对一个新建的线程，系统会遵循如下的原则为其指定优先级。

(1) 新建线程将继承创建它的父线程的优先级。父线程是指执行创建新线程语句的线程。

(2) 用户可修改线程的优先级，Thread 类的 setPriority(int newPri)方法提供该操作。

Java 优先级的范围从 1 到 10，一般主线程默认的优先级为 5。Thread 类有三个线程优先级的静态常量：

(1) 最小优先级 MIN_PRIORITY，值为 1。
(2) 普通优先级 NORM_PRIORITY，值为 5。
(3) 最大优先级 MAX_PRIORITY，值为 10。

【例 9.8】 线程优先级的使用。

代码 PriorityDemo.java
```java
public class PriorityDemo {
    public static void main(String arg[]) {
        Thread[] priDemo=new Thread[3];
        System.out.println("线程的初始优先级");
        for(int i=0;i<3;i++) {
            priDemo[i]=new PriThread(i+1);
            System.out.print(priDemo[i].getPriority()+" ");
        }
        System.out.println("\n 修改优先级,线程 1=Max,线程 2=Normal,线程 3=Min");
        priDemo[0].setPriority(Thread.MAX_PRIORITY);
        priDemo[2].setPriority(Thread.MIN_PRIORITY);
        for(int i=0;i<3;i++)
            priDemo[i].start();
    }
}
```

```
class PriThread extends Thread{
    private int id;
    public PriThread(int id) {
        this.id=id;
    }
    public void run() {
        for(int i=1;i<10;i++) {
            System.out.print(id+" ");}
        System.out.println(" Done in thread"+id+" ");
    }
}
```

一次运行结果：

线程的初始优先级

5 5 5

修改优先级，线程 1=Max，线程 2=Normal,线程 3=Min

1 1 1 1 1 1 1 2 1 1 3   Done in thread1

2 3 2 3 2 3 2 2 2 2 2 3 3 3   Done in thread2

3 3   Done in thread3

PriThread 线程的作用是循环 10 次后打印线程 id，并在循环结束后打印"Done in thread"+id。从运行结果来看，线程是交替执行的，而优先级最高的 thread1 获得的运行机会最多，结束也最早，优先级为 5 的 thread2 随后结束，而优先级最低的 thread3 最后结束。

> **补充知识**
>
> 优先级不能作为程序正确性的依赖，它高度依赖于宿主机平台的实现系统。Java 优先级被映射到宿主机平台的优先级上，优先级个数可能更多，也可能更少，还可能被忽略(Oracle 为 Linux 提供的 Java 虚拟机)。

9.4 线程同步

前面提到的线程都是独立且异步执行的，异步执行是指每个线程包含了运行时所需要的数据和方法，不需要外部的资源和方法，也不会被其他线程的状态和行为所影响。

但在大多数多线程应用中，同时运行的线程都需要共享数据。例如两个线程同时读写相同的文件，这时就需要考虑两个线程的访问次序，否则会导致数据的不一致。这是因为多线程访问共享对象时，虽然对象以及成员变量分配的内存是共享的，但每个执行线程还是可以拥有一份拷贝，这样做可以加速程序执行，也是现代多核处理器的一个显著特征。所以，一个线程看到的变量不一定是最新的，线程如果修改数据，也需要刷新回共享内存。

基本上，并发线程在解决共享冲突问题时，都是采用同步机制来解决该问题。同步(Synchronization)用来保证进程之间执行顺序协调有序，并确保当两个或多个线程都要访问共享数据时，任何时刻只能有一个线程占用该共享资源，即**序列化访问共享资源**。

下面给出两个线程,它们共享 Counter 类的对象用于记录总的循环次数。但没有使用同步机制,因此,在多线程修改共享数据时出现了数据的不一致性。

【例 9.9】 多线程不正确的访问资源实例。

代码 ShareDemo.java
```java
class Counter{
    private int id=0;
    public void getId() {
        System.out.println(Thread.currentThread().getName()+" "+(++id));
    }
}
class IncreThread extends Thread{
    private Counter ct;
    public IncreThread(Counter ct) {        //将共享资源传入线程
        this.ct=ct;
    }
    public void run() {
        for(int i=0;i<5;i++) {
            ct.getId();                      //调用共享对象方法
            try {
                Thread.sleep(10);
            }catch(InterruptedException ie) {}
        }
    }
}
public class ShareDemo {
    public static void main(String arg[]) {
        Counter c1=new Counter();
        Thread t1=new IncreThread(c1);
        Thread t2=new IncreThread(c1);
        t1.start();
        t2.start();
    }
}
```

运行结果:

Thread-0 1
Thread-1 2
Thread-0 3
Thread-1 3
Thread-0 4

```
Thread-1 5
Thread-0 6
Thread-1 7
Thread-1 8
Thread-0 8
```

程序分析：

正确的 id 应该是从 1～10 顺序计数。但从运行结果可以看到，两个线程 t1 和 t2 同时操作 c1 对象，出现了操作 id 被中断的情况。当一个线程读取 id，尚未做自加运算时，系统调度到另一个线程，在调用 getId()方法修改和打印 id 时有两处被中断，从而出现了错误结果。

9.4.1 线程互斥

上述错误出现，是因为两个线程共享资源 c1 对象。这种情况下，可以在使用共享资源时为其加锁(互斥)来同步两个任务。

如果当前线程锁定资源，其他线程在资源被解锁前就会被阻塞而无法访问它，直到资源被解锁，其他线程才可以使用它。这意味着在给定时刻只允许一个线程访问共享资源，这就形成了线程间的互斥(Mutual Exclusion)，共享资源用对象封装的话，被互斥使用的共享对象也称为互斥对象。线程互斥是一种特殊的同步关系。

1. 互斥对象

共享资源是以对象的形式存在。如果想控制对共享资源的访问，则需要在共享资源类中把所有**要访问该资源的操作**标记为 synchronized(或用 Lock)，该类创建的对象就是互斥对象。例如，一个互斥类 Guard 由整数域 value 和方法 set、get 组成。

```
class Guard{
    private int value;                      //共享数据(资源)
    public Guard(int e) {
        value=e;
    }
    public synchronized int getV() {        //互斥方法
        return value;
    }
    public synchronized void setV(int e) {  //互斥方法
        value=e;
    }
}
```

关键字 synchronized 被用于标记互斥对象中的互斥方法。当代码片段被 synchronized 修饰，说明该段代码访问了共享资源，需要被加锁以互斥的方式运行。当线程要执行被 synchronized 关键字修饰的代码段时，它将检查锁是否可用，如果可用则获得锁并执行代码，然后释放资源锁，如图 9-4 所示。

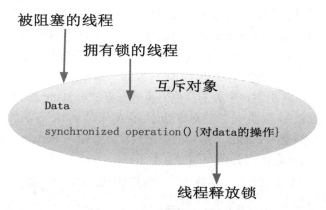

图 9-4 对象的互斥使用

如果一个线程调用了互斥对象的 synchronized 方法，那么在这个线程从该方法返回前，其他所有调用该对象 synchronized 方法的线程，因没有锁而导致被阻塞。

例 9.9 的 ShareDemo.java 的实例中，如果想让线程正确使用 Counter 对象，则需要将该类的方法 getId() 进行同步标记。

```
class Counter{
    private int id=0;
    public synchronized void getId() {
        System.out.println(Thread.currentThread().getName()+" "+(++id));
    }
}
```

这样改写后，两个并发线程对共享变量 id 的操作就不会出现冲突，运行一次的结果如下：

```
Thread-0 1
Thread-1 2
Thread-0 3
Thread-1 4
Thread-1 5
Thread-0 6
Thread-1 7
Thread-0 8
Thread-1 9
Thread-0 10
```

2. 内置锁

Java 线程同步控制机制的核心是锁机制，Java 中的对象和类都有对应的内置锁。

(1) **每个对象**包含单一的锁(也称为监视器)，它自动成为对象的一部分。而锁与 synchronized 关键字是相关联的。当调用对象的一个 synchronized 方法时，对象就会被加锁，这时该对象的其他 synchronized 方法只有等待前一个方法执行完毕并释放锁之后，才能被调用，也就是说对于一个互斥对象，其所有的 synchronized 方法共享同一把锁。

当然，在一个同步(synchronized)方法中也有可能调用这个对象的另一个同步方法。这样的嵌套调用直接这样处理：只有当最外层的同步方法返回时才会释放锁。

(2) **每一个类**也有一个锁(作为类的 Class 对象的一部分)。所以，一个 synchronized static 方法可以锁定一个类，防止同一个类的其他同步静态方法对 static 数据的并发访问。

默认的对象内置锁(监视器)是当前对象 this，但如果是 static 方法加同步后它的默认监视器是这个类。比如类型为 Person，那它的静态同步方法锁为 Person.class。所以，实例同步方法和 static 同步方法之间因为锁不同而互不干扰。

> **补充知识**
> 在使用并发时，将共享的域设置为 private 是非常重要的，否则，因为非 private 域可以被外部线程直接访问，而不需要通过 synchronized 方法，这样就会为同步控制留下旁路漏洞。

3. synchronized 关键字

synchronized 关键字既可以用来修饰方法，也可以用来修饰方法中的一部分语句块。

(1) 同步方法。

线程的互斥可以通过对它们共享数据的互斥封装来实现，互斥对象提供了同步方法(synchronized method)去访问共享数据。同步方法的一般形式如下：

```
synchronized 返回值 方法名([参数列表]){
    //代码
}
```

注意：虽然可以使用 synchronized 来定义方法，但 synchronized 并不属于方法定义的一部分。因此，如果在父类方法定义中使用了 synchronized 关键字，而在子类中覆盖了这个方法，那么，子类中的这个方法可以声明为同步方法，也可以不声明。子类的声明不影响父类方法的同步属性，当然也不受限于父类的同步属性。

(2) 同步语句块。

为了提供更多的弹性，Java 允许在方法内部定义同步语句块(synchronized statement)，其作用与修饰方法类似，只是作用范围不一样。该同步语句块相当并发编程中的于临界区。形式如下：

```
synchronized (其他对象/this/类){
    //代码
}
```

synchronized 括号后面是显式指明的同步锁，如果同步锁是当前对象，可以用 this，如果是当前类则可用类对象(静态同步)，当然，也可以使用一个其他的对象作为同步锁。实现同步是以加大系统开销为代价的，所以尽量避免无谓的同步控制。

【例 9.10】 多线程共享 Runnable 对象，利用同步机制实现共享数据的同步操作。线程可以通过继承 Thread 类的方式生成新的线程，也可以通过传入 Runnable 对象定义线程任务。第二种方法，如果用同一个 Runnable 类型的对象传入不同的线程，因为不同的线程共享这一对象，假如对象中包含了共享数据，若不加同步，可能出现对线程共享数据的错误操作。

代码 RunnableTest.java
```java
class RunDemo implements Runnable{
    private int stack=5;
    public void run(){                        //也可以定义为 public synchronized run()
        String name=Thread.currentThread().getName();
        synchronized(this){
            for(int i=0;i<5;i++)
                System.out.println(name+"--stack is: "+(stack--));
        }
    }
}
public class RunnableTest {
    public static void main(String arg[]){
        RunDemo rd=new RunDemo();             //共享对象
        Thread t1=new Thread(rd);
        Thread t2=new Thread(rd);
        t1.start();
        t2.start();
    }
}
```

主方法中，RunDemo 类型的共享对象 rd 传入不同的线程 t1，t2。RunDemo 类中的 run 方法因为读写了共享变量 stack，因此，需要为它添加 synchronized 关键字，同步标记可以放在 run 方法头，也可以放在 run 中与 stack 操作相关的语句块前，这样可以减小锁的粒度，上述 synchronized 是放在语句块前。从运行结果看，stack 的递减是按照预期顺序实现的。如果不加同步，运行一次结果如下，其中出现了 stack 读写被中断，从而数据不一致的结果。

运行结果：　　　　　　　　　　不加同步的一次运行结果：

Thread-0--stack is: 5	Thread-1--stack is: 5
Thread-0--stack is: 4	Thread-0--stack is: 4
Thread-0--stack is: 3	Thread-1--stack is: 3
Thread-0--stack is: 2	Thread-1--stack is: 1
Thread-0--stack is: 1	Thread-0--stack is: 2
Thread-1--stack is: 0	Thread-0--stack is: -1
Thread-1--stack is: -1	Thread-0--stack is: -2
Thread-1--stack is: -2	Thread-0--stack is: -3
Thread-1--stack is: -3	Thread-1--stack is: 0
Thread-1--stack is: -4	Thread-1--stack is: -4

9.4.2 线程协作

同步的目的是保持共享资源的一致性，同时它也可以使线程之间实现协作。通过 synchronized 只实现了较低层次的互斥同步，解决了共享数据一致性的问题。下面我们需要进一步解决线程同步中如何使任务之间可以协调工作的线程协作问题。

考虑一下两个线程之间的协作，线程 A 用烤箱烘焙一个面包，然后线程 B 从烤箱中取走烤好的面包吃，接着线程 A 又开始烘焙第二个面包，这是并发编程中典型的"生产者和消费者"问题。很显然，两个线程需要互斥地访问烤箱，但另外一点也很清晰：线程 B 需要在线程 A 烤好面包后才能吃到面包。我们需要提供"面包已准备好""烤箱为空"这样的条件信息用于交流，同时要协调线程间的吃面包和烤面包的操作顺序。

为了实现这种协作，线程需要检查一个包含在互斥方法中的条件。通常，线程进入临界区后，如果不满足某一条件，该线程就会中断并等待。这里要使用等待队列来管理那些因条件不满足而不能工作的线程。后续如果条件满足，线程会被唤醒继续执行。Java 实现线程协作最简单的方式，是通过继承自 Object 类的 wait()和 notify/notifyAll 方法来实现线程挂起和唤醒。

1. synchronized 等待/通知机制

假设线程 ThreadNotify 和 ThreadWait 共享对象 O，Java 的等待/通知机制是指线程 ThreadWait 为了等待条件变量 V 符合某个条件，调用了对象 O 的 wait()方法进入等待状态，加入对象 O 的等待队列。而另一个线程 ThreadNotify 获得对象 O 的锁后，将条件变量 V 改为 ThreadWait 所需要的状态，调用了对象 O 的 notify/notifyAll()方法通知 ThreadWait，线程 ThreadWait 收到通知后，如果获得对象 O 的锁，则从对象 O 的 wait()方法返回，执行后续操作。

注意：线程在调用对象 O 的 wait()、notify()、notifyAll 方法的时候，必须先获得对象 O 的锁，在调用之后要释放对象 O 的锁。上述过程如图 9-5 所示。

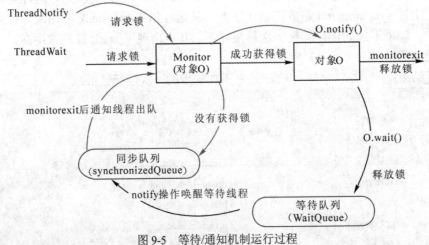

图 9-5 等待/通知机制运行过程

2. wait 方法

wait 方法是等待方执行的操作，等待方应遵循如下的原则：

(1) 首先获取共享对象 O 的锁。

(2) 查询条件，如果条件不满足，则调用对象 O 的 wait 方法，当前运行线程被阻塞，线程由运行态变为等待态，并将当前线程放置到对象 O 的等待队列(WaitQueue)。

(3) 如果条件满足，则线程执行对应的逻辑。

对应的伪代码如下：

```
synchronized(对象) {
    while(条件不满足) {
        对象.wait();
    }
    应用处理逻辑
}
```

> **补充知识**
>
> 因为即使被 notify 通知返回后，仍要再检查条件，因此检查条件用了 while 而不是 if。

3. notify/notifyAll 方法

通知方法应遵循如下原则：

(1) 获得对象锁。

(2) 改变条件。

(3) 调用 notify/notifyAll 方法，通知对象 O 的等待队列上的等待线程。

对应的伪代码如下：

```
synchronized(对象) {
    改变条件
    对象.notify()/对象.notifyAll();
}
```

9.4.3 示例：生产者与消费者

下面我们以"生产者和消费者"模型来演示线程协作的实现。如图 9-6 所示，系统中消费资源的线程称为消费者，提供资源的线程称为生产者，这里我们用整数缓冲区接收产品。生产者向缓冲区存放整数，消费者才能读取整数，消费者不重复消费同一个商品。该共享缓冲区用类 CirBuf 来封装。

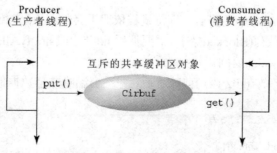

图 9-6　生产者与消费者的协作

【例 9.11】 生产者与消费者的线程协作。

代码 ThreadCooperation.java

```java
//1. 定义支持协作的互斥对象
class CirBuf{
    private int index=0;                        //缓冲区指针
    private int[] buf=new int[3];               //缓冲区,最大长度为3

    public synchronized void put(int value) {
        while(index==buf.length) {              //查询条件,缓冲区已满
            try {
                wait();                         //生产者挂起等待
            }catch(InterruptedException e) {}
        }
        buf[index++]=value;                     //生产产品
        notify();                               //唤醒等待线程
        System.out.println("in:   producer "+ value);
    }
    public synchronized int get() {
        while(index==0) {                       //查询条件,缓冲区中无数据
            try {
                wait();                         //消费者挂起等待
            }catch(InterruptedException e) {}
        }
        index--;                                //改变条件,指针向下移动
01.     notify();                               //唤醒等待线程
02.     System.out.println("out: consumer "+ buf[index]);
03.     return buf[index];                      //返回消费数据
    }
}
```

从互斥对象的设计上看,我们需要特别注意以下几点:

(1) 使用 wait() 和 notify() 时,需要先对调用对象加锁。因此,这两个方法都在 synchronized 代码段中。

(2) notify()或 notifyAll()调用后,等待线程依旧不会从 wait()返回,它只是从等待队列 (Waiting 态)移到同步队列(Blocked 态),需要调用 notify()或 notifyAll()的线程释放锁之后,等待线程才有机会从 wait()返回。

(3) 因此,01 语句放在 02 语句前或者后,并不会影响共享数据的安全使用,因为此时同步锁还没释放。

```java
//2. 定义消费者线程
class Consumer extends Thread{
    private CirBuf sb;
```

```java
        public Consumer(CirBuf temp) {
            sb=temp;
        }
        public void run() {
            for(int i=0;i<2;i++) {                //消费两次
                sb.get();                          //消费
                try {
                    Thread.sleep(10);
                }catch(InterruptedException e) {}
            }
        }
    }
    class Producer extends Thread{                //3. 定义生产者线程
        private CirBuf sb;
        public Producer(CirBuf temp) {
            sb=temp;
        }
        public void run() {
            for(int i=1;i<=4;i++) {                //生产四个产品
                sb.put(i);                         //生产
                try {
                    Thread.sleep(10);
                }catch(InterruptedException e) {}
            }
        }}
    public class ThreadCooperation {              //4. 测试程序
        public static void main(String arg[]) {
            CirBuf   cb=new CirBuf();
            Thread pro=new Producer(cb);
            Thread con=new Consumer(cb);
            Thread con2=new Consumer(cb);
            //一个生产线程，两个消费线程并发执行
            pro.start();
            con.start();
            con2.start();
        }}
```

运行结果：

in: producer 1
out: consumer 1

```
in:     producer 2
out:    consumer 2
in:     producer 3
out:    consumer 3
in:     producer 4
out:    consumer 4
```

9.4.4 死锁

锁是非常有用的工具，运用的场景非常多，但同时它也会带来困扰，那就是可能会引发死锁，一旦产生死锁，就会造成系统功能不可用。

多个线程如果各自占有共享资源，同时又互相等待对方资源，那么在得到对方资源前不会释放自己的资源，从而导致都想得到资源而又都得不到的状态，这就是死锁。

产生死锁的四个必要条件：

(1) 互斥条件：一个资源每次只能被一个进程使用。
(2) 请求与保持条件：一个进程因请求资源而阻塞时，对已获得的资源保持不放。
(3) 不剥夺条件：进程已获得的资源，在未使用完之前，不能强行剥夺。
(4) 循环等待条件：若干进程之间形成了一种头尾相接的循环等待资源关系。

下面给出一个死锁的例子。

【例 9.12】 会出现死锁的并发线程实例。

代码 DeadLockTest.java
```java
public class DeadLockTest {
    private static String a1="A";              //锁对象
    private static String b1="B";              //锁对象
    private static Thread th1=new Thread() {
        public void run() {
            synchronized(a1) {                 //加锁 a1
                try {
                    Thread.sleep(2000);
                }catch(InterruptedException e) {}
                synchronized(b1) {             //加锁 b1
                    System.out.printf("%s,in %s",a1+b1,this.getName());
                }
                System.out.println("Done in th1");
            }
        }
    };
    private static Thread th2=new Thread() {
        public void run() {
```

```
                synchronized(b1) {              //加锁 b1
                    try {
                        Thread.sleep(2000);
                    }catch(InterruptedException e) {}

                    synchronized(a1) {          //加锁 a1
                        System.out.printf("%s,in %s",a1+b1,this.getName());
                    }
                    System.out.println("Done in th2");
                }
            }};
    public static void main(String arg[]) {
        th1.start();
        th2.start();
    }
}
```

程序分析：

这段代码演示了发生死锁的情况，假设线程 th1 拿到第一个锁 a1，之后因为休眠了一段时间，CPU 时间片轮转到 th2 线程，th2 线程申请到了锁 b1，后面两个线程都在等待对方的锁资源，因此，进入死锁状态。

下面介绍几种常见的避免死锁的方法：

(1) 避免一个线程同时获得多个锁。
(2) 避免一个线程在锁内同时占用多个资源，尽量保证每个锁只占用一个资源。
(3) 尝试使用定时锁，使用 lock.tryLock(timeout)(下小节讲解)来替代使用阻塞锁。

总之，由于系统资源的共享，一些深层的死锁是很难被发现和调试的，所以，在编程时要谨慎地处理多线程。

9.4.5 显式锁 Lock

前面我们用 synchronized 关键字隐式地获取锁。这种方式虽然简化了同步的管理，但依然存在一些问题：

(1) 如果涉及多个共享资源交叉地加锁和解锁时，synchronized 就不那么容易实现。
(2) 线程由于某些特定原因发生阻塞，但没有释放锁，其他线程只能继续等待。
(3) 共享资源读操作之间是不冲突的，但使用 synchronized 后，却只能互斥访问。

从 Java5 开始，并发包中新增了 Lock 接口及其相关实现类，以及 Condition 对象，用来提供显式锁功能和多条件判断。Lock 接口在使用时需要显式获取或释放锁，虽然这样缺少了隐式锁的便捷性，但却拥有了对锁的灵活操作性。它不仅提供了与 synchronized 关键字类似的同步功能，还支持可中断的获取锁，超时获取锁，以及多个条件对象 Condition 等多种 synchronized 关键字所不具备的同步特性。Lock 的 API 如表 9-2 所示。

表 9-2　Lock 的 API

类　型	方　法　名	描　　　述
加锁	void lock()	阻塞式获取锁，当锁获取后，从该方法返回
	void lockInterruptibly()	能被中断地获取锁。和 lock()以及 synchronized 不同之处在于，如果申请的锁当前不可用，线程会处于阻塞态，而这种阻塞态可以被其他的线程中断
	boolean tryLock()	非阻塞的获取锁，调用该方法后立即返回，如果能获取则返回 true，否则返回 false
	boolean tryLock (long time, TimeUnit unit)	有时效地获取锁，线程在以下三种情况返回： (1) 当前线程在等待时间内获得锁； (2) 当前线程在等待时间内被中断； (3) 等待时间结束，返回 false
解锁	void unlock()	释放锁
获取条件	Condition newCondition()	返回一个条件对象，该对象跟当前锁绑定

Lock 接口的实现类有 ReentrantLock(重入锁)和 ReentrantReadWriteLock(读写锁)。Lock 锁实现同步时需要使用者手动控制锁的获取和释放，其灵活性使得可以实现更复杂的多线程同步和更高的性能，但同时使用者一定要在获取锁后及时捕获代码运行过程中的异常并在 finally 代码块中释放锁。

下面给出利用 ReentrantLock 保护代码块的基本结构。

```
Lock l =new ReentrantLock();
l.lock();              //加锁，该方法可以用其他的加锁方法替换
try {
    //临界区
}
finally {
    l.unlock();        //解锁
}
```

该结构能确保任何时刻只有一个线程可进入临界区。

补充知识

(1) 解锁操作 unlock()放在 finally 中，这能保证无论临界区的代码是否抛出异常，最终都能释放锁。

(2) 使用锁时，不能使用带资源的 try 语句声明锁。首先，解锁的方法不是 close，即使能重新命名方法，也无法正常工作。其次，锁在带资源的 try 中是局部变量，而我们需要多个线程可共享这个锁。

下面介绍一下 Lock 接口的两个实现类：ReentrantLock 和 ReentrantReadWriteLock。

1. ReentrantLock(重入锁)

重入的概念我们在讲 synchronized 的内置锁时涉及过，指的是在嵌套的方法调用中，同一线程的同步方法如果调用另一个使用相同锁的同步方法时，只有当最外层的方法返回时才会释放锁。synchronized 也关联可重入锁。下面给出一个使用 ReentrantLock 锁的示例。

【例 9.13】 使用重入锁定义一个互斥对象。

代码 Bank.java
```java
import java.util.concurrent.locks.Lock;
import java.util.concurrent.locks.ReentrantLock;
class Bank {
    private int totalNum = 0;              //共享变量
    Lock l = new ReentrantLock();          //成员锁
    public void add(int num) {
        l.lock();                          //加锁
        try{
            totalNum += num;
            System.out.println("totalNum=" + totalNum);
        }
        finally{
            l.unlock();                    //解锁
        }
    }
}
```

2. ReentrantReadWriteLock(读写锁)

ReentrantLock 是排他锁,这些锁在同一时刻只允许一个线程进行访问。但有些时候,我们不但需要排他锁也需要共享锁。

假设在程序中定义一个共享缓冲区,它的应用多是提供读服务(比如查询或搜索),而写操作占的时间很少。如果并发执行的线程全是读操作,则多线程可同时进行读操作而不会出现脏数据,只有写线程运行后,才有可能出现脏数据。因此,我们希望,**同一时刻可以允许多个读线程访问,但是在写线程运行时,所有的读线程和其他写线程均被阻塞**。

将数据的读写操作分开,同时给它们提供的锁也分成两个锁:读锁和写锁,读锁和写锁是有关联的,其使用规则如下:

(1) 读锁使用共享模式,读锁可以被多个读线程同时持有,但会排斥所有写操作。

(2) 写锁使用独占模式,得到写锁后,排斥其他所有的读操作和写操作。

Java 并发包提供了读写锁接口 ReadWriteLock,该接口提供了两个获取读锁和写锁的方法:readLock()和 writeLock()。读写锁的实现类是 ReentrantReadWriteLock,顾名思义,读写锁也是可重入的。

一般情况下,读写锁性能都会比排他锁更好,因为大多数场景读是多于写操作的。在读多于写的情况下,读写锁能够提供比排它锁更好的并发性和吞吐量。

下面给出一个使用读写锁的示例。

【例 9.14】使用读写锁定义一个共享对象。

代码 UseReadWriteLock .java
```java
import java.util.concurrent.locks.Lock;
import java.util.concurrent.locks.ReentrantReadWriteLock;
```

```java
class UseReadWriteLock {
    private int index=-1;                              //当前最后一个元素的下标
    private String[] arr=new String[10];               //数据区
    private ReentrantReadWriteLock rwl=new ReentrantReadWriteLock();//读写锁
    private Lock rlock=rwl.readLock();                 //读锁
    private Lock wlock=rwl.writeLock();                //写锁

    public String get(int i) {                         //读操作
        rlock.lock();                                  //获取读锁
        try {
            if(i>=0 && i<=index)
                return arr[i];
            else
                return null;
        }finally {
            rlock.unlock();                            //解锁
        }
    }
    public boolean put(String str) {                   //写操作,在尾部增加一个元素
        wlock.lock();                                  //获取写锁
        try {
            if(index>=-1&&index<(arr.length-1)) {
                index++;
                arr[index]=str;
                return true;
            }
            else
                return false;
        }finally {
            wlock.unlock();                            //解锁
        }
    }
    public String pop() {                              //写操作,如果有元素,删除index所指元素
        wlock.lock();                                  //获取写锁
        try {
            if(index>=0)
                return arr[index--];
            else
                return null;
```

```
            }finally {
                wlock.unlock();        //解锁
            }
        }
    }
}
```

程序分析：

该实例利用数组作为缓冲区，在读操作 get 方法中使用了读锁，这使得只调用该方法的并发线程不会被阻塞，写操作 put(String str)和 pop()方法使用了写锁，当获取写锁后，其他线程对于读锁和写锁的获取均被阻塞。而只有写锁被释放后，其他读写操作才能继续。

9.4.6 条件 Condition

1. 条件对象 Condition

Lock 接口中有一个方法 newCondition()，可返回一个条件对象。这一小节将介绍一下与 Lock 绑定的条件对象 Condition(条件对象经常被称为条件变量 Conditional Variable)。

在前面介绍基于 synchronized 的内置锁时，我们知道，任意一个 Java 对象都拥有实现线程协作的监视器方法，主要包括 wait()/wait(long timeout)、notify()/notifyAll()方法，这些方法与 synchronized 同步锁结合，可以实现基于等待/通知模式的线程协作。Condition 接口也提供了类似的 Object 监视器方法，与 Lock 配合可以实现等待/通知模式，但这两者在使用方法及功能上还是有差别的。

通常，在进行线程间协作时，线程先进入临界区，然后检测某一条件，如果条件满足，它才能执行操作。如果条件不满足，线程需要使用一个条件对象(**通常包含一个等待队列**)来管理那些已经获得锁，但却因不满足条件而处于**等待状态**的线程。

在 Object 监视器模型下，一个内置锁对象拥有一个同步队列和一个等待队列。同步队列用来管理申请同步锁而被阻塞的线程，等待队列用来管理线程协作中因条件不满足而进入等待态的线程。而 Lock 锁可以拥有多个相关的条件对象，所以，Lock 锁拥有一个同步队列和多个等待队列，如图 9-7 所示。

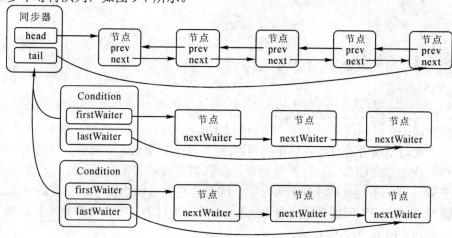

图 9-7 Lock 锁关联的同步队列和等待队列

这样一来，如果临界区中存在多个判断条件，不满足某个条件的线程，则可以被放置在此条件对象的等待队列中。而在条件变化后，通知线程可以有针对性地通知这个队列里的等待线程，而不影响其他条件下的等待线程，这种灵活性使得系统可以实现更复杂的多线程同步和更高的性能。

2. Condition 的使用

当一个线程获取锁之后，检查发现不满足进一步执行的条件时，则调用条件对象 Condition 的 await()/await(long time)等待方法使当前线程进入等待状态并释放锁。如果条件发生改变，另一个线程调用同一 Condition 的 signal()/signalAll()方法可唤醒因 await 方法进入等待态的线程。其用法类似 Object 的 wait()和 notify/notifyAll()方法，但比它们的操作更精确。

假设定义了一个互斥锁和一个条件对象：

Lock lock = new ReentrantLock();

Condition 条件对象 1=lock.newCondition();

那么，await 方法对应的伪代码如下：

```
lock.lock();
try{
while(条件1不满足) {
        条件对象1.await();
    }
    应用处理逻辑
}
finally{
    lock.unlock();
}
```

而 signal/signalAll 对应的伪代码如下：

```
lock.lock();
  try{
    改变条件
    条件对象1.signal()/条件对象1.signalAll();
  }
  finally{
    lock.unlock();
  }
```

下面给出一个使用显式锁 Lock 和条件对象实现线程协作的实例。在 9.4.3 小节中，给出了生产者与消费者进行线程协作的示例(例 9.11)。如果进一步分析，会发现生产线程与消费线程在工作之前都要进行条件判断，而它们所判断的条件不一样，一个判断缓冲区是否已满，另一个判断缓冲区是否已空。因此，更高效的控制方法应该是将阻塞的生产者和消费者线程用不同的条件对象 Condition 放在各自的等待队列中里进行管理。下面给出互斥对象 CirBuf 的改写代码。

【例 9.15】 使用 Lock 和 Condition 改写生产者与消费者问题中的互斥对象。

代码 CirBuf2.java
```java
import java.util.concurrent.locks.Condition;
import java.util.concurrent.locks.Lock;
import java.util.concurrent.locks.ReentrantLock;

public class CirBuf2 {
    private int index=0;                            //当前最后一个元素的下一个缓冲区位置指针
    private int[] buf=new int[3];                   //缓冲区
    private Lock lock=new ReentrantLock();
    private Condition notEmpty=lock.newCondition();  //管理消费者线程的条件对象
    private Condition notFull=lock.newCondition();   //管理生产者线程的条件对象
    public void put(int value) throws InterruptedException {  //生产产品过程
        lock.lock();                                //加锁
        try {
            while(index>=buf.length)                //判满
                notFull.await();                    //挂起生产者线程
            buf[index++]=value;                     //生产产品
            System.out.println("in:   producer "+ value);
            notEmpty.signal();                      //唤醒等待的消费线程
        }
        finally {
            lock.unlock();                          //解锁
        }
    }
    public int get()throws InterruptedException {   //消费产品过程
        lock.lock();
        try {
            while(index==0)                         //判断缓冲区是否为空
                notEmpty.await();                   //挂起消费者线程
            index--;                                //改变条件，指针向后移动
            notFull.signal();                       //唤醒等待的生产线程
            System.out.println("out: consumer "+ buf[index]);
            return buf[index];                      //返回消费数据
        }
        finally {
            lock.unlock();
        }
    }
}
```

9.5 常用线程工具类

到目前为止，我们已经介绍了形成 Java 并发程序设计基础的底层构建块。然而，在实际编程中，我们应该尽可能远离底层结构，使用由并发处理的专业人士实现的较高层次的结构。这样会更方便也更安全。

9.5.1 线程池与执行器

构建新的线程是有一定代价的，如果无限制地创建线程，不仅会消耗系统资源，还会降低系统的性能和稳定性。因此，如果程序中需要创建大量的短生命期的线程，一般不是自己显式地用 new Thread()方法来创建线程，而是使用线程池(Thread pool)，将多个任务交给线程池来统一分配、执行、调优和监控。

线程池中包含许多准备运行的空闲线程，如果将任务交给线程池，就会有一个线程运行任务，当任务运行结束，线程不会死亡，而是在线程池中准备为下一次请求提供服务。

1. 执行器 Executor 框架

Java 的线程既包含实现任务的工作单元，又包含运行线程的执行机制。从 JDK5 开始，把工作单元与执行机制分离开来。工作单元通过实现 Runnable 或 Callable 接口来定义任务，执行机制通过执行器(Executor)框架提供。

Executor 框架包含四个部分：任务、执行器、任务执行结果以及执行器工厂类。

1) 执行器

ThreadPoolExecutor(核心类)以及 ScheduledThreadPoolExecutor 是执行器 Executor 的实现类。执行器还有一些接口，如图 9-8 所示。

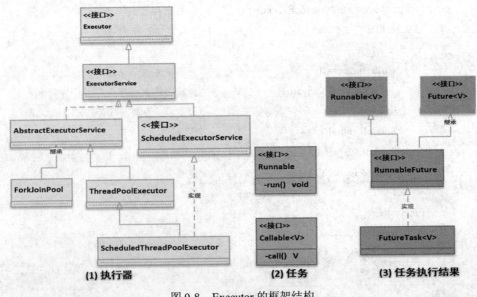

图 9-8 Executor 的框架结构

(1) Executor 是最顶层接口，只有一个 execute(Runnable rn)方法。后续接口对任务的调度方式和时间施加了某种限制。

(2) ExecutorService 接口在 Executor 接口的基础上增强了对任务的调度方式和时间的限制，通过 submit()方法可以提交 Callable 或 Runnable 任务。

(3) ScheduledExecutorService 接口在 ExecutorService 基础上提供了任务的延迟执行/周期执行支持。

2) 任务

实现 Callable 接口或 Runnable 接口的对象。 Callable 接口类似于 Runnable 接口，但是它具有返回值，而 Runnable 返回值只能是 void。

3) 任务执行结果

Callable 封装的任务具有返回值。Future 接口以及 FutureTask 实现类可以接收 Callable 任务，并获取其执行结果，这在 9.2.3 小节介绍过。

4) Executors

该类是执行器工厂类，用该类的静态方法可得到具有特定属性的 ThreadPoolExecutor 或 ScheduledThreadPoolExecutor 线程池执行器。

2. 线程池的使用

1) 创建线程池

ThreadPoolExecutor(最常用)和 ScheduledThreadPoolExecutor 类提供了许多可调整的参数和可扩展的钩子创建线程池(详情可参考帮助文档)，为了简化创建操作，建议使用工厂类 Executors 创建线程池，如创建一个固定大小为 poolsize 的线程池：

ExecutorService pool= Executors.newFixedThreadPool(poolSize);

Executors 常见的创建线程池的方法：

(1) Executors.newCachedThreadPool()：无界线程池，根据需要不断创建、回收线程。

(2) Executors.newFixedThreadPool(int)：固定大小的线程池，如果任务数量超过线程数量，未运行的线程就会在队列中等待。

(3) Executors.newSingleThreadExecutor()：单一线程。

(4) Executors.newScheduledThreadPool(int corePoolSize)：命令在给定的延迟后运行，或定期执行，比 Timer 类更灵活，功能更强大。

上述方法生成的大部分为 ThreadPoolExecutor 线程池，只有最后一个方法返回 ScheduledThreadPoolExecutor 线程池，这些方法为最常见的线程池使用场景预设了参数。当然，也可直接使用 ThreadPoolExecutor 类，手动配置线程池参数(参考帮助文档)。

2) 提交任务

利用执行器的 execute 方法或者 submit 方法提交任务，例如：

void   ExecutorService.execute(Runnable task);
Future<?>   ExecutorService.submit(Runnable task);
<T> Future <T>   ExecutorService.submit(Runnable task, T result);
<T> Future <T>   ExecutorService.submit(Callable<T> task).

其中，submit()方法有返回值，其将线程运行结果封装在 Future(实际上是 FutureTask)中，可以调用 Future 的 get()方法获得结果值。使用 Future 在一定意义上实现了异步编程。

3) 关闭线程池

(1) void shutdown()：启动有序关机，之前提交的任务被执行，但不接受新任务。

(2) List<Runnable> shutdownNow()：试图停止所有正在执行的任务，同时，停止处理等待的任务，并返回一个等待执行的任务列表。

在 Executor 框架中，各成员间的调用关联关系如图 9-9 所示，程序提交线程任务给线程池运行，线程运行后如果有返回值，可通过 Future 的 get 方法获取程序运行结果。

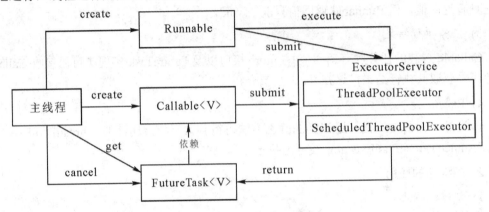

图 9-9 Executor 框架中各成员的关联

【例 9.16】利用线程池运行多个实现 Runnable 接口和 Callable<T>接口的线程。

代码 ThreadPoolDemo.java
```
import java.util.concurrent.Callable;
import java.util.concurrent.ExecutionException;
import java.util.concurrent.ExecutorService;
import java.util.concurrent.Executors;
import java.util.concurrent.Future;

public class ThreadPoolDemo {
    public static void main(String arg[]) {
        ExecutorService exe=Executors.newFixedThreadPool(3);    //创建线程池
        for(int i=1;i<=3;i++)
            exe.execute(new WorkerThread());                //执行三个 WorkerThread 线程
        for(int i=4;i<=6;i++) {
            //提交三个 ComputerThread 计算线程
            Future<Integer> f=exe.submit(new ComputerThread(i));
            try {
                //获取计算结果并打印
                System.out.printf("result of fib(%d) is %d\n",i,f.get());
```

```
                }catch(InterruptedException|ExecutionException e) {
                        e.printStackTrace();}
                }
            exe.shutdown();                                      //关闭线程池
    }
}
class WorkerThread implements Runnable{
    public void run(){                                           //定义线程任务
        System.out.println(Thread.currentThread().getName());    //打印线程名字
        try{
            Thread.sleep(500);                                   //休眠 500 毫秒
            }catch(InterruptedException e){
                e.printStackTrace();
                }
        }
}
class ComputerThread implements Callable<Integer>{
    int n;
    public ComputerThread(int n){ this.n=n;
    }
    public Integer call() { return fib(n);                       //重定义任务
    }
    private int fib(int k) {                                     //计算斐波那契数
        if(k==0||k==1)
            return 1;
        return fib(k-1)+fib(k-2);
    }
}
```

运行结果：

pool-1-thread-1

pool-1-thread-3

pool-1-thread-2

the result of fib(4) is 5

the result of fib(5) is 8

the result of fib(6) is 13

程序分析：

程序中定义了两个线程类：WorkerThread 和 ComputerThread，前者实现了 Runnable 接口，后者实现了 Callable<T>接口。在主程序中，执行器工厂类 Executors 创建了固定容量为 3 的线程池，然后，将六个线程对象提交到线程池中运行，其中执行 Callable<T>

类型的任务有返回值，可以通过 FutureTask(Future 接口的实现类)的方法 get，获取执行结果。

9.5.2 并发容器和框架

定义并发程序中的共享对象，必须自己处理互斥、协作等细节，比较烦琐。Java 中提供了一些线程安全的数据结构供开发者使用，这些类和接口主要位于 java.util.concurrent 包及其子包中，这里我们将介绍几个常用的并发容器。

1. 阻塞队列

在协调多个线程之间的合作时阻塞队列是一个很有用的工具。当试图向队列添加元素而队列已满，或是想从队列移除元素而队列为空时，阻塞队列会导致线程阻塞，这类似于"生产者-消费者"模型中的共享对象，不仅要实现线程互斥还要实现线程协作。阻塞队列是基于等待/通知模式实现的，而且用的是 Lock 锁和条件对象 Condition。

阻塞队列的接口是 BlockingQueue，该接口继承了 Queue 接口，下面列出队列的主要方法。

(1) 要实现多线程协作的获取和存放元素，应用 take()和 put()方法。

(2) 当队列空或满时向其中存、删元素会抛出异常，则用 add、remove 和 element 方法。

(3) 使用 offer、poll、peek 方法增删元素时，会返回操作是否成功的标记，而不会抛出异常。

阻塞队列有 7 个，常用的有数组结构的有界阻塞队列 ArrayBlockingQueue、链表结构的有界阻塞队列 LinkedBlockingQueue、支持优先级排序的阻塞队列 PriorityBlockingQueue。

【例 9.17】利用阻塞队列重写生产者-消费者问题。

```java
代码 UseBlockingQueue.java
import java.util.concurrent.*;
class Producer2 implements Runnable{
    private BlockingQueue<Integer> queue;
    public Producer2(BlockingQueue<Integer> queue) {
        this.queue=queue;
    }
    public void run() {
        for(int i=1;i<=6;i++) {
            try {
                Thread.sleep(100);
                queue.put(i);           //生产
                System.out.println("producer: "+i);
            }catch(InterruptedException e) {
                e.printStackTrace();}
}}}
class Consumer2 implements Runnable{
```

```java
        private BlockingQueue<Integer> queue;
        private int id;
        public Consumer2(BlockingQueue<Integer> queue,int id) {
            this.queue=queue;
            this.id=id;
        }
        public void run() {
            for(int i=0;i<2;i++) {
                try {
                    Thread.sleep(100);
                    Integer result=queue.take();           //消费
                    System.out.printf("consumer%d: %d\n",id,result);
                }catch(InterruptedException e) {
                    e.printStackTrace();
                }
            }
    }}
public class useBlockingQueue {
    private static BlockingQueue<Integer> queue=new ArrayBlockingQueue<>(2);
    public static void main(String arg[]) {
        ExecutorService exe=Executors.newFixedThreadPool(3);           //创建线程池
        exe.execute(new Producer2(queue));
        exe.execute(new Consumer2(queue,1));
        exe.execute(new Consumer2(queue,2));
        exe.execute(new Consumer2(queue,3));
        exe.shutdown();
    }
}
```

运行结果：

producer: 1
consumer1: 1
producer: 2
consumer2: 2
producer: 3
consumer1: 3
producer: 4
consumer2: 4
producer: 5
consumer3: 5

producer: 6
consumer3: 6

2. 其他线程安全的集合

除了阻塞队列，Java 还提供了映射、有序集和队列的高效且线程安全的实现，如 ConcurrentHashMap、ConcurrentSkipListMap、ConcurrentSkipListSet 和 ConcurrentLinkedQueue。这些集合通过提供分段锁，允许并发的访问数据结构的不同部分，来使竞争极小化。

从 Java 初期的版本开始，Vector 和 Hashtable 类就提供了线程安全的动态数组和散列表，但它们的实现机制效率低下，现在这些类已经被弃用了。

9.5.3 原子类与非阻塞同步

多线程访问同一变量时，可以使用 synchronized 或者 lock 加锁来保证数据的一致性。锁操作需要借助操作系统内核态，线程挂起和恢复也存在很大的开销，这对于一些代码量很少的细粒度同步操作来讲，锁开销占比很大。有没有其他方法既可以实现对单个变量操作的原子性(是指一个或一系列的操作不可被中断)，又能降低系统开销？

(1) Java 定义变量时可以加修饰符 volatile，其含义是在做一个原子操作(比如读操作)时，直接从内存读取，而不是从寄存器读取拷贝。这种方法虽然能使数据更可见，但对有些操作并不能保证其原子性。比如，多线程做++index 运算，这个操作不是一个原子操作，它包含了取数据、增加 1、写回数据三个操作，中间可能被中断。所以，用 volatile 修饰，不能保证类似上述自加运算的非原子操作的同步性。

(2) jdk5 新增了原子类(位于 java.util.concurrent.atomic 包)，原子类包装了一个变量，并且提供了对变量进行原子性操作的轻量级的同步方法。原子类操作不需要加锁，且性能开销更小，这大大简化了并发编程的开发。

原子类使用了**循环检测和比较并交换 CAS**(Compare and Swap)的方法实现非阻塞同步。下面就相关的概念和原理进行介绍。

1. 阻塞与非阻塞同步

1) 阻塞同步/互斥同步

synchronized 和 lock 实现的是互斥(阻塞)同步，互斥同步要借助于线程阻塞和唤醒，因此这种同步也叫阻塞同步。阻塞同步属于悲观的并发策略，它强调风险可能性，因此，无论共享数据是否真的会出现竞争，它都会加锁。

2) 非阻塞同步

非阻塞同步是基于硬件支持的一种同步机制，非阻塞同步不需要加锁阻塞线程，而是实施基于冲突检测的乐观并发策略，它不强调风险性，先进行操作，如果没有线程争用共享资源，就直接操作成功；如果存在线程争用共享资源，那就循环重试，直到没有竞争出现为止。

非阻塞同步要求**操作和冲突检测**这两步具备原子性，这种原子性不是使用互斥同步来保证，而是靠硬件来实现，硬件实现是通过**一条处理器指令**来完成操作和冲突检测行为。现代的处理器都包含对并发的支持，其中最通用的方法就是比较并交换(compare and swap)

指令，简称 CAS。

2. CAS 与原子类实现机制

CAS 指令需要三个操作数，分别是内存地址 V、预期原值 A、准备设置的新值 B。

CAS 指令执行更新一个变量的时候，只有当预期原值 A 和内存地址 V 当中的实际值相等时，才会将内存地址 V 对应的值修改为 B，否则，处理器不做任何操作。无论 V 值是否等于 A 值，都将返回 V 的原值。

当多个线程尝试使用 CAS 同时更新一个变量，最终只有一个线程会成功。但和使用锁不同，失败的线程不会被阻塞，而是在操作失败后，可以选择继续尝试或者跳过操作。

下面通过分析原子类 AtomicInteger 的两个方法 compareAndSet 和 getAndIncrement 的源码，说明基于 CAS 实现同步的原理。

(1) 如果输入的值等于预期值，则以原子的方式将该值设为输入的值。

```
private static final Unsafe unsafe=Unsafe.getUnsafe();
public final boolean compareAndSet(int expect, int update) {
        return unsafe.compareAndSwapInt(this, valueOffset, expect, update);
    }
```

compareAndSet 调用了 unsafe.compareAndSwapInt，compareAndSwapInt 是一个本地(native)方法，实现了硬件支持的 CAS 方法。

(2) 以原子方式将当前值自增 1，注意，这里返回的值是自增前的值。

```
public final int getAndIncrement() {
    for (;;) {
        int current = get();
        int next = current + 1;
        if (compareAndSet(current, next))
            return current;
    }
}
```

在永真的 for 循环中，首先获得 AtomicInteger 里存储的当前值 current，第二步获得当前值加 1 后的值 next，第三步调用原子操作 compareAndSet 方法来进行原子更新操作。该方法首先检查内存当前值是否还等于 current，如果等于就意味着 AtomicInteger 的值没被其他线程修改过，则将当前值更新为 next，并退出；如果不等，则重新循环取值并进行 compareAndSet 操作。

> **补充知识**
>
> CAS 方法一般都定义在一个循环里面，直到修改成功才会退出循环，如果在某些并发量较大的情况下，变量的值始终被别的线程修改，本线程始终在循环里做判断比较旧值，效率低下。所以，CAS 方法适用于并发量不是很高的情况，其效率远远高于锁机制。

3. 原子类的使用

下面给出一个示例，使用原子更新整型类 AtomicInteger 实现多线程的同步操作。其中，用到的 AtomicInteger 方法有：

(1) int getAndIncrement()：以原子方式将当前值加 1。注意，返回的是自增前的值。

(2) int get()：返回当前值。

【例 9.18】在线程类中用原子类封装一个整数作为共享变量，在每个线程启动时进行自加运算，统计参与了运行的线程数。当然，在第 5 章中，如果在单个线程中想实现类一级的统计功能，一般的做法是用 static 整数作为类的全局变量来实现。但在多线程情况下，只用 static 全局整数无法保障数据的一致性，下面的代码分别用上述两种方式实现统计功能。

```java
代码 AtomicDemo.java
import java.util.concurrent.ExecutorService;
import java.util.concurrent.Executors;
import java.util.concurrent.atomic.AtomicInteger;
public class AtomicDemo {
    public static void main(String arg[]) {
        AtomicInteger shareInt=new AtomicInteger(0);        //共享原子更新对象
        ExecutorService exe=Executors.newFixedThreadPool(200);  //线程池

        for(int i=0;i<10000;i++)
            exe.execute(new ShareThread(shareInt));         //创建一万个线程
        exe.shutdown();                                      //关闭线程池

        //如果线程全部运行结束，线程池关闭打印数据，否则循环等待
        while(true)
        if(exe.isShutdown())
        {
            System.out.println("AtomicInteger"+shareInt.get());
            System.out.println("static Id:"+ShareThread.getInt());
            break;
        }
        else {
            try {
                Thread.sleep(100);
            }catch(InterruptedException e) {}
        }
    }
}
class ShareThread extends Thread{
    static int id;                          //类一级的全局变量
    AtomicInteger atI;                      //指向传入的共享原子更新整数
```

```java
    public ShareThread(AtomicInteger temp) {
        atI=temp;
    }
    public static int getInt() {
        return id;
    }
    public void run() { //线程每次运行,都会通过原子更新整数和全局变量进行自增
        atI.getAndIncrement();
        id++;
    }
}
```

运行结果：

AtomicInteger10000

static Id:9996

程序分析：

整个程序开启了 10 000 个 ShareThread 类的子线程,并放在线程池中运行,每个线程的功能就是对原子更新整数和一个普通的没有被同步操作的整数 Id 进行自增运算。从运行结果看,开启 10 000 个线程如果不发生数据读写冲突,AtomicInteger 和 Id 的值应该都是 10 000,但 Id 的结果是 9996,说明对 Id 的操作出现了脏数据。而原子更新整型数的值是正确的。

目前,原子类包括了原子更新基本类型、原子更新数组、原子更新字段(属性)和原子更新引用等十个六类,如表 9-3 所示,感兴趣的同学可以进一步查阅帮助文档,使用其他的原子更新类。

表 9-3 原 子 类

类 型	类 名	描 述
原子更新基本类型	AtomicBoolean(布尔类型)	原子更新布尔类型
	AtomicInteger(整型)	原子更新整型
	AtomicLong(长整型)	原子更新长整型
原子更新数组	AtomicIntegerArray	原子更新整型数组里的元素
	AtomicLongArray	原子更新长整型数组里的元素
	AtomicReferenceArray	原子更新引用类型数组里的元素
原子更新引用类型	AtomicReference	原子更新引用类型
	AtomicReferenceFieldUpdater	原子更新引用类型里的字段
	AtomicMarkableReference	原子更新带有标记位的引用类型
原子更新字段类	AtomicIntegerFieldUpdater	原子更新整型字段的更新器
	AtomicLongFieldUpdater	原子更新长整型字段的更新器
	AtomicStampedReference	原子更新带版本号的引用类型

类型	类名	描述
Jdk1.8 新增类型	LongAccumulator	利用一个二目运算函数和初始值初始化，后续进行原子更新操作。类似 AtomicLong，但是在高并发情况下，该类有更高的吞吐量
	LongAdder	是 LongAccumulator 的一个特例，只能从 0 开始累计
	DoubleAccumulator	利用一个二目运算函数和初始值初始化，后续进行原子更新操作
	DoubleAdder	是 DoubleAccumulator 的一个特例，初始值只能是 0

习　题

一、判断题

1. 当一个线程进入一个对象的 synchronized()方法后，其他线程不可以再进入该对象同步的其他方法执行。　　　　　　　　　　　　　　　　　　　　　　　　　(　　)
2. wait()方法被调用时，所在线程是会释放所持有的锁资源。　　　　　　(　　)
3. notify()方法是唤醒所在对象的等待队列中的等待线程。　　　　　　　(　　)
4 为尽可能避免多线程设计时的死锁，要小心在一个同步方法中调用其他同步方法。
　　　　　　　　　　　　　　　　　　　　　　　　　　　　　　　　　(　　)

二、简答题

1. 建立线程有几种方法？
2. 在多线程中，什么情况下需要引入同步机制？

三、找错误，改写程序

```
class Tdemo extends Thread{
 private int stack=5;
 public void run() {
 for(int i=0;i<10;i++)
 System.out.println("the value of stack is: "+(--stack));
}}

class Rdemo implements Runnable{
 private int stack=5;
 public void run(){
 for(int i=0;i<10;i++)
```

```
        System.out.println("the value of stack is: "+(--stack));
   }}

   public class test{
     public static void main(String arg[]){
       Rdemo rd=new Rdemo();
         Thread t1=new Thread(rd);    Thread t2=new Thread(rd);
     //Thread t1=new Tdemo();       Thread t2=new Tdemo();
       t1.start();
       t2.start();
   }}
```

上述程序，共用一个 Runnable 对象数据及其代码，多线程并发执行可能出现脏数据，所以，定义的时候，请改写程序，实现线程同步。

四、编程题

1. 编写一个多线程程序，演示两个人同时操作一个银行账户，一个人存钱，一个人取钱。

2. 要求有三个线程，即 student1、student2 和 teacher，其中 student1 准备睡 10 分钟后再开始上课，student2 准备睡一小时后再开始上课。teacher 发出上课信息后，吵醒休眠的线程 student1，student1 被吵醒后，负责再吵醒休眠的线程 student2。

第 10 章　图形用户界面

本章学习目标

(1) 理解组件的概念，学会使用一些基本组件，掌握容器 JFrame、JPanel 的用法。

(2) 理解布局管理器的概念，学会用 BorderLayout、FlowLayout 和 GridLayout 进行布局。

(3) 理解事件处理机制，了解低级事件与语义事件的区别，掌握事件的处理方法。

(4) 理解事件监听器接口和事件适配器类的作用与区别，掌握常见的事件监听器接口和事件适配器类的使用方法。

(5) 理解画布的概念，掌握画笔的图形绘制方法，了解动画机制。

图形用户界面(Graphics User Interface，GUI)又称图形用户接口，采用图形方式显示程序与用户之间的操作界面。与之前的命令行程序相比，GUI 提供了更直观、方便、快捷的交互体验。图形用户界面所显示出来的各种对象统称为组件。本章将重点介绍使用 Swing 库进行图形用户界面编程的知识，包括常用组件的使用、安排组件的布局管理以及事件处理模型。

需要注意的是，Java 的强项和优势不在于桌面编程，而更多体现在网络编程特别是分布式环境下的服务器端开发，因此 GUI 编程不是 Java 的主要应用领域。

10.1　GUI 概述

1. 主要的 GUI 类库

Java 语言中，处理图形用户界面的类库主要有 java.awt 包和 javax.swing 包。

1) AWT

AWT 是从 JDK 1.0 发布时就提供的一套基本的 GUI 类库。AWT 提供了基本的组件，但组件数量有限，同时，还提供了事件处理模型以及布局管理器类，但 Java 并未提供 AWT 组件的真正实现。AWT 的图形方法与操作系统提供的图形方法有着一一对应的关系，当 AWT 程序运行时，每个 AWT 组件都调用相应的本地组件为它工作。因此，AWT 组件通常被称为重量级组件，其组件界面与运行平台具有相同的界面风格。AWT 在不同的平台可能表现不同，且容易受平台特定错误的影响。后来，AWT 被更健壮、功能更齐全和更灵活的 Swing 库所替代。

2) Swing 组件

Swing 组件是从 Java 2 开始引入的 GUI 工具集。它的出现是为了解决 AWT 组件的移植性问题，同时提供更多的企业级应用程序所需要的界面功能。

Swing 组件又称为轻量级组件。绝大多数 Swing 组件都由纯 Java 编写，其外观是绘制出来的，不依赖于本地平台，可以在所有平台上保持相同的运行效果。

Swing 组件是建立在 AWT 、Java2D、Accessibility 基础之上的，它具有更好的移植性，为程序开发者提供了功能更丰富的开发选择。

3) JavaFX 和 SWT

在 Java7、Java8 的 GUI 框架中出现过 JavaFX 技术，其特点是专门用一种语言来描述界面，用 Java 代码编写业务逻辑。但随着 Web 技术和 HTML5.0 技术的发展，JavaFX 已显得不那么重要了，因此，在新版的 Java SE 中已不再包括 JavaFX。

SWT(Standard Widget Toolkit, SWT)称为标准小部件工具集，最初是 IBM 为开发 Eclipse 项目而编写的一套底层图形界面库，其实现原理类似于 AWT，也是通过 JNI 调用操作系统提供的本地图形方法。用 SWT 开发的 Java 程序与操作系统结合较为紧密，具有本地外观和风格。后期因某些商业因素，导致 SWT 从未被列入 Java 的官方图形界面库。如果要使用，需要以第三方库的形式单独下载。

2. GUI 编程概述及开发流程

GUI 编程是由事件驱动的以图形化形式输入/输出数据的编程方式。无论 AWT 还是 Swing，都在 Java 基本组件(Java Foundation Component，JFC)框架中。

组件通常分为原子(atomic)组件和容器(container)组件。原子组件是指不可分割的组件，它对应于一个基本的 GUI 要素，如一个按钮、一个标签；而容器组件可以容纳和管理其他组件，一个 GUI 程序会有一个顶层的容器组件，用于容纳和管理其他组件。

需要注意的是，在 AWT 包中，原子组件和容器组件分类清晰，而在 Swing 组件中，JButton、JLabel 等控件都继承自 JComponent，JComponent 又继承自 Container 容器类，这样 Swing 组件在一定意义上都是容器，所以，在 Swing 包中对容器分类就不那么重要了。

Java 提供了一系列组件，组件间的关系如图 10-1 所示。图中，右下角虚线框内的组件为 Swing 组件，它们定义在 javax.swing 包及其子包中。除 AbstractButton 抽象类外的所有 Swing 组件都以大写字母 J 开头。其他组件均为 AWT 组件，它们定义在 java.awt 包及其子包中。

GUI 程序通过响应来自用户的特定事件而工作。GUI 程序的执行环境通常提供事件监控、输入聚焦、窗口渲染、图形绘制和父子窗口协作等功能。

在 Java 程序中，设计 GUI 程序通常需要经过以下 4 个基本步骤：

(1) 设计容器层次，通常使用 JFrame 创建顶层容器。

(2) 容器添加(add)其他组件来构成 GUI。

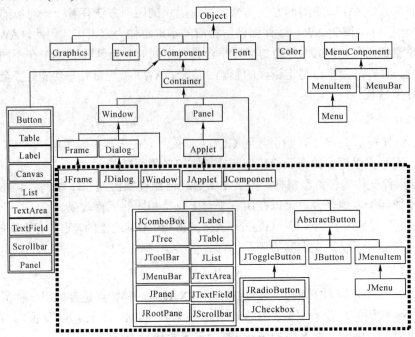

图 10-1　GUI 组件层次结构图

(3) 指定布局(layout)。组件在容器中的显示位置和大小是由容器的布局管理器决定的。每一种容器都有默认的布局管理器，但用户可以根据自己的需求重置容器的布局管理器。

(4) 为响应用户的交互，创建并注册事件处理器。例如，单击窗口右上角的"关闭窗口"按钮时，窗口会被关闭；单击某个菜单选项时，将会执行该菜单项所对应的操作。

在实际开发中，为了获得所见即所得的图形开发效果，经常借助各种具有可视化图形界面设计功能的软件，如 IDEA、NetBeans、Eclipse。如果使用的是 Eclipse，则需要另外安装 VisualEditor 或者 WindowBuilder 插件。图 10-2 是在 IDEA 工程中的源文件夹 src 上右键点击"New"→"Swing UI Designer"创建的所见即所得的可视化图形设计界面。

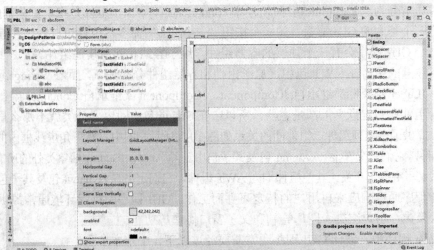

图 10-2　IDEA 图形设计界面

10.2　Swing 容器组件

根据容器所在的层级，可以将容器分为两类：顶层容器和中间容器。

(1) 顶层容器。顶层容器是图形用户界面程序中位于最上层的容器，它属于窗口类组件，可以独立显示，但不能作为组件被包含到其他容器中，如 JFrame、JDialog、Japplet、Jwindow 和 JInternalFrame。绝大多数 Swing GUI 程序使用 JFrame 作为顶层容器。

(2) 中间容器。中间容器作为基本组件的载体对容器内的组件进行分组管理。中间容器不可独立显示，它必须被放入顶层容器或其他中间容器中。常见的 Swing 中间容器包括 JPanel、JScroollPane、JTabbedPane、JToolBar、JMenuBar 等。

JFrame、JDialog、JWindow、JApplet 以及 JInternalFrame 这五个 Swing 容器都实现了 RootPaneContainer 接口，它们都将操作委托给了 JRootPane。图 10-3 显示了 JRootPane 的结构。一个 JRootPane 是由一个 glassPane、一个可选的 menuBar 和一个 contentPane 组成的(JLayeredPane 包含 menuBar 和 contentPane)。glassPane 位于所有组件的上方，默认情况下是不可见的，它可以拦截鼠标移动，也可以在其上绘图。glassPane 上的线条和图像可以在下面的框架上延伸，而不受其边界的限制。除菜单外，可视组件都必须放在内容窗格 contentPane 中。尽管 menuBar 组件是可选的，但 layeredPane、contentPane 和 glassPane 始终存在。

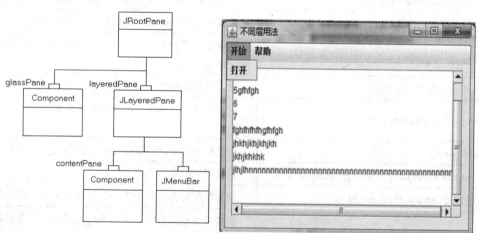

图 10-3　JRootPane 的组成及实例

10.2.1　JFrame

JFrame 是 Swing 图形用户界面程序使用最多的顶层容器类，它可以创建包含标题、边框、菜单、工具栏以及最大化、最小化和关闭按钮等的窗口。JFrame 窗口也称为框架或窗体。使用 JFrame 时，需要注意以下几点：

(1) 每个 GUI 组件只能被添加到一个容器中。如果一个组件已经被添加到一个容器中，后又把它添加到另外一个容器中，则它将被首先从第一个容器中删除，然后放入第二个容器。

(2) 创建 JFrame 对象后，默认情况下的布局管理器是 BorderLayout，窗口尺寸为 0 像素×0 像素，窗口显示位置为屏幕坐标[0, 0]，且是不可见的。因此，需要显式地指定窗口的具体尺寸，然后调用 setVisible 方法将窗口显示在屏幕上。可视化方法的原型如下：

void setVisible(boolean b)

(3) Swing 组件中事件处理和绘画代码都在一个单独的线程中执行，这个线程叫作事件分发线程。该线程确保了事件处理器都能串行执行，并且绘画过程不会被事件打断。因此，在 main 方法或其他启动界面的线程，需要使用 SwingUtilities.invokeLater(Runnable doRun) 启动线程来操作界面。

JFrame 类的主要方法如表 10-1 所示。

表 10-1　JFrame 类的主要方法

方 法 原 型	功能及参数说明
JFrame()	构造方法。title 指定窗口的标题，默认无标题。创建时默认不可见
JFrame(String title)	
Container getContentPane()	返回框架内容格
void setJMenuBar(JMenuBar menubar)	设置框架的菜单栏
JMenuBar getJMenuBar()	返回框架的菜单栏对象
void setSize(int width,int height)	设置框架的宽度和高度，单位为像素
void reSize(int width,int height)	调整框架的宽度与高度，单位为像素
void setVisible(boolean b)	设置框架的可见性，框架默认是不可见的
void setBounds(int x,int y,int width,int height)	设置框架在屏幕上显示的位置及框架的宽度与高度，单位为像素
void setTitle(String title)	设置框架的标题
void setLocation(int x,int y)	将框架移动到屏幕上的新的坐标位置，默认位置是[0,0]
void pack()	调整框架大小使得框架正好容纳各组件
void setLayout(LayoutManager manager)	设置框架的布局管理器
void setResizable(boolean b)	设置框架是否可调整大小，框架默认可调整大小
void setDefaultCloseOperation(int operation)	设置关闭框架时的行为。系统定义的行为常量有： JFrame.EXIT_ON_CLOSE：结束程序； WindowConstants.DISPOSE_ON_CLOSE：隐藏框架并释放显示资源； WindowConstants.DO_NOTHING_ON_CLOSE：无动作； WindowConstants.HIDE_ON_CLOSE：隐藏并继续运行

需要注意的是，在创建框架后，若没有调用框架的 setDefaultCloseOperation 方法设置框架的关闭行为，则在单击框架上的标题栏右侧的"关闭"按钮或点击系统菜单(点击标题栏

的左侧图标会弹出系统菜单)的"关闭"菜单项时，程序不会终止运行，而是将框架隐藏起来。

框架加入组件有两种做法。其一是通过框架的 getContentPane()方法返回 Container 容器对象，然后用 getContentPane().add(组件)添加组件；其二是直接调用继承自间接父类 Container 的 add()方法，即 JFrame 的 add(组件)方法等价于 getContentPane().add(组件)，同样，setLayout(布局管理对象)等价于 getContentPane().setLayout(布局管理对象)。

无论通过哪一种方法加入组件，实际上都要调用 Container 的 add 方法。Container 定义了一系列 add 方法，应根据不同的布局管理器选择相适应的 add 方法，否则不能加入或者得不到需要的效果。Container 类中添加、删除组件的主要方法如表 10-2 所示。

表 10-2　java.awt.Container 的加入或移除组件的主要方法

方 法 原 型	功能及参数说明
Component add(Component c)	将组件 c 追加到容器的尾部
Component add(Component c, int index)	将组件 c 添加到容器的指定位置 index 处
void add(Component c, Object constraints)	将组件 c 加入容器尾部，并通知布局管理器以约束对象 constraints 将组件加入容器的布局中
void add(Component c, Object constraints, int index)	将组件 c 加入容器中的指定位置 index 处，并通知布局管理器以约束对象 contraints 加入容器的布局中
void remove(Component c)	从容器中移除指定组件 c
void remove(int index)	从容器中移除 index 位置处的组件
void removeAll()	从容器中移除所有组件

【例 10.1】 JFrame 的默认布局管理器为 java.awt.BorderLayout(边界布局)，它将窗口划分为东、西、南、北、中五个区域，每个区域只能放置一个按钮组件(可以嵌套其他容器以达到放入多于五个组件的目的)。

```
代码：JFrameDemo.java
import java.awt.BorderLayout;
import javax.swing.JButton;
import javax.swing.JFrame;
import javax.swing.SwingUtilities;
class JFrameDemo extends JFrame {
    private JButton jButton1, jButton2, jButton3, jButton4 , jButton5 ;
    public JFrameDemo() {
        this.setSize(400, 200);              //设置框架尺寸,但系统在默认屏幕位置上显示框架
        jButton1 = new JButton("北");        //创建按钮，按钮上的标签文字为"北"
        jButton2 = new JButton("南");        //创建按钮，按钮上的标签文字为"南"
        jButton3 = new JButton("西");        //创建按钮，按钮上的标签文字为"西"
        jButton4 = new JButton("东");        //创建按钮，按钮上的标签文字为"东"
        jButton5 = new JButton("中");        //创建按钮，按钮上的标签文字为"中"
        add(jButton1, BorderLayout.NORTH);   //将按钮放到窗口的上部区域
        add(jButton2, BorderLayout.SOUTH);   //将按钮放到窗口的下部区域
```

```
        add(jButton3, BorderLayout.WEST);    //将按钮放到窗口的左侧区域
        add(jButton4, BorderLayout.EAST);    //将按钮放到窗口的右侧区域
        add(jButton5, BorderLayout.CENTER);  //将按钮放到窗口的中部区域
        this.setTitle("JFrame");                        //设置窗口标题
        this.setDefaultCloseOperation(JFrame.EXIT_ON_CLOSE);   //设置关闭行为
    }
    public static void main(String[] args) {
        JFrameDemo demo=new JFrameDemo();               //创建框架对象
        demo.setVisible(true);                          //显示窗口
    }
}
```

程序运行效果如图 10-4 所示。

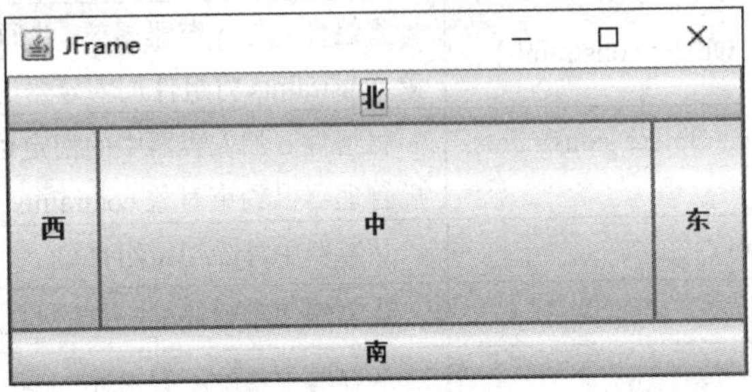

图 10-4 例 10.1 运行界面

10.2.2 JDialog

通常情况下，对话框不用作图形用户界面程序的主窗口，而作为程序的辅助窗口，用于接收用户数据的输入或向用户展示输出信息。对话框作为程序的辅助窗口使用时，它要由主窗口弹出，并依附于主窗口。

根据对话框与主窗口的操作关系，通常将对话框分为两类：模态对话框(模式对话框)和非模态对话框(无模式对话框)。所谓模态对话框，是指用户需要等到处理完对话框后才能继续与其他窗口交互；而非模态对话框则允许用户在处理对话框的同时与其他窗口交互。Windows 操作系统还有一种半模式对话框，但它只能由操作系统自身使用，不向用户提供。

JDialog 对话框的类型由 JDialog 构造方法的参数来决定，也可以在创建对话框后调用它的 setModal 方法进行设置。JDialog 类的主要方法如表 10-3 所示。

表 10-3 JDialog 类的主要方法

方 法 原 型	功能及参数说明
JDialog()	创建没有标题的非模态对话框
JDialog(Dialog owner)	创建依附于另一个对话框的非模态对话框。title 指定标题
JDialog(Dialog owner, String title)	

续表

方法原型	功能及参数说明
JDialog(Dialog owner, boolean modal)	创建依附于另一个对话框的对话框。modal 指定对话框类型，为 true 时创建模态对话框，为 false 时创建非模态对话框；title 指定标题
JDialog(Dialog owner, String title, boolean modal)	
JDialog(Frame owner)	创建依附于框架的非模态对话框。title 指定标题
JDialog(Frame owner, String title)	
JDialog(Frame owner, boolean modal)	创建依附于框架的对话框。modal 指定对话框类型，为 true 时创建模态对话框，为 false 时创建非模态对话框；title 指定标题
JDialog(Frame owner, String title, boolean modal)	
void setTitle(String title)	将 title 设置为对话框标题
void setModal(boolean b)	设置对话框的类型，b 为 true 时设置为模态对话框，b 为 false 时设置为非模态对话框
void setSize(int width,int height)	设置对话框的尺寸，单位为像素
setVisible(boolean b)	设置对话框的可见性，b 为 true 时设置为可见，b 为 false 时设置为隐藏

当对话框所依赖的容器关闭或最小化时，该对话框也随之关闭或最小化，当它所依赖的容器还原时，该对话框也随之还原。

对话框默认使用 java.awt.BoderLayout 布局管理器，与框架 JFrame 顶层容器的最大不同点在于：默认情况下，框架有最大化和最小化按钮图标(缩放功能)，而对话框则没有。

【例 10.2】 非模态对话框。

```
代码：FrameWithDialog.java
import java.awt.BorderLayout;
import javax.swing.JButton;
import javax.swing.JDialog;
import javax.swing.JFrame;
import javax.swing.SwingUtilities;

public class FrameWithDialog extends JFrame{
    MyDialog dlg;                                    //包含一个对话框子对象
    public FrameWithDialog(String title) {
        super(title);                                //设置框架标题
        setSize(300, 300);                           //设置框架尺寸
        dlg = new MyDialog(this);                    //创建对话框
        dlg.setVisible(true);                        //显示对话框
    }

    public static void main(String[] args) {
```

```
        FrameWithDialog    frame = new FrameWithDialog("对话框测试");
        frame.setVisible(true);                      //显示框架
    }
}
//定义对话框
class MyDialog extends JDialog {
    JButton btn = new JButton("看见我了!");           //对话框子对象
    public MyDialog(JFrame parent) {
        super(parent,"我的对话框",false);             //创建非模态对话框
        add(btn,BorderLayout.CENTER);                //将按钮放入中间位置
        setSize(200,200);                            //设置对话框尺寸
    }
}
```

程序中共定义了两个类。一个类是自定义框架类，它包含了一个自定义对话框对象。在其构造方法中，首先设置框架的标题；然后创建自定义对话框对象，让框架自身成为对话框的主窗口；最后显示对话框。主方法 main 的作用是创建框架对象并显示它。

第二个类是自定义对话框类，它包含一个按钮对象。在其构造方法中，首先进行初始化，设置对话框的标题，将通过参数 parent 传递过来的框架作为自己依附的主窗口,同时将自身设置为非模态对话框；接着，将按钮放入对话框的中间位置；最后设置对话框的尺寸。

从程序中我们可以看到，对话框的显示是由框架控制的。但由于所创建的对话框是非模态对话框，因此程序运行时，框架窗口和对话框窗口会同时显示出来，并且都可以进行操作。程序运行结果如图 10-5 所示。

如果将自定义对话框类构造方法中调用基类的语句改为如下语句：

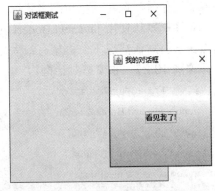

图 10-5　程序运行结果(非模态对话框)

```
        super(parent,"我的对话框",true);              //创建模态对话框
```

则所创建的对话框成为模态对话框。若重新编译和运行，则程序在屏幕中将只显示对话框窗口，而不会显示框架窗口。也就是说，此时只能对对话框进行操作。只有在关闭对话框后才能显示框架窗口。

JDialog 让用户可以根据自己的需要自定义和布局窗口内的组件。Swing 组件还为用户提供了多个标准对话框，如 OptionPane(用不同的静态方法显示确认对话框、消息提示对话框、输入数据对话框)、JFileChooser(文件选择器)和 JColorChooser(颜色选择器)等。

10.2.3　JPanel

如果需要构建复杂的图形用户界面，并将每个组件放到准确的位置上，就需要一种中

间容器。最常用的中间容器是面板。通常我们将整个用户界面划分成若干区域，每个区域用一个面板容器管理多个组件，然后将这些面板容器放在顶层窗口的内容窗格中，这样处理的好处是将窗口内容格式化，有利于管理、更换和调试。

面板容器组件默认没有边框、标题栏，也不能独立存在，必须被包含在其他容器中。同时，在面板上还可以布置其他组件和中间容器，这样就形成了容器间的嵌套。

Swing 中常见的面板容器有两种：一种是普通的面板容器 JPanel；另一种是带滚动条的面板容器 JScrollPane。这里只介绍 JPanel 的用法。JPanel 是不透明的矩形容器，其默认的布局管理器是 java.awt.FlowLayout。JPanel 的主要构造方法如表 10-4 所示。

表 10-4 JPanel 的主要构造方法

方 法 原 型	功能及参数说明
JPanel()	构造方法，创建具有双缓冲并默认用 FlowLayout(流式布局管理器)进行布局的面板
JPanel(LayoutManager layout)	构造方法，创建带缓冲并用布局管理器 layout 布局的面板

【例 10.3】 用面板实现一个用户登录界面。

```java
代码：JPanelDemo.java
import java.awt.Color;
import java.awt.FlowLayout;
import javax.swing.*;
class MyJFrame extends JFrame {
    JPanel panel1, panel2 ;                          //面板容器对象
    JLabel nameLabel,passwordLabel;                  //姓名、密码标签
    JTextField name;                                 //姓名文本域
    JPasswordField password;                         //密码文本域
    JButton okButton, cancelButton;                  //按钮
    public MyJFrame() {
        nameLabel = new JLabel("姓名:");
        passwordLabel = new JLabel("密码:");
        name = new JTextField(20);                   //20 为姓名文本域列长
        password = new JPasswordField(20);           //20 为密码文本域列长
        okButton = new JButton("OK");
        cancelButton = new JButton("Cancel");
        JPanel panel1=new JPanel();
        JPanel panel2=new JPanel();
        panel1.setBackground(Color.ORANGE);          //设置面板背景色
        panel2.setBackground(Color.gray);
        this.setLayout(new FlowLayout());            //重置框体的布局管理器
        setSize(600, 130);                           //设置框架窗口尺寸
        setTitle("用户登录");                         //设置框架窗口标题
```

```
        panel1.add(nameLabel);                    //将组件加入面板 panel1
        panel1.add(name);
        panel1.add(passwordLabel);
        panel1.add(password);

        panel2.add(okButton);                     //将组件加入面板 panel2
        panel2.add(cancelButton);

        this.add(panel1);                         //将面板加入框架
        this.add(panel2);
    }}
//测试类
public class JPanelDemo {
    public static void main(String[] agrs) {
        MyJFrame frame = new MyJFrame();
        frame.setVisible(true);                   //显示窗口
    }
}
```

程序分析：

程序中定义了外层窗口的顶层容器类 MyJFrame，并将两个面板对象加入其内容窗格中。实际上，顶层窗口的内容窗格也是一种没有边框的面板容器(JRootPane)。JPanelDemo 类用于检测 MyJFrame 类的使用情况。程序的运行结果如图 10-6 所示。

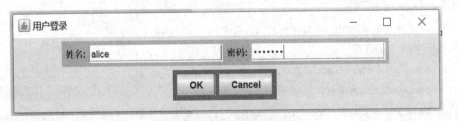

图 10-6　MyJFrame 的显示界面

10.3　布局管理器

Java 程序可以运行在不同的操作系统以及屏幕设置下，容器中的组件在容器中的大小和位置是由容器的布局管理器(Layout Manager)来布置的，这样能根据不同的屏幕自动进行排版。

布局管理器是实现 LayoutManager 接口的对象，它会跟踪容器中的每个组件。当组件加入容器时，容器会通知布局管理器，由布局管理器将其布置在合适的位置；当容器大小发生改变时，容器会通过各组件的 getMinimumSize()方法或 getPreferredSize()方法与布局管理器进行协商，由布局管理器根据各组件的最小尺寸或合适尺寸来合理安排各组件的大小和位置。

每个容器中都有默认的布局管理器，如，所有窗口默认布局为 BorderLayout(文件对话框除外)，所有面板默认布局为 FlowLayout，但容器组件可以设置或取消容器的布局管理器，其方法格式为：

void setLayout(LayoutManager mgr)

例如：

setLayout(new FlowLayout());   //为容器设置 FlowLayout 布局
setLayout(null);   //取消容器的布局管理器

当取消容器的布局管理器后，容器中每个组件必须调用 setLocation()、setSize()或 setBounds()等方法，以便为组件的放置位置和大小进行定位，这种定位称为绝对定位。

Java 预定义了不同的布局管理器类中，有些开发环境也定义了自己的布局管理器类。主要的布局管理器类有 FlowLayout(流式布局/顺序布局)、GridLayout(网格布局)、GridBagLayout(网格包布局)、BoxLayout(箱式布局)、GroupLayout(分组布局)、CardLayout(卡片布局)、BorderLayout(边界布局)、SpringLayout(弹性布局)等。

1. 流式布局(java.awt.FlowLayout)

流式布局管局器也称顺序布局管理器，它是最简单的布局管理方式。在这种方式下，组件会按照加入容器的顺序被安排在一行中，当一行中显示不下时，组件会自动换行。每个组件都有一个 getPreferredSize()方法，容器的布局管理器会调用这一方法取得每个组件希望的大小。

在生成 FlowLayout 布局管理器时，可以指定行中组件的对齐方式，默认为居中对齐。FlowLayout 定义了 5 种组件对齐方式，它们都是 int 类型的静态常量，如表 10-5 所示。

表 10-5 FlowLayout 行中组件的对齐方式

常量名称	对应的 int 值	含义
FlowLayout.LEFT	0	左对齐
FlowLayout.CENTER	1	居中对齐，默认值
FlowLayout.RIGHT	2	右对齐
FlowLayout.LEADING	3	指示每行组件与容器布局方向的开始边对齐
FlowLayout.TRAILING	4	指示每行组件应与容器布局方向的结束边对齐

表 10-5 中的 LEADING 和 TRAILING 与容器的布局方向有关。对容器而言，默认的布局方向是从左到右，即各组件默认从左到右依次摆放。有关组件布局方向的信息封装在类 ComponentOrientation 中，这里不做深入探讨。

在生成 FlowLayout 布局管理器时，还可以指定行中组件之间的间隔，单位为像素数。还需要注意的是，行的高度是以最高的组件为基准的。如果组件较多且高度不同，则用 FlowLayout 布局就会显得很乱。

FlowLayout 的主要方法如表 10-6 所示。

表 10-6 FlowLayout 的主要方法

方 法 原 型	功能及参数说明
FlowLayout()	构造方法。align 指定组件的对齐方式，默认居中对齐，hgap 和 vgap 指定组件间水平的垂直间隔，默认为 5 个像素
FlowLayout(int align)	
FlowLayout(int align,int hgap,int vgap)	
int getAlignment()	返回对齐方式
int setAlignment(int align)	设置对齐方式
int getHgap()	返回组件间水平间隔，单位为像素
int setHgap(int hgap)	设定水平间隔，单位为像素
int getVgap()	返回垂直间隔，单位为像素
int setVgap(int vgap)	设定垂直间隔，单位为像素

【例 10.4】 FlowLayout 布局管理器示例。

```
代码：FlowLayoutDemo.java
/*省略 import 语句，可通过 IDE 自动导入*/
class FlowLayoutDemo {
    //初始化框架
    public void initJFrame() {
        JFrame frame = new JFrame("FlowLayout 示例");
        frame.setLayout(new FlowLayout());         //设置流式布局
        JButton[] btn = new JButton[8];
        for(int i = 0; i < btn.length; i++) {
            btn[i] = new JButton("按钮" + i);
            frame.add(btn[i]);
        }
        frame.setSize(300,200);
        frame.setDefaultCloseOperation(JFrame.EXIT_ON_CLOSE);
        frame.setVisible(true);
    }
    public static void main(String[] args) {
        FlowLayoutDemo demo = new FlowLayoutDemo();
        demo.initJFrame();
    }
}
```

程序分析：

使用 FlowLayout 布局管理器的容器默认组件是居中对齐，但每行中布局的组件个数会随着容器宽度的变化而变化。运行界面如图 10-7 所示。

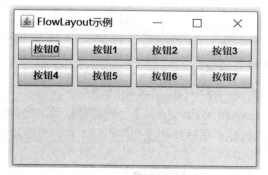

(a) 改变窗口宽度前

(b) 改变窗口宽度后

图 10-7 例 10.4 的运行结果界面

2. 边界布局(java.awt.BorderLayout)

BorderLayout 布局管理器将容器中的空间划分为东、西、南、北、中五个区域，每个区域都可以放置一个组件(实际上每个区域可以放置多于一个的组件，但只有最后放入的才可见)。当容器缩放时，处于南、北位置的组件大小会在水平方向上发生变化(组件宽度变化)，处于东、西位置的组件大小会在垂直方向上发生变化(组件高度变化)，而处于中央位置的组件则会在水平和垂直方向上都可能发生变化。BorderLayout 类的主要方法如表 10-7 所示。

表 10-7 BorderLayout 布局管理器类的主要方法

方 法 原 型	功能及参数说明
BorderLayout()	
BorderLayout(int hgap,int vgap)	hgap 和 vgap 分别指定组件间的水平和垂直距离，默认为 0 像素
void setHgap(int hgap)	设置窗口间的水平间隔
int getHgap()	返回窗口间的水平间隔
void setVgap(int vgap)	设置窗口间的垂直间隔
int getVgap()	返回窗口间的垂直间隔

BorderLayout 还定义了组件在容器中的位置常量(都是 String 类型的静态常量)，它们可直接用对应的字符串值代替。常用的位置常量如表 10-8 所示。

表 10-8 BorderLayout 常用位置常量

常量名称	String 类型常量值	含 义
BorderLayout.CENTER	"Center"	容器中央位置
BorderLayout.EAST	"East"	容器右侧位置
BorderLayout.NORTH	"North"	容器上部位置
BorderLayout.SOUTH	"South"	容器下部位置
BorderLayout.WEST	"West"	容器左侧位置

在 BorderLayout 布局的容器中加入组件的 add 方法如下：
```
void add(String position,Component c);
void add(Component c, Object constraints);
```
例如：
```
add("North",new JButton("North"));          //将按钮放入容器的上部位置
add(new JButton("South"),BorderLayout.SOUTH);  //将按钮放入容器的下部位置
```

【例 10.5】 在框架中利用默认的 BorderLayout 布局，加入 5 个按钮并显示，接着每隔 1 秒动态地隐藏一个按钮，直到隐藏全部的按钮，最后按相反顺序每隔 1 秒再重新显示出来。

代码：BorderLayoutDemo.java

```java
/*省略 import 语句，可通过 IDE 自动导入*/

class BorderLayoutFrame extends JFrame {
    String names[] = {"North","South","East","West","Center"};  //按钮名称
    JButton buttons[];                                           //按钮数组
    BorderLayout layout;                                         //新的边界布局管理器
    //构造方法，同时将框架的布局管理器设置为 BorderLayout
    public BorderLayoutFrame() {
        super("BorderLayout 布局测试");          //设置标题
        layout = new BorderLayout();            //创建边界布局管理器

        //创建按钮数组，在框架中添加 5 个按钮组件
        buttons = new JButton[names.length];
        for(int i = 0; i < names.length; i++) {
            buttons[i] = new JButton(names[i]);
            add(names[i],buttons[i]);           //将按钮加到指定的位置
        }

        setDefaultCloseOperation(JFrame.EXIT_ON_CLOSE);  //设置关闭动作
        setSize(300,200);                       //设置框架尺寸
        setVisible(true);                       //显示框架
    }
    //按顺序每隔 1 秒隐藏一个按钮
    public void hideButton( ) {
        for(int i=0;i < buttons.length; i++) {
            try {
                Thread.sleep(1000);             //定时 1 秒
            } catch(Exception e) {   }
            buttons[i].setVisible(false);       //隐藏组件
```

```java
            //按 BorderLayout 布局方式重新计算容器窗口格中各组件尺寸
            //以便填满容器空间
            layout.layoutContainer(getContentPane());
        }
    }
    //按相反顺序每隔 1 秒显示出来一个按钮
    public void showButton( ) {
        for(int i = names.length-1; i >= 0; i--){
            try {
                Thread.sleep(1000);                    //定时 1 秒
            } catch(Exception e) {
            }
            buttons[i].setVisible(true);               //显示组件
            //按 BorderLayout 布局方式重新计算容器窗口格中各组件尺寸
            //以便填满容器空间
            layout.layoutContainer(getContentPane());
        }
    }
}
//测试类
public class BorderLayoutDemo {
    public static void main(String args[ ]){
        BorderLayoutFrame obj=new BorderLayoutFrame ();
        obj.hideButton( );                             //隐藏按钮
        obj.showButton( );                             //显示各个按钮
    }
}
```

说明：

(1) 线程类 Thread 的方法 sleep 的休眠时间以毫秒为单位，会抛出 InterruptedException 异常，该异常类是 Exception 异常类的子类。

(2) 布局管理器会先调整容器中组件的尺寸以便填满容器，然后再显示。所以当隐藏或显示组件时组件的尺寸会一直变化。

(3) 虽然 JFrame 的默认布局管理器就是 BorderLayout，但是默认的布局管理器管理的内容还包括菜单栏和工具栏等。因此，如果程序中不创建并设置新的 BorderLayout 管理器，而是使用默认的 BorderLayout 管理器，则运行中可能会出现显示问题。

3. 网格布局(java.awt.GridLayout)

GridLayout 布局是将容器空间划分为 m 行 n 列的大小相等的网格区域，每个格子允许放置一个组件，组件将自动占满格子。将组件放入网格中有两种方法：一种是使用默认的布局顺序，即组件依照从左到右、自上而下的次序填充各格子；另一种方法则是指定组件将放置的网格。

另外，当放置的组件数量超过 m×n 时，容器将自动增列；反之，则容器自动减少列数，而行数保持不变。若想在一个格子中放多个组件，则应先在格子上放置一个容器，容器中当然可以放置多个组件，而且也可以设置新布局。GridLayout 类的主要方法如表 10-9 所示。

表 10-9 GridLayout 布局管理器类的主要方法

方 法 原 型	功能及参数说明
GridLayout()	构造方法。所有组件布置在一行内，列数根据组件数量自动调整，组件大小相同，组件间的水平和垂直间距默认为 0
GridLayout(int rows, int cols)	rows 和 cols 分别指定网格的行数和列数，可以为 0 但不能同时为 0，为 0 时表示自动调整数量。hgap 和 vgap 分别指定组件间的水平和垂直间距，单位为像素
GridLayout(int rows, int cols, int hgap, int vgap)	
int getColumns()	返回网格的列数
int setColumns(int cols)	设置网格的列数
int getRows()	返回网格的行数
int setRows(int rows)	设置网格的行数
int getHgap()	返回组件间的水平间隔，单位为像素
int setHgap(int ghap)	设置组件间的水平间隔，单位为像素
int getVgap()	返回组件间的垂直间隔，单位为像素
int setVgap(int vgap)	设置组件间的垂直间隔，单位为像素

【例 10.6】 设计一个简单的计算器界面。

代码：GridLayoutDemo.java

```
import java.awt.*;
import javax.swing.*;
class GridLayoutDemo extends JFrame {
    //定义计算器按钮上的文字
    String[] btnLabel = {"0","1","2","3","4","5","6","7","8","9","+","-","*","/","="};
    JButton[] btn;                              //计算器按钮
    JPanel resultPanel, btnPanel;               //计算结果面板和计算器按钮面板
    JTextField resultText;                      //计算结果显示文本域

    public GridLayoutDemo() {
        super("GridLayout 布局管理器示例");
        btn = new JButton[btnLabel.length];
        resultPanel = new JPanel();             //构造计算结果面板
        btnPanel = new JPanel();                //构造计算器按钮面板
```

```java
        resultText = new JTextField(20);           //构造列数为 20 的结果显示文本域

        resultPanel.add(resultText);               //结果显示文本域放入结果面板中
        btnPanel.setLayout(new GridLayout(5,3));   //按钮面板为 5 行 3 列的 GridLayout
        for(int i = 0; i < btnLabel.length; i++) { //将按钮依序加入计算器按钮面板中
            btn[i] = new JButton(btnLabel[i]);
            btnPanel.add(btn[i]);
        }
        //JFrame 和 JPanel 分别默认使用 BorderLayout 和 FlowLayout 布局管理器
        add(resultPanel, BorderLayout.NORTH);      //结果面板放在上部
        add(btnPanel, BorderLayout.CENTER);        //按钮面板放在中央
        setSize(200,300);
        setVisible(true);
        setResizable(false);                       //禁止调整 JFrame 尺寸
        setDefaultCloseOperation(JFrame.EXIT_ON_CLOSE);
    }
    public static void main(String[] args) {
        GridLayoutDemo cal = new GridLayoutDemo();
    }
}
```

程序分析：

该程序中共使用了三个容器，一个 JFrame 顶级容器，两个 JPanel 面板容器，其分别用于显示计算结果和计算器按钮。JFrame 和计算结果面板均使用默认的布局管理器，按钮面板则将布局管理器改为 GridLayout。程序运行结果如图 10-8 所示。

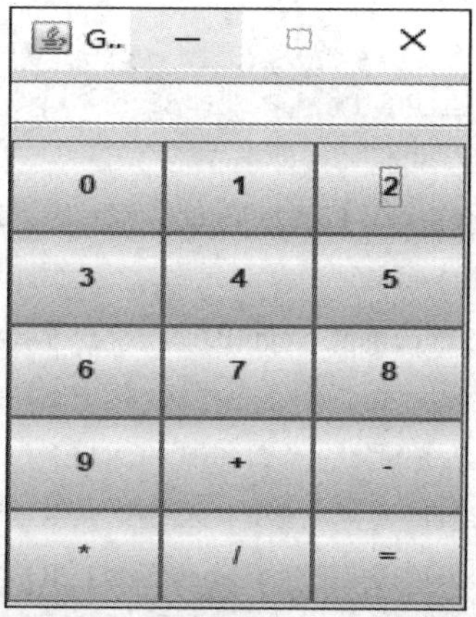

图 10-8 简单的计算机界面

4. 卡片布局(java.awt.CardLayout)

在卡片布局中，容器中的组件像扑克牌一样叠放，组件可以有很多个，但每次只能

展现其中的一个组件，其他组件则被隐藏起来。卡片布局要求所有被添加的组件与容器的大小相同，卡片布局管理器通常与面板配合使用。卡片布局管理容器主要方法如表 10-10 所示。

表 10-10 CardLayout 布局管理器类的主要方法

方法原型	功能及参数说明
CardLayout()	构造方法。hgap 是左侧和右侧的水平间隔，vgap 是顶部和下部的垂直间隔，单位为像素，默认间隔为 0
CardLayout(int hgap,vgap)	
void first(Container parent)	显示容器 parent 中的第一个组件，其余组件被隐藏
void last(Container parent)	显示容器 parent 中的最后一个组件，其余组件被隐藏
void next(Container parent)	显示容器 parent 中的下一个组件，其余组件被隐藏
void previous(Container parent)	显示容器 parent 中的上一个组件，其余组件被隐藏
int setHgap(int hgap)	设置水平间隔，单位为像素
void setVgap(int vgap)	设置垂直间隔，单位为像素
void show(Container parent, String name)	显示容器 parent 中的指定名称的组件，其余组件被隐藏

需要注意，next 方法和 previous 方法是循环显示的。例如，如果当前显示的组件是容器中的第一个组件，在调用 previous 方法后，则容器中的最后一个组件将成为当前显示组件。

【例 10.7】 在由 CardLayout 布局的容器中加入"星期一"到"星期日"共 7 个标签，然后每隔 2 秒显示下一个标签。

```java
代码：CardLayoutDemo.java
import java.awt.CardLayout;
import java.awt.Container;
import javax.swing.JFrame;
import javax.swing.JLabel;
class CardLayoutDemo {
    public static void main(String[] args) {
        JFrame frame = new JFrame("卡片布局示例");
        CardLayout cardLayout = new CardLayout();
        frame.setLayout(cardLayout);                    //设置为卡片布局
        Container container = frame.getContentPane();   //取内容窗格
        //向内容窗格中加入组件
        container.add(new JLabel("星期一", JLabel.CENTER), "1");
        container.add(new JLabel("星期二", JLabel.CENTER), "2");
        container.add(new JLabel("星期三", JLabel.CENTER), "3");
        container.add(new JLabel("星期四", JLabel.CENTER), "4");
        container.add(new JLabel("星期五", JLabel.CENTER), "5");
        container.add(new JLabel("星期六", JLabel.CENTER), "6");
        container.add(new JLabel("星期日", JLabel.CENTER), "7");
```

```
                frame.setSize(400,200);
                frame.setVisible(true);
                frame.setDefaultCloseOperation(JFrame.EXIT_ON_CLOSE);
                cardLayout.show(container,"1");              //首先显示第一个标签
                for(int i = 0; i < 7; i++){                  //间隔2秒显示下一个标签
                    try {
                        Thread.sleep(2000);
                        cardLayout.next(container);
                    } catch(InterruptedException e){}
                }
            }
        }
```

语句 container.add(new JLabel("星期一", JLabel.CENTER), "1");的含义是向内容窗格中加入一个标签组件(JLabel 类型)，标签组件中包含文字串"星期一"并且居中显示。该语句同时还为标签组件命名了一个约束对象即"1"字符串对象，可以将约束对象看作标签组件的别名。约束对象将被加入卡片布局管理器中用于布局。也就是说，如果程序中调用了语句 show(container, "1");，那么"星期一"对应的标签组件将被显示。

5. 网格包布局(java.awt.GridBagLayout)

GridBagLayout 是 AWT 中提供的最灵活同时也是最复杂的布局管理器。GridBagLayout 与 GridLayout 相似，也是将布局空间划分为多行多列，不同的是 GridBagLayout 允许每个网格具有不同的宽度、高度，放置方式和额外空间调整行为等(这些统称为网格包约束)，且允许每个组件使用最适当的大小，即每个组件可占用一个或多个网格。

6. 布局管理器小结

(1) 每种容器都有一种默认的布局管理器，利用 Java 设计应用程序界面时需要清楚这一点，以便在没有为容器设置布局管理器时，提前了解摆放组件时采用的排列规则。

(2) 如果希望为某个容器设置特定的布局管理器，首先需要创建相应的布局管理器对象，然后再利用成员方法 setLayout()进行设置。

(3) 设置布局管理器，并利用面板容器将界面结构化是设计复杂程序界面的基本手段。

(4) 一般来说，在应用程序中使用上面五种布局管理器就可以满足要求了。但是，有时用户需要使用自己的布局管理，这时就可以将容器的布局管理器设置为 null，然后用像素绝对定位的方式来确定组件在容器中的位置和大小。

实际上，不同开发环境还提供了其他布局管理器，尽管不同的布局管理器的布局策略有所不同，但基本的使用方法是相同的，在此不一一进行介绍。

10.4 事件处理

对于图形用户界面的应用程序来说，设计好用户界面后，程序并不能响应用户操作，

还需要进一步编写事件处理代码。当用户与应用程序之间交互时，比如在组件上单击鼠标或按下键盘，组件就会触发一个事件。当事件被触发时，它将被一个或多个监听器接收，监听器负责处理事件。

10.4.1 事件处理机制

从 JDK1.1 开始，Java 摒弃掉了早期的层次事件处理模型，引入了委托事件处理模型，简称委托事件模型，该模型的处理机制如图 10-9 所示。

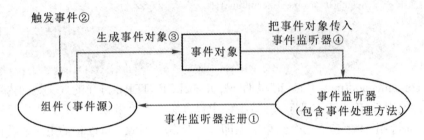

图 10-9　委托模型的事件处理机制

应用委托模型编写事件处理程序一般包含以下几个步骤：
(1) 确定事件源应关注的事件。
(2) 设计处理各事件的事件监听器类。
(3) 创建事件监听器对象。
(4) 调用事件源的 addXxxListener 方法为事件源注册事件监听器。

当事件发生时，若该事件已关联到特定的事件监听器，则将事件直接传递给事件监听器，并由事件监听器调用相关方法进行事件处理；若事件未关联任何事件监听器，则被直接抛弃。

在上述委托模型中，事件处理主要涉及三个要素：事件源、事件对象和事件监听器。

(1) 事件源(Event Source)是产生事件的对象，通常是某个组件，如键盘、窗口、鼠标，当然，也可以是非图形化组件，比如定时器、文档等。

事件源通常提供注册和注销事件监听器(Event Listener)的方法，以便建立和取消事件源与事件监听器之间的关联。注册/注销监听器的方法如下：

事件源对象.addXXXListener(监听器对象)
事件源对象.removeXXXListener(监听器对象)

其中，XXX 为与之对应的事件类型。

(2) 事件对象(Event Object)通常由用户操作触发，由 Java 虚拟机产生并传播的对象。事件对象包含了事件发生时的必要信息，如鼠标事件对象有鼠标的坐标位置等信息。为方便处理，Java 预定义了丰富的事件类。

(3) 事件监听器(Event Listener)用于接收和处理事件的对象。Java 中采用委托模型的方式处理事件。即事件产生以后，不是由事件源处理事件，而是将事件委托给第三方对象——事件监听器来处理。

事件监听器能够工作必须满足两个要求：第一，事件监听器实现了处理某种事件的处理方法；第二，需要将事件监听器注册到事件源中，从而与事件源建立关联。

注意，一个事件源可注册多个事件监听器，反之，一个事件监听器也能监听多个事件源。下面给出示例。

在按钮组件上添加 ActionEvent 事件的监听器 ActionListener：

```
JButton  jbutton=new JButton("Click");
jbutton.addActionListener( new ActionListener(){
        public void actionPerformed(ActionEvent event){
            处理代码}});
```

ActionEvent 对应的事件监听器由 ActionListener 接口给出规范，其定义的处理方法是

```
public void actionPerformed(ActionEvent event)
```

10.4.2 事件和事件分类

Java 通过事件类来包装事件，事件类主要定义在 java.awt.event 包和 javax.swing.event 包中。Java 中有很多事件类，图 10-10 列出了最常用的一些事件，如 ActionEvent、ItemEvent、ChangeEvent、WindowEvent、MouseEvent 等，这些事件来自 java.awt.event 包，且由 java.awt.AWTEvent 类派生。但除此之外，Java 还有属于 EventObject 但不是 AWTEvent 派生的事件类，例如 ChangeEvent、TableModelEvent。另外，也有一些事件类甚至根本不继承自 EventObject 类，例如 DocumentEvent，其事件源是文本组件中的文档，用于提供文档变化的事件信息。本小节将主要介绍 AWTEvent 类位于 java.awt.event 包里的派生子类。

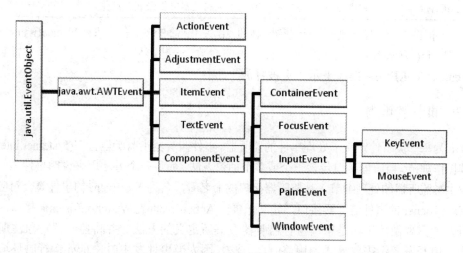

图 10-10　AWT 事件类的层次结构

Java 将 AWT 事件分为两类：低级事件和高级事件。

低级事件是基于容器和组件的事件，这些事件与键盘、鼠标与窗口等的操作有关，如窗口极小化、鼠标进入、敲击键盘等。常见的 AWT 低级事件如表 10-11 所示。

表 10-11 AWT 低级事件

事件类	事件名称	产 生 条 件
ComponentEvent	组件事件	当组件的尺寸、位置发生变化,如显示或隐藏组件时产生
ContainerEvent	容器事件	当容器中的组件数量发生变化,如增加或删除组件时产生
FocusEvent	焦点事件	组件获得或失去键盘焦点时产生
KeyEvent	键盘事件	当发生键盘击键动作时产生
MouseEvent	鼠标事件	鼠标的左/右键发生击键、移动鼠标,鼠标轨迹发生变化时产生
MouseWheelEvent	滚轮事件	当鼠标的中间滚轮发生滚动动作时产生
PaintEvent	绘制事件	当组件调用 update/paint 方法来呈现自身时产生,该事件并非专用于事件处理模型
WindowEvent	窗口事件	当窗口的状态发生变化时产生,如关闭窗口、最小化窗口等

高级事件也称语义事件,它可以不和特定的动作相关联,是用来描述用户操作所产生的结果,低级事件是高级事件的基础。比如,在 TextField 中按回车键会触发 ActionEvent 事件,在滑动条上移动滑块会触发 AdjustmentEvent 事件,选中项目列表的某一项就会触发 ItemEvent 事件。常见的高级事件如表 10-12 所示。

表 10-12 AWT 高级事件

事件类	事件名称	产 生 条 件
ActionEvent	动作事件	当组件被激活时产生,如单击按钮或在文本框中输入回车等
AdjustmentEvent	调整事件	当移动了滚动条、滑动条上的滑块等时发生
ItemEvent	选项事件	当列表、下拉列表或其他类似组件中的项被选中时发生
TextEvent	文本事件	当文本框或文本区的文本发生改变时产生

每个事件类都有一些用于获得事件相关信息的方法,如 MouseEvent 类的 getClickCount()方法得到事件发生时鼠标单击的次数。一些事件还定义了若干静态常量,如 KeyEvent.KEY_RELEASED 表示"键被释放"事件。

10.4.3 事件监听器

Java 为每一类事件定义了处理事件的监听器。事件监听器由监听器接口(Listerner interface)定义其操作规范。监听器接口包含一个或多个抽象方法,而每一个方法用来说明事件在一种情况下发生时监听器的处理细节。从监听器接口的命名看,名为 XxxEvent 的事件类会对应一个名为 XxxListener 的事件监听器接口,如动作事件 ActionEvent 对应 ActionListener 接口。

开发者需要做的工作是重写事件监听器及其所定义的方法,并将监听器对象注册到事件源上,但开发者不需要显式调用监听器方法,因为当事件发生时,Java 运行时环境会自动回调这些方法,并将事件对象作为实参传递给方法。实现事件监听器类有下面两种方式。

1. 实现监听器接口

让监听器类实现一个或多个事件监听器接口,并重写这些接口所定义的所有抽象方法,此种方式可以方便实现可监听多种事件的监听器。

2. 继承适配器类

当类实现一个接口时,必须要在实现接口中定义的所有方法,否则,该类必须被定义为一个抽象类。因此,如果在事件监听器接口中定义了多个方法,用户在自定义监听器类时就必须实现所有这些方法,即使我们不需要,至少也要将它们写成空的方法体。

例如,MouseListener 接口的形式如下:

```
public interface MouseListener extends EventListener {
    public void mouseClicked(MouseEvent e);
    public void mousePressed(MouseEvent e);
    public void mouseReleased(MouseEvent e);
    public void mouseEntered(MouseEvent e);
    public void mouseExited(MouseEvent e);
}
```

在该接口中定义了五种方法,如果我们要实现 MouseListener 接口的监听器类,就必须同时实现它所定义的五种方法。

在实际的程序设计中,我们往往只需要关注某个事件的某一种或几种情况。为了编程方便,Java 为每一个定义了多个方法的监听器接口提供了一个相应的适配器(Adapter)类,适配器类实现了相应接口的全部方法,但它们的方法体均为空的方法体。例如,MouseListener 接口的适配器类 MouseAdapter 的形式如下:

```
public abstract class MouseAdapter implements MouseListener {
    public void mouseClicked(MouseEvent e) { }
    public void mousePressed(MouseEvent e) { }
    public void mouseReleased(MouseEvent e) { }
    public void mouseEntered(MouseEvent e) { }
    public void mouseExited(MouseEvent e) { }
}
```

用适配器类实现自定义的监听器,我们只需要继承相应的适配器类并覆盖需要的方法即可,不用实现接口中所有的方法。例如,用继承 MouseAdpater 适配器类的方法实现监听器:

```
public class MouseClickHandler extends MouseAdapter {
    //由于只关心对鼠标单击事件的处理,因此在这里继承 MouseAdapter,并覆
    //盖 mouseClicked 方法,避免了编写其他不需要的事件处理方法
    public void mouseClicked(MouseEvent e) {
        //进行有关的处理
    }
}
```

由于 Java 不允许多重继承,因此,继承事件适配器类的方式只能实现单一的监视器。表 10-13 给出了常用的事件对象、相应的事件监听器接口、接口方法及适配器类。

表 10-13 常用事件及相应监视器信息

事件对象	监听接口	接口中的方法	适配器类
ActionEvent	ActionListener	actionPerformed(ActionEvent)	无
AdjustmentEvent	AdjustmentListener	adjustmentValueChanged(AdjustmentEvent)	无
ItemEvent	ItemListener	itemStateChanged(ItemEvent)	无
TextEvent	TextListener	textValueChanged(TextEvent)	无
MouseEvent	MouseListener	mouseClicked(MouseEvent) mouseEntered(MouseEvent) mouseExited(MouseEvent) mousePressed(MouseEvent) mouseReleased(MouseEvent)	MouseAdapter
MouseEvent	MouseMotionListener	mouseDragged(MouseEvent) mouseMoved(MouseEvent)	MouseMotionAdapter
KeyEvent	KeyListener	keyPressed(KeyEvent) keyReleased(KeyEvent) keyTyped(KeyEvent)	KeyAdapter
FocusEvent	FocusListener	focusGained(FocusEvent) focusLost(FocusEvent)	FocusAdapter
ComponentEvent	ComponentListener		ComponentAdapter
ContainerEvent	ContainerListener	componentAdded(ContainerEvent) componentRemoved(ContainerEvent)	ContainerAdapter
WindowEvent	WindowListener	windowActivated(WindowEvent) windowClosed(WindowEvent) windowClosing(WindowEvent) windowDeactivated(WindowEvent) windowDeiconified(WindowEvent) windowIconified(WindowEvent) windowOpened(WindowEvent)	WindowAdapter
DocumentEvent	DocumentListener	changedUpdate(DocumentEvent) removeUpdate(DocumentEvent) insertUpdate(DocumentEvent)	无

10.4.4 回调与事件监听器的实现

在 Java 的委托处理模型中，事件监听器接收来自事件源的事件并执行处理方法，而监听器的处理方法一般要回调事件源作用域的方法进行回应。这形成了回调机制。

回调是程序模块之间常用的一种相互调用方式。在面向对象语言中，回调的思想如图 10-11(a)所示：类 A 调用类 B 的方法 b(传入相关信息)，然后 B 类反过来调用 A 类中的方法 d()，在这里面 d()就是回调方法。

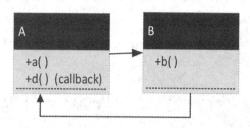

(a) 面向对象中回调示意图

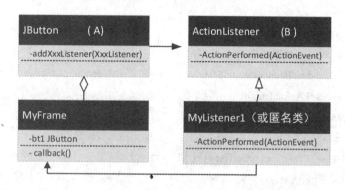

(b) Java 委托处理模型的回调过程

图 10-11 回调示意图

在委托事件处理模型中，如图 10-11(b)所示，类 A 相当于事件源，类 B 相当于事件监视器，监视器 B 要想回调事件源 A 中的方法，则需要获取 A 的引用。实现上述目的的设计方式有下面两类。

(1) 用闭包(closure)类实现事件监视器。闭包是一个可调用的对象，它可以获得来自创建它的作用域的信息。我们希望事件监视器 B 可获得事件源 A 的引用及作用域信息。因此，可以用事件源的内部类的方式创建事件监视器；也可以把事件源和事件监视器类合而为一；如果监视器只有一个函数，还可以用 Lambda 表达式简写监视器。

(2) 用外部类实现事件监视器。这时监视器 B 为了调用事件源 A 的回调方法，需要给监视器 B 传入事件源 A 的引用。

> **补充知识**
>
> Swing 的绘图代码和事件处理代码一般放在一个事件处理线程中运行(调用 SwingUtilities 类的 invokeLater()或 invokeAndWait()开启处理线程)，这能保证事件一个接一个地被处理，绘图不会被事件打断。但如果在此线程的 GUI 界面初始化中有一部分很耗时的任务要完成，可以把任务放到另一个独立线程中运行，这样界面会出现得更快。

下面给出各种实现方法的示例。

1.事件源与事件监听器合而为一

事件源如果是组件,则需要继承如 JFrame 的父类,那么,新的类型可以通过同时实现监听器接口的方法实现事件源和事件监听器合而为一。

【例 10.8】 响应鼠标事件与鼠标移动事件示例,一个事件源注册多个事件监听器。

```java
代码:MouseEventDemo.java
/*省略 import 语句,可通过 IDE 自动导入*/

//既是事件源又是监听器
class MouseFrame extends JFrame implements MouseListener, MouseMotionListener {
    private JLabel statusbar;

    public MouseFrame() {
        super("鼠标事件示例");
        statusbar = new JLabel("这是状态栏");
        add(statusbar, BorderLayout.SOUTH);
        addMouseListener(this);
        addMouseMotionListener(this);
        setSize(300,200);
        setDefaultCloseOperation(JFrame.EXIT_ON_CLOSE);
        //setVisible(true);
    }
    //以下是 MouseListener 接口方法
    public void mouseClicked(MouseEvent e) {statusbar.setText("您点击了窗口!"); }
    public void mouseExited(MouseEvent e) { statusbar.setText("鼠标离开了窗口!"); }
    public void mousePressed(MouseEvent e) { statusbar.setText("您按下了鼠标键!"); }
    public void mouseReleased(MouseEvent e) { }
    public void mouseEntered(MouseEvent e) { }

    //以下是 MouseMotionListener 接口方法
    public void mouseDragged(MouseEvent e) {
        String s = "鼠标拖拉: x=" + e.getX() + ", y= " + e.getY();
        statusbar.setText(s);
    }
    public void mouseMoved(MouseEvent e) {
        String s = "鼠标移动: x=" + e.getX() + ", y= " + e.getY();
        statusbar.setText(s);
    }}
public class MouseEventDemo {
    public static void main(String[] args) {
```

```
        MouseFrame frame = new MouseFrame();
        SwingUtilities.invokeLater(()->{
            frame.setVisible(true);//显示窗口
            });
        }
    }
```

程序说明：

(1) 类 MouseFrame 实现了 MouseListener 和 MouseMotionListener 接口，它可以作为鼠标事件和鼠标移动事件的监听器类，其构造方法中调用的 addMouseListener(this);和 addMouseMotionListener(this);就是将 MouseFrame 对象自身注册为 MouseFrame 对象的鼠标事件和鼠标移动事件的监听器。

(2) 在鼠标事件处理方法中，因为处理方法与事件源共享同样的作用域，因此可以直接调用状态标签 statusbar 的方法。

(3) mouseReleased 和 mouseEntered 方法被设计为空的方法体，前者发生在鼠标释放的瞬间，后者发生在鼠标进入的瞬间，如果上述方法用于信息显示，则很容易被其他动作方法所覆盖。因此代码做空操作。

(4) 为了实现事件处理过程的线程安全性，使用 SwingUtilities.invokeLater(Runnable doRun)启动处理线程来操作界面。

运行程序并移动鼠标时的结果示意图如图 10-12 所示，它显示了鼠标在移动过程中鼠标的坐标，注意，这个坐标是相对于窗口左上角的坐标偏移值。

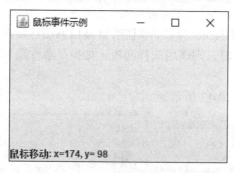

图 10-12 鼠标移动事件示意图

【例 10.9】 响应 ActionEvent 事件，一个事件监听器注册在多个事件源上。

代码：ActionEventDemo.java

```
/*省略 import 语句，可通过 IDE 自动导入*/
public class ActionEventDemo extends JFrame implements ActionListener{
    JButton b1,b2;
    public GuiTest() {
    setLayout(new FlowLayout());
    setBounds(500,500,100,100);
    b1=new JButton("进入");   b2=new JButton("退出");
    add(b1);    add(b2);
```

```
        b1.addActionListener(this);
        b2.addActionListener(this);
        setVisible(true);
    }
    public void actionPerformed(ActionEvent e) {
        if(e.getSource()==b1) {
            JOptionPane.showMessageDialog(null, "Error", "alert", JOptionPane.ERROR_MESSAGE);
        }
        else if(e.getSource()==b2)
        {
            System.exit(-1);
        }
    }
    public static void main(String arg[]) {
        EventQueue.invokeLater(new Runnable(){
            @Override
            public void run() {
                GuiTest frame=new GuiTest();} });
    }
}
```

程序分析：

上述类实现了 ActionListener 接口，该监听器接口方法可以根据事件源的不同，实施不同的操作。如果是事件源 b1，则调用选择面板；如果是事件源 b2 则直接退出系统。

运行结果：

程序的运行结果如图 10-13 所示。

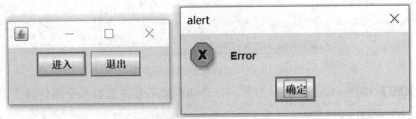

图 10-13　响应 ActionEvent 事件

2. 用匿名内部类定义事件监听器

事件监听器如果定义为内部类，外部类作为事件源(或事件源的顶层容器)，那么事件监听器可访问事件源的方法。如果监听器类只生成一个对象，无须被复用，则可以用匿名内部类定义监听器。

下面给出用匿名内部类定义事件监听器的示例。

【例 10.10】 改写例 10.8，用匿名内部类实现鼠标事件和鼠标移动事件监听器。

代码：MouseEventDemo2.java
/*省略 import 语句，可通过 IDE 自动导入*/

```java
class MouseFrame2 extends JFrame {
    private JLabel statusbar;
    public MouseFrame2() {
        super("鼠标事件示例");
        statusbar = new JLabel("这是状态栏");
        add(statusbar, BorderLayout.SOUTH);
        //匿名内部类：通过继承适配器类，实现鼠标事件监听器
        this.addMouseListener(new MouseAdapter() {
            public void mouseClicked(MouseEvent e) {statusbar.setText("您点击了窗口!"); }
            public void mouseExited(MouseEvent e) {statusbar.setText("鼠标离开了窗口!");}
        });
        //匿名内部类：通过实现接口，实现鼠标移动事件监听器
        this.addMouseMotionListener(new MouseMotionListener() {
            public void mouseDragged(MouseEvent e) {
                String s = "鼠标拖拉: x=" + e.getX() + ", y=" + e.getY();
                statusbar.setText(s);
            }
            public void mouseMoved(MouseEvent e) {
                String s = "鼠标移动: x=" + e.getX() + ", y=" + e.getY();
                statusbar.setText(s);                   } });
                setSize(300,200);
                setDefaultCloseOperation(JFrame.EXIT_ON_CLOSE);
    }
}
public class MouseEventDemo2 {
    public static void main(String[] args) {
        MouseFrame2 frame = new MouseFrame2();
        SwingUtilities.invokeLater(()->{
            frame.setVisible(true);//创建线程，显示窗口
        });
    }
}
```

程序分析：
　　addMouseListener 和 addMouseMotionListener 方法将匿名内部对象注册成事件监视器。第一个匿名内部监听器对象继承了适配器类 MouseAdapter，因此可以只重写所有的监听器

方法中的两个方法。第二个监听器实现了 MouseMotionListener 接口，这种方式需要重写接口中的所有处理方法。

3. 使用 Lambda 表达式定义事件监听器

当匿名内置监听器是函数式接口时，可用 Lambda 表达式简化该匿名内置类的定义。

【例 10.11】 用 Lambda 表达式代替匿名内部类实现函数式接口的监听器。监听器的工作是当触发动作事件后，将按钮设为不可用。

```
代码：LambdaListenerDemo.java
/*省略 import 语句，可通过 IDE 自动导入*/
public class LambdaListenerDemo extends JFrame {
    JButton btn = new JButton("禁用");          //创建标签为"禁用"的按钮
    public LambdaListenerDemo() {
        try {
            setLayout(null);                    //删除默认布局管理器
            setSize(300,200);
            btn.setBounds(new Rectangle(92, 46, 104, 25));
            /** Lambda 表达式等价于
             new ActionListener(){ public void actionPerformed(ActionEvent e){
                        btn.setEnable(false);} };
             **/
01.         btn.addActionListener( event->{ btn.setEnabled(false); } );
            add(btn, null);
            setDefaultCloseOperation(JFrame.EXIT_ON_CLOSE);
        } catch(Exception e) { e.printStackTrace(); }
    }
    public static void main(String[] args) {
        LambdaListenerDemo frame = new LambdaListenerDemo();
        SwingUtilities.invokeLater(()->{
            frame.setVisible(true);             //显示窗口
        });
    }
}
```

程序说明：

(1) 01 行中，按钮添加的监听器是 ActionListener 类型，该接口只有一个抽象方法，是函数式接口，因此，可以用 Lambda 表达式来重定义这个匿名内置类对象。

(2) 类的构造方法中调用了 setLayout(null)，删除了框体的默认布局管理器，因此，容器中的组件必须指定显示位置和尺寸。btn 调用 setBounds 时所用的参数 Rectangle(矩形类)对象规定了按钮 btn 的位置和尺寸，92 和 46 分别指定按钮显示时其左上角相对于窗口的 x 和 y 坐标的偏移值，104 和 25 则分别指定了按钮的宽度和高度，单位均为像素。

程序运行结果如图 10-14 所示。

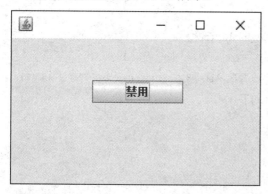
(a) 点击按钮前的状态

(b) 点击按钮后的状态

图 10-14　程序运行界面

4. 使用外部类定义事件监听器

如果监听器类 B 会被其他事件源复用，那么，可以将事件监听器定义成独立的外部类。这种情况下，为了 B 能回调目标 A 中的方法，监听器 B 需要传入事件源 A 的引用，这样才能访问 A 中的方法。

【例 10.12】用外部类改写例 10.11 中的监听器。

```
代码：LambdaListenerDemo.java
/*省略 import 语句，可通过 IDE 自动导入*/
//为事件监听器 myactionListener 可引用的事件源定义一个统一的接口规范
01.    interface mySubject{
       //事件源将被回调的方法
           public void doAction(ActionEvent e);
       }
//设计事件源,它实现了接口 mySubject
02.    class Frame1 extends JFrame implements mySubject {
           JButton jButton1 = new JButton("禁用");
           public Frame1() {
               add(jButton1, BorderLayout.CENTER);

       //注册 MyActionListener 的对象，并传入当前事件源框体的引用 this
03.        jButton1.addActionListener(new MyActionListener(this));
           this.setBounds(200, 200, 200, 200);
       }

       //实现事件监视器将回调的方法
04.        public void doAction(ActionEvent e) {
               jButton1.setEnabled(false) ;}
```

```
        }

class MyActionListener implements java.awt.event.ActionListener {
    mySubject adaptee;
    //事件监视器初始化时，传入将回调的对象的引用，这类对象用 mySubject 接口标注
05. public MyActionListener(mySubject adaptee) {
        this.adaptee = adaptee;
    }
06. public void actionPerformed(ActionEvent e) {
        adaptee.doAction(e);              //回调事件源的方法
    }
}
//测试类
public class OuterListenerDemo {
    public static void main(String arg[]) {
        Frame1 frame = new Frame1();
        SwingUtilities.invokeLater(()->{
            frame.setVisible(true);       //显示窗口
        });
    }
}
```

程序分析：

(1) 01 行接口 mySubject 主要用来规范可回调对象的特征及回调方法的特征。

(2) 02 行说明自定义框体 Frame1 实现了回调接口，并在 04 行实现了回调方法。03 行在组件上注册了事件监听器对象，监听器对象需要传入当前对象的引用，因此传入 this。这里容易出错的地方是传入了一个新的 Frame1 对象，如 new MyActionListener(new Frame1())，则将来监听器回调的方法就不是当前框体的方法了。

(3) 监视器创建时，05 行通过构造方法传入一个待回调的 mySubject 对象，然后在 06 行的事件处理方法中，回调事件源的方法 doAction。这里，有的人可能会建议 05 行直接传入 Frame1 对象的引用，不用传 mySubject 类型引用，如果这样，前面 01 行的也不需要定义接口 mySubject。但监听器 MyActionListener 定义成外部类，说明它将来会被别的程序复用，这时用一个统一的接口 mySubject 规范所有可能被回调的事件源将是一个更好的设计，这样该监视器的设计就符合面向对象编程对拓展开放，对修改关闭的"开-闭原则"。

10.5　常用的 Swing 组件

Java 丰富的组件种类构成了强大的软件开发资源。下面介绍几种常用的 Swing 组件。

10.5.1 标签类 JLabel

标签类 javax.swing.JLabel 常用于显示信息，信息内容可包括文本和图像。由于 JLabel 不接收用户输入，无法获得键盘焦点，因此，不对输入事件作出响应，不过可以响应其他的普通事件，比如 mouse 事件。默认情况下，Jlabel 没有边框，其主要方法如表 10-14 所示。

表 10-14 Jlabel 的主要方法

方法原型	功能及参数说明
Jlabel()	构造方法。Image、text 和 horizontalAlign 分别指定标签中显示的图像、文本以及水平对齐方法。默认情况下，如果只有文本则水平左对齐；如果只有图像则居中对齐；如果既有文本又有图像则其文本和图像组合后居中对齐，且文本在图像之后
Jlabel(Icon image)	
Jlabel(Icon image, int horizontalAlign)	
Jlabel(String text)	
Jlabel(String text, int horizontalAlignment)	
Jlabel(String text,Icon image, int horizontalAlign)	
String getText()	返回标签的文本内容
void setText(String text)	设置标签的文本内容
Icon getIcon()	返回标签的图像(图形文字或图标)
void setIcon(Icon icon)	设置标签的图像(图形文字或图标)
int getHorizontalAlignment()	返回标签内容的水平对齐方式
void setHorizontalAlignment(int alignment)	设置标签内容的水平对齐方式
int getVerticalAlignment()	返回标签内容的垂直对齐方式
void setVerticalAlignment(int alignment)	设置标签内容的垂直对齐方式
void setIconTextGap(int iconTextGap)	设置文本和图像(如果设置了二者)的间距，单位为像素，默认值为 4
void setBackground(Color c)	设置标签的背景色
void setForeground(Color c)	设置标签的前景色
void setFont(Font f)	设置标签中文本内容的字体
void setHorizontalTextPosition(int textPosition)	设置文本相对于图像的水平位置，默认文本在图像之后
void setVerticalTextPosition(int textPosition)	设置文本相对于图像的垂直位置，默认居中

Jlabel 的对齐属性定义在 java.swing.SwingConstants 接口中，它们均为静态整型常量值，如表 10-15 所示。

表 10-15 Jlabel 显示内容的对齐方式常量

常量名称	int 值	含义
javax.swing.SwingConstants.LEFT	2	居左
javax.swing.SwingConstants.CENTER	0	居中
javax.swing.SwingConstants.RIGHT	4	居右
javax.swing.SwingConstants.TOP	1	居顶部
javax.swing.SwingConstants.BOTTOM	3	居底部
javax.swing.SwingConstants.LEADING	10	文本在图像之前
javax.swing.SwingConstants.TRAILING	11	文本在图像之后，默认值

【例 10.13】Jlabel 使用示例。

代码：JlabelDemo.java

```
/*省略import语句，可通过IDE自动导入*/
class JlabelDemo extends Jframe{
    Jlabel label11, label21,label31,label41;
    public JlabelDemo(){
        setTitle("Jlabel 示例");
        setLayout(new GridLayout(4,1));         //设置4行1列的网格布局
        //第一行，文本标签，水平居左
        label1 = new Jlabel("Java 语言");
        label1.setBorder(BorderFactory.createLineBorder(Color.black));   //绘制黑色边框
        add(label11);
        //第二行，图像标签，显式设定水平居左
        label2 = new Jlabel(new ImageIcon("java2.png"),SwingConstants.LEFT);
        add(label21);
        //第三行文本+图像标签，默认文本在图像后且垂直居中，需指定水平对齐方式
        Label3 = new Jlabel("文本在后", new ImageIcon("java2.png"), SwingConstants.CENTER);
        add(label3);
        //第四行，水平居右
        label4= new Jlabel("文本在前", new ImageIcon("java2.png"), SwingConstants.RIGHT);
        //设置文本在图像前
        label4.setHorizontalTextPosition(javax.swing.SwingConstants.LEADING);
        //设置文本与图像底部对齐
        label4.setVerticalTextPosition(javax.swing.SwingConstants.BOTTOM);
        add(label4);
        setSize(400,200);
        setVisible(true);
        setResizable(false);
    }
```

```
        public static void main(String[] args){
            new JlabelDemo();
        }
    }
```

程序分析：

程序中用 4×1 网格布局，第一行的标签只显示文本，第二行标签上只显示图像，第三、四行标签上显示的内容既有文本也有图像。程序运行结果如图 10-15 所示。

图 10-15　标签的对齐方式

10.5.2　按钮类组件

按钮是图形用户界面程序设计中最常用到的一种组件。Swing 按钮既可以显示文本、图标，也可以监听和响应常见的事件。按钮还可以被设置为快捷键字母，当程序运行时，系统会自动地在快捷键字母下加上下画线。

Swing 按钮种类较多，具体包括常规按钮 Jbutton、开关按钮 JtoggleButton、单选按钮 JradioButton 和复选按钮(复选框)JcheckBox 等，它们都是抽象类 AbstractButton 的直接或间接子类。

1. javax.swing.AbstractButton

表 10-16 列出了 AbstractButton 类的主要方法。

表 10-16　AbstractButton 类的主要方法

方法原型	功能及参数说明
void setMnemonic(int mnemonic)	设置按钮上的快捷键字符。按"Alt+快捷键字符"相当于单击按钮，参数值来自 java.awt.KeyEvent 类中，形如 VK_XXX 的字段
void setDisplayedMnemonicIndex(int index)	将按钮文本中指定下标的字符设为快捷键字符
void setFocusPainted(boolean b)	设置当按钮被选中时是否绘制焦点(一个矩形线框)，默认为 true
void setContentAreaFilled(boolean b)	设置是否绘制按钮内容区域，默认为 true，当设置为 false 时可得到透明的按钮
String getText()	返回按钮标签的文本

续表

方法原型	功能及参数说明
void setText(String text)	设置按钮标签的文本
void setIcon(Icon icon)	设置按钮上显示的默认图标
void setRolloverEnabled(boolean b)	设置当鼠标位于按钮上时是否允许更换图标,默认为 false
void setDisabledIcon(Icon icon)	设置按钮被禁用时显示的图标
void setPressedIcon(Icon icon)	设置按钮被按下时显示的图标

2. javax.swing.JButton

JButton 用于创建普通的按钮,其常用的方法如表 10-17 所示。

表 10-17 JButton 的主要方法

方法原型	功能及参数说明
JButton()	构造方法,icon 和 text 分别指在按钮上显示的图标和文本
JButton(Icon icon)	
JButton(String text)	
JButton(String text, Icon icon)	
addActionListener(ActionListener listener)	添加 ActionEvent 事件的事件处理监听器
void setActionCommand(String command)	设置按钮上的动作命令文本,用于按钮的动作事件处理。默认为按钮上的标签文本
String getActionCommand()	返回按钮上的动作命令文本
boolean isDefaultButton()	返回按钮是否为当前的默认按钮。用容器对象调用 setDefaultButton 方法可以将容器中的某个按钮设置为默认按钮,原型为: 　　void setDefaultButton(JButton defaultButton)

【例 10.14】 一个简单的四则运算器。

```
代码:JButtonDemo.java
/*省略 import 语句,可通过 IDE 自动导入*/
class JButtonDemo extends JFrame implements ActionListener {
    JPanel resultPanel,btnPanel;          //计算结果面板和计算器按钮面板
    JTextField resultText;                //计算结果显示文本域
    double left,right;                    //左操作数和右操作数
    double result = 0.0;                  //计算结果值
    String prevOperater = "";             //上一次的操作符

    public JButtonDemo() {
```

```java
        super("简单计算器");
        //按钮文本数组
        String[] btnText = {"7","8","9","/","4","5","6","*","1","2","3","-","C","0","=","+"};
        resultPanel = new JPanel();                //构造计算结果面板
        btnPanel = new JPanel();                   //构造计算器按钮面板
        getContentPane().add(resultPanel, BorderLayout.NORTH);     //计算结果在上部
        getContentPane().add(btnPanel, BorderLayout.CENTER);       //按钮在中央

        resultText = new JTextField("0",16);       //显示默认值，宽度16个字符
        resultText.setHorizontalAlignment(JTextField.RIGHT);       //文本右对齐
        resultText.setEditable(false);             //显示计算结果，禁止编辑
        resultPanel.add(resultText);               //计算结果显示文本域

        //构造按钮面板，并设置按钮和按钮动作事件监听器
        btnPanel.setLayout(new GridLayout(4,4));   //GridLayout 布局，4 行 4 列
        JButton btn;
        for(int i = 0; i < btnText.length; i++)
        {
            btn = new JButton(btnText[i]); btn.addActionListener(this); btnPanel.add(btn);
        }
        setSize(200,250);
        setVisible(true);
        setResizable(false);
        setDefaultCloseOperation(JFrame.EXIT_ON_CLOSE);
    }
    //按钮事件处理方法
    public void actionPerformed(ActionEvent e) {
        switch(e.getActionCommand()){          //取按钮动作命令字符串，决定下一步操作
            case "C":                          //全部清除
                result = 0.0;
                resultText.setText("0");
                prevOperater = "";
                break;
            case "0":                          //输入数字
            case "1":
            case "2":
            case "3":
            case "4":
            case "5":
```

```java
            case "6":
            case "7":
            case "8":
            case "9":
                if(resultText.getText().equals("0"))  //如果已有数字是0,则显示数字
                    resultText.setText(e.getActionCommand());
                else                    //否则拼接到原有数字之后
                    resultText.setText(resultText.getText() + e.getActionCommand());
                break;
            case "=":                    //进行计算并显示,计算结果可作为下次操作的左操作数
                left = result;           //上次结果作为左操作数
                right = Double.parseDouble(resultText.getText());   //输入为右操作数
                result = compute(left,right, prevOperater);         //计算
                prevOperater = "";                                   //清除上次的操作符
                resultText.setText(String.valueOf(result));          //显示计算结果
                break;
            case "+":
            case "-":
            case "*":
            case "/":
                //先进行上次的操作计算,结果作为下次操作的左操作数,并
                //准备好输入右操作数
                left = result;
                right = Double.parseDouble(resultText.getText());
                result = compute(left,right, prevOperater);
                prevOperater = e.getActionCommand();
                resultText.setText("0");
                break;
        }
    }
    //两个数据进行算术运行 left、right 和 op 分别是左操作数、右操作数和运算符
    public double compute(double left, double right, String op) {
        switch(op){
            case "+":   return left + right;
            case "-":   return left - right;
            case "*":   return left * right;
            case "/":   return left / right;
            default:                //首次输入的数据作为左操作数返回
                return right;
```

```
            }
        }
        public static void main(String[] args) {
            SwingUtilities.invokeLater(()->{
                JButtonDemo cal = new JButtonDemo();
            });
        }
    }
```

程序运行结果如图 10-16 所示。

图 10-16　简单的计算器

程序说明：

(1) 程序中共有 16 个按钮，它们共用同一个 ActionEvent 事件监听器，即框架自身，当点击按钮时系统会自动调用处理 ActionEvent 事件的方法 actionPerformed。

(2) 方法 actionPerformed 有一个唯一的 ActionEvent 事件对象参数，它包含了事件发生时的事件源信息，调用这个事件对象的 getActionCommand()方法可以获得按钮的命令字符串，从而可以判断事件对象来自哪一个按钮(事件源)并进行相应的按钮功能处理。

(3) 程序允许连续运算，每一步的运算结果可作为下一个操作符的左操作数。注意，程序不支持混合运算，因为混合运算有优先级并需要圆括号支持。点击"C"按钮则开始新的运算。

(4) 程序中没有处理负数的输入问题。

3. javax.swing.JRadioButton

程序在与用户交互的过程中，有时需要用户从多个互斥选项中选取其中一项。例如，填写个人信息的性别时只能选取"男"或"女"，这时就需要使用单选按钮。

Swing 的单选按钮类为 JRadioButton，它有"选中"和"未选中"两种状态，单选按钮通常会成组出现，每个组中的多个单选按钮只能选中一项。将一组 JRadioButton 单选按钮组成组并维护它们之间的互斥关系需要 javax.swing.ButtonGroup(按钮组)类对象的协作才能完成，JRadioButton 的主要方法如表 10-18 所示。

表 10-18　JRadioButton 类的主要方法

方法原型	功能及参数说明
JRadioButton()	构造方法。参数 icon、selected 和 text 分别指定单选按钮上显示的图标，初始选中状态和文本。单选按钮的默认初始状态为未选中，若加入逻辑分组的单选按钮有多个被指定为选中状态，则只有最后一个指定的选中状态有效
JRadioButton(Icon icon)	
JRadioButton(Icon icon,boolean selected)	
JRadioButton(String text)	
JRadioButton(String text,boolean selected)	
JRadioButton(String text,Icon icon)	
JRadioButton(String text,Icon icon,boolean selected)	
boolean isSelected()	返回单选按钮的选中状态
void setSelected(boolean b)	设置单选按钮的选中状态。若 b 为 true，则组中的其余单选按钮将处于非选中状态

ButtonGroup 的常用方法如下：

(1) ButtonGroup()：构造方法。

(2) void add(AbstractButton b)：将按钮 b 添加到组中。

(3) int getButtonCount()：返回组中包含的按钮个数。

(4) void remove(AbstractButton b)：将按钮 b 从组中移除。

需要注意，ButtonGroup 是逻辑分组，其目的是为相互独立的 JRadioButton 按钮提供一个管理范围，而容器是物理分组。因此，成组的按钮既要加入 ButtonGroup 逻辑分组，也要加入容器。如果一个 JRadioButton 按钮没有加入某个按钮组中，则它属于一个独立的组。

点击每个单选按钮将产生一个 java.awt.event.ItemEvent 事件，该事件的事件处理器接口为 ItemListener。另外，程序中可以通过调用 ItemEvent 类的 getStateChange()方法来获得按钮的选中状态，其返回值为常量 ItemEvent.DESELECTED(未选中)或 ItemEvent.SELECTED(选中)。ItemEvent 类还定义了一个 getItem()方法，该方法的返回值是一个表示事件源的 Object 对象，使用该 Object 对象前应将其转换为实际的按钮对象。

4. javax.swing.JCheckBox 复选框

程序与用户交互的过程中，有时也需要用户从多个选项中选取 0 到多项。例如，填写个人信息的兴趣爱好时可提供多个选项并允许用户选取若干项，这时就可以用复选按钮实现。

复选按钮常被称为复选框。Swing 的复选框用 JCheckBox 类实现，每个复选框同样存在"选中"与"未选中"两种状态。与 JRadioButton 不同的是，JCheckBox 按钮既能被选中也能被取消选中，并且多个复选按钮之间没有逻辑上的约束关系，因此，无须加入按钮组中。

JCheckBox 的主要方法如表 10-19 所示。

当复选框状态发生变化时，会产生 java.awt.event.ItemEvent 事件。需要注意的是，点击 JRadioButton 和 JCheckBox 按钮一定会产生 ActionEvent 事件,但不一定会产生 ItemEvent 事件。ItemEvent 事件只有在按钮的状态发生变化时才会产生，例如，从"选中"变为"未选中"，或者从"未选中"变为"选中"才会产生 ItemEvent 事件。

表 10-19　JCheckBox 类的主要方法

方 法 原 型	功能及参数说明
JCheckBox()	构造方法。参数 icon、selected、text 分别指定复选框按钮上显示的图标、初始选中状态和文本
JCheckBox(Icon icon)	
JCheckBox(Icon icon,boolean selected)	
JCheckBox(String text)	
JCheckBox(String text,boolean selected)	
JCheckBox(String text,Icon icon)	
JCheckBox(String text,Icon icon,boolean selected)	
boolean isSelected()	返回按钮的选中状态
void setSelected(boolean b)	设置按钮的选中状态

【例 10.15】 Swing 按钮综合示例。

```
代码：MultiButtonDemo.java
/*省略 import 语句，可通过 IDE 自动导入*/
class MultiButtonDemo extends JFrame implements ActionListener {
    JLabel label;
    JRadioButton[] rbtn;
    JCheckBox[]     cbtn;
    ButtonGroup   btnGroup;
    JButton      jbtn;
    public MultiButtonDemo() {
        super("按钮示例");
        setLayout(null);                //自由布局，组件需要定位和尺寸

        //提示标签
        label = new JLabel("性别："); label.setBounds(5,5,40,20); add(label);
        //构建单选按钮，并加入组和容器
        btnGroup = new ButtonGroup();
        rbtn = new JRadioButton[2];
        rbtn[0] = new JRadioButton("男",true);
        rbtn[0].setBounds(50,5,40,20);    //设置组件位置和尺寸
        btnGroup.add(rbtn[0]);            //加入按钮组
        add(rbtn[0]);                     //加入容器
        rbtn[1] = new JRadioButton("女");
        rbtn[1].setBounds(95,5,40,20);
        btnGroup.add(rbtn[1]);
```

```java
        add(rbtn[1]);
        //构建复选框,并加入容器
        label = new JLabel("兴趣: ");
        label.setBounds(5,30,40,20);
        add(label);
        cbtn = new JCheckBox[5];
        cbtn[0] = new JCheckBox("阅读");
        cbtn[0].setBounds(50,30,60,20);
        add(cbtn[0]);
        cbtn[1] = new JCheckBox("购物");
        cbtn[1].setBounds(130,30,60,20);
        add(cbtn[1]);
        cbtn[2] = new JCheckBox("旅游");
        cbtn[2].setBounds(50,55,60,20);
        add(cbtn[2]);
        cbtn[3] = new JCheckBox("听音乐");
        cbtn[3].setBounds(130,55,70,20);
        add(cbtn[3]);
        cbtn[4] = new JCheckBox("看电影");
        cbtn[4].setBounds(50,80,70,20);
        add(cbtn[4]);
        //选择完成按钮
        jbtn = new JButton("确定");
        jbtn.setBounds(90,105,60,20);
        jbtn.addActionListener(this);              //监听器

        add(jbtn);
        setSize(240,180);
        setVisible(true);
        setResizable(false);
        setDefaultCloseOperation(JFrame.EXIT_ON_CLOSE);
    }
    // "确定"按钮动作事件处理方法,用标准对话框显示选择信息
    public void actionPerformed(ActionEvent e) {
        String msg = "您的性别: ";
        if(rbtn[0].isSelected()) msg += "男";
        else msg += "女";
        msg += "\n 您的兴趣: ";
        for(int i=0; i<5; i++)
```

```
                    if(cbtn[i].isSelected()) {
                        msg += cbtn[i].getText();    //用 getText 方法获取复选框文本
                        msg += ", ";
                    }
                JOptionPane.showMessageDialog(       //显示信息对话框,模式对话框
                        null,                         //没有依赖的主窗口(父窗口)
                        msg,                          //对话框显示内容
                        "您的性别和兴趣",              //对话框标题
                        JOptionPane.INFORMATION_MESSAGE);  //对话框信息类型
    }
    public static void main(String[] args) {
        MultiButtonDemo cal = new MultiButtonDemo();
    }
}
```

程序说明:

(1) 程序中定义了三种按钮:JRadioButton 用于选择性别;JCheckBox 用于选择兴趣;JButton 则用于将对话框选择信息显示出来。

(2) 程序中一般不对 JRadioButton 和 JCheckBox 按钮的 ItemEvent 事件和 ActionEvent 事件进行监听处理。

(3) JButton 的监听器处理方法 actionPerformed 中,首先判断性别和兴趣的选项状态,并将选中项对应的内容形成字符串,然后用 Java Swing 的标准对话框将选择信息显示出来。在该方法中,JRadioButton 直接用按钮下标得到对应项字符串信息(硬编码),而 JCheckBox 则在循环中用 getText 方法获取按钮文本,两种方法实现的功能相同,可根据编程需要进行取舍。

(4) "10.2.2 JDialog"曾提及标准对话框 JOptionPane。事实上,JOptionPane 提供了四种静态方法分别用于显示四种类型的对话框:

① 消息对话框 showMessageDialog();
② 选择对话框 showOptionDialog();
③ 输入对话框 showInputDialog();
④ 确认对话框 showConfirmDialog()。

本程序中用到的是消息对话框,程序运行结果如图 10-17 所示。

(a) 点击"确定"按钮前

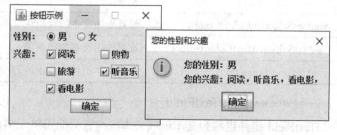
(b) 点击"确定"按钮后弹出对话框

图 10-17 例 10.15 运行结果

10.5.3 文本类组件

文本类组件的主要功能是接收用户的文本输入信息。Swing 组件提供了两种基本的显示和编辑文本的组件类 JTextField 和 JTextArea，它们都是 JTextComponent 类的子类，分别用于支持单行文本和多行文本的编辑。

1. javax.swing.JTextComponent 类的主要方法

JTextComponent 类是抽象类，其定义的一系列方法可以设定文本组件是否可以编辑、选择文本、返回文本、设定光标以及事件处理等。JTextComponent 类的主要方法如表 10-20 所示。

表 10-20 JTextComponent 类的主要方法

方法原型	功能及参数说明
void copy()	将选中的文本复制到系统剪贴板
void cut()	将选中的文本复制到系统剪贴板，并从文本组件中删除
void paste()	若文本组件有选中的内容，则用系统剪贴板中的内容替换之，否则将剪贴板的内容插入到当前光标所在位置
void select(int start,int end)	选中文本组件中从位置 start 开始至位置 end 结束之间的文本，包含 start 处字符，但不包含 end 处的字符
void selectAll()	选中文本组件中所有文本内容
String getSelectedText()	返回组件中选中的文本内容
void replaceSelection(String s)	用指定的字符串替换选中的文本内容。若没有选中的内容，则在当前光标处插入给定串 s；若指定的字符串为空，则删除选中的内容
String getText()	返回文本组件中所有的文本
String getText(int off, int len)	返回文本组件中从位置 off 开始，长度为 len 的文本内容
int getCaretPosition()	返回文本组件的光标位置
void setCaretPosition(int pos)	设置文本组件的光标位置，0≤pos≤文本长度
void setEditable(boolean b)	设置文本组件是否可编辑，默认为 true
boolean isEditable()	返回文本组件是否可编辑
void setFocusAccelerator(char c)	设置文本组件的快捷键，按 Alt+指定字符会使文件组件获得焦点
void setSelectionColor(Color c)	设置选中文本的背景色
void setSelectionTextColor(Color c)	设置选中文本的前景色
void setText(String text)	设置文本组件的文本内容

2. javax.swing.JTextField

JTextField 组件也称为文本框或文本域，它只能用单一字体显示和输入单行文本，如果文本的长度超出了组件的可显示范围，JTextField 组件则会自动在水平方向上滚动文本。JTextField 组件能够自动实现剪切、复制和粘贴等操作。JTextField 类的主要方法如表 10-21 所示。

表 10-21　JTextField 类的主要方法

方 法 原 型	功能及参数说明
JTextFiled()	构造方法。cols 指定文本域的列宽(显示的字符列数)，默认为 0；text 指定文本域中显示的初始文本，默认为 null
JTextField(int cols)	
JTextField(String text)	
JTextField(String text,int cols)	
void addActionListener(ActionListener l)	注册 ActionEvent 事件监听器
void setFont(Font f)	设置文本显示字体，该方法将清除原行高和列宽
int getColumns()	返回文本域显示的字符列数
void setColumns(int col)	设置文本域显示的字符列数
void setHorizontalAlignment(int alignment)	设置文本域中文本的水平对齐方式，可用参数包括： (1) javax.swing.SwingConstants.LEFT：水平居左，默认值； (2) javax.swing.SwingConstants.CENTER：水平居中； (3) javax.swing.SwingConstants.RIGHT：水平居右

Swing 中还提供了一个专门用于处理敏感信息的单行文本组件 JPasswordField，称之为密码文本域，它继承自 JTextField，其构造方法的数量、参数与 JTextField 相同。

在 JPasswordField 组件中输入的所有字符默认均以"*"字符(称为回显字符)显示。回显字符可用方法 setEchoChar(char c)进行设置，并且可以是西文字符，也可以是非西文字符(例如汉字)。若将回显字符设置为 null，则密码域中的文字将以原样显示。

JPasswordField 组件不支持输入法切换，因为密码一般不含非西文字符，因此在创建密码域时虽然指定的初始密码可以包含非西文字符，但这样做没有意义。

出于安全考虑，JPasswordField 重写了 copy 和 cut 方法(调用时蜂鸣器报警)，以免密码域中的内容被随意复制到系统剪贴板。

当用户在 JTextField 和 JPasswordField 组件中输入回车键时将产生 ActionEvent 事件。

3. javax.swing. JTextArea

JTextArea 类是 Swing 中提供的用单一字体显示与输入的多行文本组件，常称之为文本区。当 JTextArea 中显示的内容超过其行显示范围时，默认情况下不会自动换行，但可以用 setLineWrap 方法将其设置为自动换行。

JTextArea 是以跨平台的方式处理换行符，根据不同的操作系统平台，文本中的行分隔符可以是"\n""\r"或"\r\n"。JTextArea 类的主要方法如表 10-22 所示。

需要说明的是，JTextArea 组件本身没有滚动功能。如果需要滚动编辑区域，则可以将其对象加入带滚动视图的 javax.swing.JScroolPane 容器中，这样当一行的字符数量超过行可显示范围(列宽)时就会自动出现水平滚动条，当文本行数超过文本区显示行数时就会自动出现垂直滚动条，从而实现滚动显示的效果。

具有更多功能的可选多行文本组件类有 JEditorPane 和 JTextPane。JEditorPane 组件类支持纯文本、HTML 和 RTF 的文本编辑，JTextPane 类是 JEditorPane 类的子类，允许在文本中嵌入图像或其他组件。

表 10-22 JTextArea 类的主要方法

方法原型	功能及参数说明
JTextArea()	构造方法。rows 和 cols 分别指定显示区域的行数和字符列数，默认均为 0，text 指定文本区组件的初始文本内容，默认为 null
JTextArea(int rows,int cols)	
JTextArea(String text)	
JTextArea(String text,int rows,int cols)	
void insert(String str,int pos)	在指定位置 pos 处插入文本串 str
void replaceRange(String str,int start,int end)	将文本内容中从 start 位置起到 end 位置止(不含)的文本替换为 str。如果 str 为 null 或空串则删除指定范围内的内容
void append(String str)	在文本的尾部追加字符串 str
void setRows(int rows)	设置显示区域的行数
void setColumns(int cols)	设置显示区域的列数
void setLineWrap(boolean b)	设置是否自动换行，默认为 false
void setWrapStyleWord(boolean b)	设置自动换行时是否禁止拆分一个单词到两行，默认为 false(单词分隔符为空白符)
int getLineCount()	返回显示区域的行数
int getRows()	返回文本内容的行数
int getLineStartOffset(int line)	返回指定行起始处(在组件包含的文本中)的偏移量
int getLineEndOffset(int line)	返回指定行结束处(在组件包含的文本中)的偏移量
int getLineOfOffset(int offset)	返回指定偏移处所在的行号
void setFont(Font f)	设置文本显示字体，该方法将清除原行高和列宽
void setTabSize(int size)	设置水平制表符(Tab 键)的宽度，默认为 8

【例 10.16】将文本域 JTextField 中输入的内容追加到文本区 JTextArea 中并换行。

代码：TextComDemo.java

```
/*省略 import 语句，可通过 IDE 自动导入*/
class TextComDemo extends JFrame implements ActionListener {
    JTextField jtf;
    JTextArea  jta;
    public TextComDemo() {
        super("文本域与文本区示例");
        jtf = new JTextField(20);
        jtf.addActionListener(this);
        add(jtf,java.awt.BorderLayout.SOUTH);
        jta = new JTextArea(10,20);
        jta.setLineWrap(true);                        //允许自动换行
        jta.setWrapStyleWord(true);                   //换行时禁止拆分单词
        JScrollPane jsp = new JScrollPane(jta);       //加入滚动视图的容器
        add(jsp, java.awt.BorderLayout.CENTER);
```

```
            setSize(300,250);
            setDefaultCloseOperation(JFrame.EXIT_ON_CLOSE);
            setVisible(true);
        }
        public void actionPerformed(ActionEvent e) {
            jta.append(jtf.getText() + '\n');      //将文本域的内容加入文本区并换行
            jtf.setText("");                        //清空文本域
        }
        public static void main(String[] args) {
            new TextComDemo();
        }
    }
```

程序分析：

(1) JTextField 对象监听 ActionEvent 事件，当在该组件的输入区键入回车键时将会触发 ActionEvent 事件，从而把输入的内容追加到文本区的尾部并换行。

(2) 文本区与加入滚动视图的容器 JScrollPane 配合使用，实现了文本区显示内容的滚动功能。

(3) 虽然 JScollPane 是容器，但不能直接调用它的 add 方法给文本区添加滚动功能，而要将文本区作为参数传递给 JScrollPane 的构造方法(程序中的方法)，或者先用不带参数的构造方法创建对象，然后将文本区作为参数传递给该对象的 setViewportView 方法。

(4) 文本区允许自动换行并且换行时禁止拆分单词，因此，当一行显示不下时，剩余的内容将转移到下一行显示(文本区不会出现水平滚动条，除非禁止自动换行)，当行数不足以显示全部内容时文本区会自动出现垂直滚动条。

例 10-16 的运行界面如图 10-18 所示。

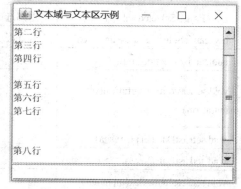

图 10-18　例 10.16 的运行界面

10.5.4　列表类组件

javax.swing.JList 和 javax.swing.JComboBox 是 Swing 提供的两个常用的列表类组件，它们的设计遵循 MVC(Model-View-Controller，模型-视图-控制器)模式。其中，模型用于管理组件所包含的数据并负责处理对组件状态所进行的操作；视图是与其关联的模型在视觉上的呈现，一个模型可以有多个视图；控制器用于控制模型和用户之间的交互，它提供了一些方法处理模型的状态变化。

1. javax.swing.JList<E>

JList 组件也称为列表，它的数据模型维护着一个可由用户选择的称之为列表项的数据列表，每一个列表项有一个从 0 开始编号的索引值。

JList 列表可以以一列或多列的方式将全部选项在组件区域内显示以供用户进行选择，JList 列表本身不具有滚动功能，如果需要显示的项目比较多且显示区域不足以将全部选项展示出来，就需要将 JList 组件放入滚动视图中，否则，超出显示区域的内容将无法展示和选择。滚动视图通常使用 javax.swing.JScrollPane 容器。

JList 列表既支持单选，也支持多选，默认支持多选，其主要方法如表 10-23 所示。

表 10-23 JList 类的主要方法

方法原型	功能及参数说明
JList()	构造方法。创建空的只读模型的列表
JList(E[] listData)	构造方法。创建只读模型的列表。元素来自参数 listData
JList(ListModel<E> dataModel)	构造方法。创建显示元素来自 dataModel 的列表。所有构造器均调用它。ListModel 是列表模型的根接口，它是对向量的封装。通常使用其实现类 javax.swing.DefaultListModel<E>
void addListSelectionListener(ListSelectionListener listener)	添加列表选择更改事件 ListSelectionEvent 监听器
void clearSelection()	将所有项变为未选中
int getSelectedIndex()	返回选中项的索引值。若选中多项，则返回最小的索引值，若未选中任何项，则返回 -1
int[] getSelectedIndices()	返回所有选中项的索引数组，按索引值升序排列。若未选中任何项，则返回空数组
E getSelectedValue()	返回选中的列表项。若选中多项，则返回索引值最小的项
List<E> getSelectedValuesList()	返回选中项索引列表，按索引值升序排列
boolean isSelectedIndex(int index)	若 index 表项被选中则返回 true，否则返回 false
boolean isSelectionEmpty()	若未选中任何项则返回 true，否则返回 false
void setLayoutOrientation(int orientation)	设置表项显示方式，显示方法静态常量包括 JList.VERTICAL：默认单列垂直排列，JList.HORIZONTAL_WRAP：水平排列，自动换行；JList.VERTICAL_WRAP：垂直排列，自动换列
void setListData(E[] listData)	设置列表项数据
void setListData(Vector<?> listData)	设置列表项数据
void setSelectedIndex(int index)	将 index 索引项置为选中项
void setSelectedIndices(int[] indices)	先清除原有选中项，再将数组中的所有索引项置为选中项
void setSelectedValue(Object anObject, boolean shouldScroll)	将 anObject 对象置为选中项，若 shouldScroll 为 true，则列表组件滚动自身以让指定项可见
void setSelectionMode(int mode)	设置选择模式，ListSelectionModel 接口定义了三种静态常量：SINGLE_SELECTION：单选；SINGLE_INTERVAL_SELECTION：连续多选；MULTIPLE_INTERVAL_SELECTION：任意多选，默认值
void setVisibleRowCount(int count)	设置可见行数，默认为 8。对于 VERTICAL 排列方式，此方法设置要显示的行数(不带滚动条)；对于其他两种排列方式，此方法将影响列表项的自动换行或换列。若参数为负值，则使列表组件在可用显示空间内尽可能显示更多的列表项

JList 列表的选项内容是由数据模型进行管理和维护的，每一个 JList 对象都有自己的数据模型，这个数据模型可以默认，也可以指定。因此，JList 对象的选项内容的更改必须通过数据模型进行诸如增加、删除等操作，而不是直接在 JList 对象中进行的。JList 利用 swing.event.ListDataListener 监听器实现在其数据模型中观察更改。

每当 JList 选中项发生改变时都将产生 javax.swing.event.ListSelectionEvent 事件，该事件对应的监听器接口为 javax.swing.event.ListSelectionListener，此接口中只定义了一个方法：

void valueChanged(ListSelectionEvent e)

2. javax.swing.JComboBox\<E\>

JComboBox 组件也称为下拉列表或组合框，是只支持单选的输入界面。下拉列表从显示效果上与列表 JList 的不同之处是：下拉列表的所有选项被折叠收藏，只显示被用户选中的一个。如果下拉列表是可编辑的，用户还可以直接在文本框中输入值。

JComboBox 类的主要方法如表 10-24 所示。

表 10-24　JComboBox 类的主要方法

方 法 原 型	功能及参数说明
JComboBox()	构造方法。用空的默认数据模型创建无选项的下拉列表，然后用 addItem 方法添加选项
JComboBox(E[] items)	构造方法。显示项来自数组或向量
JComboBox(Vector\<E\> items)	
JComboBox(ComboBoxModel\<E\> aModel)	构造方法。用数据模型 aModel 创建下拉列表。ComboBoxModel 接口继承了 ListModel 接口，通常使用其实现类 javax.swing.DefaultComboBoxModel\<E\>
void addActionListener(ActionListener l)	添加 java.awt.event.ActionEvent 事件监听器
void addItemListener(ItemListener aListener)	添加 java.awt.event.ItemEvent 事件监听器
void addPopupMenuListener(PopupMenuListener l)	添加 javax.swing.event.PopupMenuEvent 事件监听器
void addItem(E item)	向项列表中添加一个选项
E getItemAt(int index)	返回下拉列表中指定位置的选项
int getItemCount()	返回下拉列表中包含的选择项数
int getSelectedIndex()	返回下拉列表中被选中项的索引值
Object getSelectedItem()	返回当前的被选中项
void insertItemAt(E item, int index)	在指定索引处插入一个选项
boolean isEditable()	返回下拉列表是否可编辑，默认不可编辑
void removeAllItems()	移除所有选项
void removeItem(Object item)	移除指定的选项
void removeItemAt(int index)	移除指定索引处的选项
void setEditable(boolean b)	设置下拉列表的文本框是否可编辑，默认不可编辑

方法原型	功能及参数说明
void setEnabled(boolean b)	设置下拉列表是否可用于选择,默认可用
void setMaximumRowCount(int count)	设置下拉列表显示选项的行数。如果数据模型中可选项数超过 count,则下拉列表将使用滚动条
void setSelectedIndex(int anIndex)	将索引项设置为选中项

当在下拉列表中选中某选项或在可编辑的下拉列表中完成编辑时将产生 ActionEvent 事件;当下拉列表的选中项发生改变时将产生 ItemEvent 事件。对于标准下拉列表,当弹出下拉部分时将产生 javax.swing.event.PopupMenuEvent 事件,其对应的事件监听器接口为 javax.swing.event. PopupMenuListener,该接口定义了 3 个抽象方法:

(1) void popupMenuCanceled(PopupMenuEvent e):取消弹出菜单时被调用。

(2) void popupMenuWillBecomeInvisible(PopupMenuEvent e):弹出菜单变为不可见前被调用。

(3) void popupMenuWillBecomeVisible(PopupMenuEvent e):弹出菜单变为可见前调用。

需要注意,如果用户自定义了下拉列表外观界面,则可能不会产生 PopupMenuEvent 事件。

【例 10.17】 JList 和 JComboBox 组件使用示例。

```
代码:JListAndJComboBoxDemo.java
/*省略 import 语句,可通过 IDE 自动导入*/

class JListAndJComboBoxDemo extends JFrame
        implements ListSelectionListener,ActionListener {

    String[] province = {"北京市","上海市","江苏省","天津市","重庆市","河北省","山西省","辽宁省","吉林省"};
    String[][] city={
        {"东城区","西城区","朝阳区","丰台区","石景山区","海淀区","顺义区","通州区","大兴区","房山区","门头沟区","昌平区","平谷区","密云区","怀柔区","延庆区"},
        {"黄浦区","徐汇区","长宁区","静安区","普陀区","虹口区","杨浦区","浦东新区","闵行区","宝山区","嘉定区","金山区","松江区","青浦区","奉贤区","崇明区"},
        {"南京市","无锡市","徐州市","常州市","苏州市","南通市","连云港市","淮安市","扬州市","镇江市","泰州市","宿迁市","盐城市"}};

    JLabel result;                    //选择结果显示标签
    JPanel panel;                     //省级面板,用于分割 JFrame 的中央区域
    JList<String> list;               //省级列表
    JComboBox<String> combo;          //地市级下拉列表
    public JListAndJComboBoxDemo() {
```

```java
        super("列表类示例");
        result = new JLabel("您的选择：");
        add(result,BorderLayout.SOUTH);

        panel = new JPanel();
        panel.setLayout(new GridLayout(1,2));      //将面板分为左右两个部分
        add(panel,BorderLayout.CENTER);            //面板放入 JFrame 容器中央位置

        list = new JList<String>(province);        //创建省级列表对象
        list.setSelectionMode(ListSelectionModel.SINGLE_SELECTION);   //设为单选
        list.setSelectedIndex(0);                  //将列表的第一个选项设置为选中
        list.addListSelectionListener(this);       //给列表添加选项更改监听器
        JScrollPane provincePanel = new JScrollPane(list);  //将列表放入滚动视图中
        panel.add(provincePanel);                  //将滚动视图放入 JFrame 中央面板的左侧

        combo = new JComboBox<String>(city[0]);    //创建地市级下拉列表对象
        combo.setSelectedIndex(0);                 //将第一个选项设置为选中
        combo.addActionListener(this);             //给下拉列表添加动作事件监听器
        JPanel cityPanel = new JPanel();           //创建地市级面板
        cityPanel.add(combo);                      //将下拉列表放入地市级面板
        panel.add(cityPanel);                      //将地市级面板放入 JFrame 中央面板的右侧
        setSize(300,200);
        setVisible(true);
        setDefaultCloseOperation(JFrame.EXIT_ON_CLOSE);
    }

    //列表更改监听器方法，在选择新省份时执行
    public void valueChanged(ListSelectionEvent e) {
        if(e.getValueIsAdjusting()) return;        //如果更改未完成则返回
        int sel = list.getSelectedIndex();         //取选中的省份索引值
        combo.removeActionListener(this);          //移除地市级下拉列表动作事件监听器
        combo.removeAllItems();                    //删除地市级下拉列表的所有选项

        if(sel<city.length){
            for(int i=0;i<city[sel].length;i++)    //将新省份的地市名加入下拉列表中
                combo.addItem(city[sel][i]);
            combo.addActionListener(this);         //再次添加地市动作事件监听器
            combo.setSelectedIndex(0);             //将地市下拉列表的第一选项置为选中
        }else {
```

```
                combo.addItem("no items");
            }
        }
        //地市下拉列表动作事件监听器，在选择地市时执行
        public void actionPerformed(ActionEvent e) {
            String msg = "您的选择：";
            msg += list.getSelectedValue().toString();        //取选中的省份字符串
            msg += combo.getSelectedItem().toString();        //取选中的地市名称字符串
            result.setText(msg);                              //在标签中显示选择内容
        }
        public static void main(String[] args) {
            SwingUtilities.invokeLater(()->{new JListAndJComboBoxDemo();});
        }
    }
```

程序中已有比较完整的功能说明，这里给出两点注意事项：

(1) 由于篇幅原因，当省份列表选择"天津市"及其后续的选项时，会显示"no items"。

(2) 当列表选中项发生更改时，系统至少发送两次 ListSelectionEvent 事件，只有最后一次发送的事件才是真正更改完成的事件。判断是否更改完成可以用 e.getValueIsAdjusting()方法来实现，若该方法返回 true，说明更改正在进行中，否则返回 false。程序界面如图 10-19 所示。

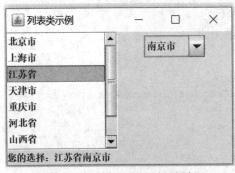

图 10-19　例 10.17 运行界面

10.6　绘　图

图形用户界面程序会涉及一些图形、图像或动画，尤其是游戏类程序更是要在窗口中绘制各种图形。除此之外，有时候程序还必须动态地生成各种图形、图表，如图形验证码、统计图等，这些都需要使用绘图功能。

10.6.1　绘图基础

1. 坐标系统

坐标系统是描述物质存在的空间位置(坐标)的参照系，由坐标系和基准两个要素所构

成。坐标是描述位置的一组数值,其只有存在于某个坐标系统才有意义。

Java 中的各种图形通常都是在特定的绘图区域内绘制。绘图区域通常是一个矩形区域,如窗口、面板、画布等。绘图位置用二维平面直角坐标系来标定,其坐标原点(0,0)位于绘图区域的左上角,水平向右为 X 轴的正方向,垂直向下为 Y 轴的正方向,一个坐标位置就是绘图区域内的一个像素点。

Java 的辅助类中有几个几何图形类与坐标有一定的关联,比如 Point 表示一个点,Dimension 表示宽和高。

2．画笔

绘制一幅图形和文字必须具备两个要素:画布和画笔。缺少任何一个要素,图形的绘制都将无法进行。

图形用户界面的所有 Component 组件都可以作为画布,Java 的画笔用抽象类 java.awt.Graphics 及其子类 Graphics2D 来表示,它提供了很多绘制图形和文字的方法。

Graphics 对象通常可以通过以下两种方法来获取。

(1) 通过 GUI 组件的 getGraphics 方法来获得 Graphics 对象。包含 getGraphics 方法的类主要有两种:一种是 Component 类及其所有子类;另一种是 Image 类及其子类。在图像类中通过此方法获得画笔的主要目的是使用画笔在缓冲区中进行绘制,用于解决刷新时产生的闪烁现象(一般用双缓冲)。

(2) 对于任何一个 JComponent 组件,其提供的 paint 方法也会接收 Graphics 参数。通过覆盖 paint()方法,就可以使用 Graphics 绘制各种图形。paint 方法由系统调用,在调用时系统会将需要的 Graphics 对象引用传递给该方法。

Graphics 类的主要方法如表 10-25 所示。

表 10-25 Graphics 类的主要方法

方 法 原 型	功能及参数说明
void clearRect(int x,int y,int width,int height)	用背景色来清除指定的矩形区域。x、y 表示矩形左上角坐标点,width、height 表示矩形的宽度和高度
void DrawLine(int x1,int y1,int x2,int y2)	用当前画笔颜色在点(x1,y1)和(x2,y2)之间画一条线段
void fillRect(int x,int y,int width,int height)	用当前画笔颜色填充指定的矩形区域。x、y 表示矩形左上角坐标点,width、height 表示矩形的宽度和高度
void drawRect(int x,int y,int width,int height)	用当前画笔颜色绘制指定的矩形边框。x、y 表示矩形左上角坐标点,width、height 表示矩形的宽度和高度
void draw3DRect(int x,int y,int width,int height, boolean raised)	与 drawRect 方法功能基本相同,但用 raised 指定矩形边框的 3D 效果。当 raised 为 true 时为凸出的 3D 效果,否则为凹陷的 3D 效果
void fill3DRect(int x,int y,int width, int height,boolean raised)	与 fillRect 方法功能基本相同,但用 raised 指定矩形边框的 3D 效果。当 raised 为 true 时为凸出的 3D 效果,否则为凹陷的 3D 效果
void drawOval(int x,int y,int width,int height)	用当前画笔颜色绘制椭圆边框,其外接矩形由 x、y、width 和 height 确定

续表

方法原型	功能及参数说明
void fillOval(int x,int y,int width,int height)	用当前画笔颜色填充指定的椭圆区域，其外接矩形由 x、y、width 和 height 确定
void drawArc(int x,int y,int width, int height,int startAngle,int arcAngle)	绘制圆弧，圆弧所在圆的外接矩形由 x、y、width 和 height 确定，圆弧从 startAngle 开始跨越 arcAngle 度。若 arcAngle 为正则按逆时针方向绘制，否则按顺时针方向绘制，0°在三点钟方向
void fillArc(int x,int y,int width,int height, int startAngle,int arcAngle)	用当前画笔颜色填充扇形，扇形所在圆的外接矩形由 x、y、width 和 height 确定，扇形从 startAngle 开始跨越 arcAngle 度。若 arcAngle 为正则按逆时针方向绘制，否则按顺时针方向绘制，0°在三点钟方向
void drawPolyline(int[] xPoints, int[] yPoints,int nPoints)	绘制折线，折线经过点的 x、y 坐标由数组 xPoints 与 yPoints 提供，nPoints 给出折线经过的点数
void drawPolygon(int[] xPoints,int[] yPoints, int nPoints)	绘制多边形，多边形顶点的 x、y 坐标由数组 xPoints 与 yPoints 提供，nPoints 给出多边形顶点的个数，最后一个点与第一个点用线连接，形成封闭图形
void fillPolygon(int[] xPoints,int[] yPoints, int nPoints)	填充多边形，多边形顶点的 x、y 坐标由数组 xPoints 与 yPoints 提供，nPoints 给出多边形顶点的个数
boolean drawImage(Image img, int x, int y, ImageObserver observer)	显示图像，图像的左上角位于(x,y)处，图像中的透明像素不会影响已存在的任何像素，observer 为图像加载观察者。如果加载完成则返回 true，否则返回 false
void drawString(String str, int x, int y)	绘制字符串。x、y 是字符串的左下角坐标值
void setClip(int x, int y, int width, int height)	设置裁剪区域。渲染操作在裁剪区域之外无效
void setColor(Color c)	设置画笔所使用的当前颜色
void setFont(Font font)	设置画笔所使用的当前字体

AWT 还提供了另一个抽象的图形类 java.awt.Graphics2D，它是 Graphics 的子类，拥有强大的二维图形处理能力，为几何图形、坐标变换、颜色管理和文本布局提供更复杂的控制。

3. 颜色控制

Java 中，图形的颜色可以用 java.awt.Color 类表示，它能够表示 sRGB(standard Red Green Blue，标准红绿蓝)色彩空间中的颜色。Color 类用 32 位表示颜色，其中，高 8 位(24～31 位)表示颜色的透明度(Alpha，一般称为 A 值)，低 24 位(0～23 位)为三基色 RGB 的颜色分量，每个颜色分量用 8 位表示颜色的强度，颜色分量按顺序分别为红、绿、蓝。

Color 类的主要方法如表 10-26 所示。

表 10-26 Color 类的主要方法

方法原型	功能及参数说明
Color(float r,float g,float b)	构造方法。r、g、b、a 分别为红、绿、蓝三种颜色的分量和 alpha 分量(透明度)，取值范围均为[0.0,1.0]。alpha 默认为 1.0(完全不透明)，alpha 为 0 则完全透明
Color(float r,float g,float b,float a)	
Color(int r,int g,int b)	构造方法。功能及参数的含义同上两个构造方法，但分量值范围为[0,255]。alpha 的默认值为 255(完全不透明)，alpha 为 0 则完全透明
Color(int r,int g,int b,int a)	
Color(int rgb)	构造方法。rgb 及 rgba 对应二进制形式的 24～31 位表示透明度，16～23 位表示红色分量，8～15 位表示绿色分量，0～7 位表示蓝色分量。每个分量的取值范围均为[0,255]。b 为 false 时则忽略 rgba 的 alpha 分量。alpha 默认为 255(完全不透明)，alpha 为 0 则完全透明
Color(int rgba, boolean hasalpha)	
Color brighter()	将每个颜色分量按同比例扩大，而透明度不变，创建比当前颜色更亮的颜色。该方法与 darker()方法是反向操作，但由于舍入误差，这两种方法的一系列调用结果可能不一致
Color darker()	将每个颜色分量按同比例缩小，而透明度不变，创建比当前颜色更暗的颜色

另外，Color 类中还定义了 13 个可直接使用的静态颜色常量，如表 10-27 所示。

表 10-27 Color 类中定义的静态颜色常量

常量名称		说明	常量名称		说明
JDK1.4 及以后版本	所有版本		JDK1.4 及以后版本	所有版本	
Color.BLACK	Color.black	黑色	Color.MAGENTA	Color.magenta	紫红色
Color.BLUE	Color.blue	蓝色	Color.ORANGE	Color.orange	橙色
Color.CYAN	Color.cyan	蓝绿色	Color.PINK	Color.pink	桃红色
Color.BARK_GRAY	Color.darkGray	深灰色	Color.RED	Color.red	红色
Color.GRAY	Color.gray	灰色	Color.WHITE	Color.white	白色
Color.GREEN	Color.green	绿色	Color.YELLOW	Color.yellow	黄色
Color.LIGHT_GRAY	Color.lightGray	浅灰色			

4. 字体控制

Java 的字体支持类为 java.awt.Font，它封装了字体的 3 个属性：字体名称、样式和字号，其构造方法如下：

Font(String name, int style, int size);

例如：
Font f=new Font("宋体",Font.BOLD,20);

其中：

(1) name、style、size 分别指定字体名称、样式和字号(单位为磅)。

(2) 样式有三个常量：Font.PLAIN(普通)、Font.BOLD(粗体)、Font.ITALIC(斜体)。其中，BOLD 与 ITALIC 可以组合定义成粗斜体样式，即 Font.BOLD | Font.ITALIC 或 Font.BOLD + Font.ITALIC，但要注意，PLAIN 不可以与其他样式组合使用。

10.6.2 组件绘图

在 Java 中，所有 Component 组件以及闭屏图像都可以充当画布的角色。如果用户想要设计某种具有指定外形的组件，就可以派生出这个组件的子类，并在组件上进行重新绘制。

所有的组件均提供了三类重要的绘制方法：repaint()、paint()和 update()方法。这三个方法在程序中的执行顺序通常是：repaint()→update()→paint()。

1. void repaint()

repaint 方法用于重绘，它会清除组件背景中的旧图并自动调用 paint()方法重绘该组件。

2. void paint(Graphics g)

paint 方法不仅可以在组件显示时自动执行，也可以在需要时实时绘制，包括调用 paintComponent(绘制组件)、paintBorder(绘制边框)、paintChildren(绘制子组件)。通常情况下，非容器类组件在覆盖此方法时不需要调用基类的 paint 方法。但对于容器类子类的 paint 方法，为了避免图层透明，可在 paint 方法的第一条语句调用一下父类的 paint 方法，即在开始时调用 super.paint(画笔对象)，这样可在窗体上先绘制底色。

3. void update(Graphics g)

update 方法负责更新绘制区域。对于 AWT 重量级组件，update 方法是一个很重要的方法，当程序调用 repaint 的时候，它会尽快调用 update 方法。在默认情况下，重量级组件的 update 方法会首先将整个绘制区域用背景色清除，然后再调用 paint 方法进行完整绘制。程序中可以通过继承重量级组件并覆盖 update 方法来实现自己的绘图逻辑，例如，在 update 方法中通过裁剪绘图区域，实现重绘组件需要改变的部分而不是全部(增量绘制)，从而提高复杂组件的绘制效率。而对于 Swing 轻量级组件，系统会尽快调用 paint()方法，一般通过覆盖 paint 方法以快速重绘。需要注意的是，在重写的 update 方法中通常应该调用基类的 update 方法。应用程序可以直接调用 repaint 方法，但不能直接调用 paint 或 update 方法。

在实际的程序开发中，如果不是要自定义特定组件的外观，通常都是采用继承面板类并重写 paint 方法的方式来实现画布的。

【例 10.18】 让篮球跟着光标走。

代码 ImageDemo.java

```
import java.util.Random;
import java.awt.event.MouseEvent;
```

```java
import java.awt.event.MouseMotionAdapter;
import java.awt.Graphics;
import java.awt.image.BufferedImage;
import javax.swing.JFrame;
import javax.imageio.ImageIO;              //图像读写类

class ImageDemo extends JFrame {
    BufferedImage basketball;
    int x,y;
    public ImageDemo() {
        super("图形移动示例");
        setBounds(200,200,300,300);
        addMouseMotionListener(new MouseMotionAdapter() {
            public void mouseMoved(MouseEvent e) {
                x = e.getX();
                y = e.getY();
                repaint();
            }
        });
        Random rand = new Random();
        x = rand.nextInt(300);              //产生[0,300)的随机整数
        y = rand.nextInt(300);
        try {
            //从图像文件读入图像数据，构建缓冲图像对象
            basketball = ImageIO.read(new java.io.File("basketball.png"));
        } catch(java.io.IOException e) {
            System.exit(1);                 //读取错误则结束程序
        }
        setDefaultCloseOperation(JFrame.EXIT_ON_CLOSE);
        setVisible(true);
    }
    public void paint(Graphics g) {
        g.clearRect(0,0,300,300);
        g.drawImage(basketball, x, y, null);
    }
    public static void main(String[] args) {
        new ImageDemo();
    }
}
```

程序分析：

程序中首先用随机函数生成篮球图像并在 JFrame 画布上的初始位置显示，然后利用鼠标滚动事件监听器监听鼠标滚动事件，获取新的光标位置，调用 repaint 方法在新的位置上显示篮球图像。由于图像类 Image 是抽象类，它不能直接构建对象，因此程序中使用了 Image 的子类 BufferedImage 并用 ImageIO 类的静态方法 read 从文件中读取图像数据。

10.6.3 动画示例

在实际的程序开发中，有时不但需要静态的图形还需要动画，有了动画可以使应用程序的人机交互界面更美观、更友好。

1. 动画的实现原理

开发动画程序的基本原理是：让程序根据一定的规则在画布上进行先显示后擦除，循环绘制就可获得动画效果。

用 Java 实现动画通常分为两步，首先将绘制的规则编写进 paint 方法中，之后按一定规则利用 repaint 方法进行重新绘制。Component 类中提供了四种重载版本的 repaint 方法，其中最重要的两种原型及功能如下：

(1) void repaint()：请求系统重绘整个画布。

(2) void repaint(int x,int y,int width,int height)：请求系统重绘指定的矩形区域。参数 x 和 y 指定矩形区域的左上角坐标，参数 width 和 height 指定矩形区域的宽度和高度。

线程动画可以有两种实现方法：一种是将画布作为一个线程，这种方法适用于将画布中的多个物体同步；另一种方法是将画布中的物体作为线程，这种方法适用于物体各自位置变化的情况。

2. 使用多线程实现动画

图 10-20 给出了一个多线程应用实例，通过鼠标点击在一个绘图窗口中运行多个线程，每个线程绘制一种图形，并随着时间变化，在屏幕的不同位置上显示。

(a) 初始界面及中间点击鼠标停止

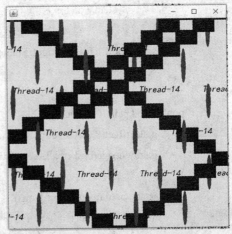
(b) 多线程并发执行时的某个状态

图 10-20　多线程运行结果图

【例 10.19】 多线程应用实例。

代码 multiThreadDemo.java
```java
/*省略 import 语句，可通过 IDE 自动导入*/
enum PType{Rectangle,Oval,Str}         //需要打印的图形类型
class myFrame extends JFrame {
    private static final long serialVersionUID = 1L;
    boolean flag=false;                //通过改变状态，来开始或者结束多线程的显示任务

    public myFrame(){
        this.setBounds(200,200,500,500);
        this.setDefaultCloseOperation(JFrame.EXIT_ON_CLOSE);
        this.setVisible(true);
        this.addMouseListener(new MouseAdapter() {
            public void mouseClicked(MouseEvent e) {
                myFrame.this.repaint();    //调用 paint 方法，清空上次绘制的内容
                flag=!flag;                //鼠标点击一次，标志位反转一次
                for(PType p:PType.values()) {
                    (new PaintThread(myFrame.this,p)).start();   //启动多个线程
                }}});    //这里调用显示界面用 myFrame.this，如果用 this 指内之类当前对象
    }
    public static void main(String arg[]){
        //在线程中调用界面要用到的安全方式
        SwingUtilities.invokeLater(()->{new myFrame();});
    }
}

class PaintThread extends Thread{
    myFrame mf;                         //接收要回调的界面
    PType t;                            //接收要绘制的图类型
    int x,y,w,h,dx,dy;                  //要绘制的图形的参数和位移幅度参数
    int x0,y0;                          //界面的左上角坐标
    public PaintThread(myFrame mf,PType t) {
        this.mf=mf;
        this.t=t;
        x0=(int)mf.getAlignmentX();
        y0=(int)mf.getAlignmentY();
        x=(int)(x0+ Math.random()*20);
        y=(int)(y0+Math.random()*20);
```

```
            w=(int)(Math.random()*80)+1;
            h=(int)(Math.random()*80)+1;
/*对位移幅度参数进行赋值,其中加入 -1 的随机数次幂,也是为了让位移的方向加进正反方向的随机性*/
            dx=(int)(((Math.random()*100)+1)*Math.pow(-1, (int)(Math.random()*2)));
            dy=(int)(((Math.random()*100)+1)*Math.pow(-1, (int)(Math.random()*2)));
        }
        public void run() {
            while(mf.flag) {
                //在线程中调用界面要用到的方式
                SwingUtilities.invokeLater(()->{SingleDraw(t);});
                try {
                    Thread.sleep(200);              //每次显示,将间隔200毫秒
                }catch(InterruptedException e) {
                }
            }
        }
        private void SingleDraw(PType t) {          //绘制一次图形的操作
            x+=dx;
            y+=dy;
            //如果这次绘制的图形出界,则更新方向反向
            if(x<x0||(x+w)>(mf.getAlignmentX()+mf.getSize().width) )
                dx=-dx;
            if(y<y0||(y+h)>(mf.getAlignmentY()+mf.getSize().height))
                dy=-dy;
            Graphics g=mf.getGraphics();            //获取画笔
            switch(t) {
            case Rectangle:
                g.setColor(Color.blue);
                g.fillRect(x,y,w,h);
                break;
            case Oval:
                g.setColor(Color.red);
                g.fillOval(x,y,w,h);
                break;
            case Str:
                g.setColor(Color.blue);
                g.setFont(new Font("黑体", Font.ITALIC, 20));
```

```
                    g.drawString(this.getName(), x, y);
                    break;
            }
        }
    }
}
```

程序分析：

每个线程在绘图时都有很多参数，我们将这些参数封装在线程类中，而上述例子把线程作为外部类定义，因此需要给这个类传入要绘制的 myFrame 窗体。在线程中，无论是主线程 main 还是 PaintThread 线程，如果要操作图形界面，则需用 SwingUtilities.invokerLater 来向界面发出操作请求，以保证 Swing 组件事件响应的安全性。

3. 使用定时器 Timer 实现动画

Java 中有三个定时器：javax.management.timer.Timer、java.util.Timer 和 javax.swing.Timer。其中，javax.swing.Timer 更适合于开发动画，它几乎就是针对动画而设计的。下面简要介绍 javax.swing.Timer 定时器及其用于实现动画。

javax.swing.Timer 类是 Object 的子类，它会按指定的时间间隔产生一个或多个 ActionEvents。使用定时器实现动画，就是将定时器作为动画帧的触发器。因此，如果程序中响应了 ActionEvent 事件，在该事件的处理方法 actionPerformed 中调用 repaint 方法，并且将动画策略写进 paint 方法，一个动画程序就完成了。

使用定时器实现动画的一个优点，就是可以独立地改变初始延迟和事件间延迟，并可添加其他 ActionListener。

javax.swing.Timer 类的主要方法如表 10-28 所示。

表 10-28 javax.swing.Timer 类的主要方法

方 法 原 型	功能及参数说明
Timer(int delay,ActionListener listener)	构造方法。delay 为初始延迟和动作事件间延迟，单位为毫秒；listener 为初始的监听器，可以为 null
void addActionListener(ActionListener listener)	为定时器对象注册动作事件监听器
boolean isRepeats()	如果定时器可以发送多次事件(默认值)则返回 true
boolean isRunning()	判断定时器是否正在运行
void restart()	重启定时器，取消任何挂起的触发并使其以初始延迟触发
void setDelay(int delay)	设置定时器的事件间隔延迟，即连续事件之间的毫秒数
void setInitialDelay(int initDelay)	设置定时器的初始延迟，即启动计时器后在触发第一个事件之前等待的时间，单位为毫秒
void start()	启动定时器，使其开始向监听器发送动作事件
void stop()	停止定时器，使其停止向监听器发送动作事件

【例 10.20】 用定时器实现文字闪烁动画。

代码 BlinkWordsDemo1.java
/*省略 import 语句，可通过 IDE 自动导入*/

```java
public class BlinkWordsDemo  extends Canvas implements ActionListener {
    String words = "欢迎您进入奇妙的 Java 世界!";         //文字串
    Font font = new Font("TimesRoman", Font.BOLD, 20); //文字串字体
    Timer timer = null;
    boolean toRight = true;                             //闪烁的方向
    int x = 0;                                          //闪烁内容的横坐标
    int x0 = 0, y0 = 20;                                //文字在画布中显示的左下角坐标
    Color backColor = new Color(255,255,200);           //画布背景
    Random random = new Random();                       //用来生成随机颜色

    public BlinkWordsDemo() {
        setBackground(backColor);
        timer = new Timer(100, this);
    }
    public void blink() {                               //开始闪烁
        timer.start();
    }
    public void actionPerformed(ActionEvent e) {
        if(toRight) {
            if(x < getWidth())
                x += 5;
            else
                toRight = !toRight;
        }
        if(!toRight) {
            if(x >= 5)
                x -= 5;
            else
                toRight = !toRight;
        }
        repaint();
    }
    public void paint(Graphics g) {
        g.setFont(font);
```

```
            g.setColor(Color.BLUE);                        //设置当前颜色
            g.drawString(words, x0, y0);                   //显示原始文字串
            g.setColor(new Color(random.nextInt(255), random.nextInt(255),
                    random.nextInt(255)));                 //将闪烁部分的颜色设置为随机色
            g.clipRect(x,0,30,getHeight());                //设置闪烁部分的剪切区
            g.drawString(words, x0, y0);                   //显示原始文字串，但只修改剪切区部分
    }
    public static void main(String[] args) {
        JFrame f = new JFrame("闪烁文字演示");
        BlinkWordsDemo1 cavas = new BlinkWordsDemo1();
        f.add(cavas, BorderLayout.CENTER);
        f.setDefaultCloseOperation(JFrame.EXIT_ON_CLOSE);
        f.setSize(300,80);
        f.setVisible(true);
        cavas.blink();                                     //启动闪烁
    }
}
```

程序分析：

当程序运行时，画布中的线程体每隔 100 毫秒改变一次文字串中被闪烁部分的位置。需要注意的是，程序的 paint 方法中，每次绘制时首先用原始颜色绘制字符串以修复被损坏的部分，然后用随机色显示闪烁的部分。程序运行时的某一时刻截图如图 10-21 所示。

图 10-21 例 10.20 运行截图

习 题

1．设计一个输入电话簿内容的用户界面，电话簿内容包括姓名、工作单位、职务、住宅电话、手机号码、办公室电话等内容。当用户提交输入的信息后，将输入内容显示在文本区中。

2．设计一个 Java 程序，根据用户在文本域中输入的十进制整数，将其转换为二进制、八进制和十六进制数值并显示在其他文本域中。

3．使用 GUI 实现文本的读写，并满足以下要求：

(1) 界面中包括两个按钮和一个文本显示区。

(2) 其中一个按钮的功能为打开文件，并在文本显示区显示文本内容；另一个按钮的功能是将文本显示区的内容写入另一个文件中。

4. 设计一个界面，上面有"排序"和"关闭"两个按钮；另有两个文本框，一个文本框用于输入一组数据，另一个文本框不可编辑，用于显示结果。运行时，先在文本框中输入一组数据，点击排序按钮后，可在不可编辑的文本框中输出排序后的结果。点击"关闭"按钮，则可结束程序。当然，点击窗口的关闭按钮也可结束程序。

5. 编写图形界面程序，在 JFrame 窗体中创建一个列表框和一个文本域对象，在列表框中添加列表项，当使用鼠标双击列表框中的某一列表项时，将该列表项显示在文本域中。

6. 编写 GUI 程序模拟 IE 浏览器，具体要求如下：
(1) 在窗口顶部有一个可编辑的下拉列表，以输入网址。
(2) 若输入的网址之前未输入过，则添加到下拉列表中(模拟 IE 的历史记录)。

7. 请找一组相关的图片，通过快速切换显示图片，实现动画效果。

参 考 文 献

[1] BLOCH J. Effective Java 中文版[M]. 3 版. 俞黎敏，译. 北京：机械工业出版社，2019.
[2] HORSTMANN C S. Java 核心技术 卷 I[M]. 12 版. 林琪，苏钰涵，译. 北京：机械工业出版社，2022.
[3] 周志明. 深入理解 Java 虚拟机：JVM 高级特性与最佳实践[M]. 3 版. 北京：机械工业出版社，2019.
[4] ECKEL B. Java 编程思想[M]. 4 版. 陈昊鹏，译. 北京：机械工业出版社，2007.
[5] 梁勇. Java 语言程序设计[M]. 12 版. 北京：机械工业出版社，2021.
[6] 明日科技. Java 从入门到精通[M]. 6 版. 北京：清华大学出版社，2021.
[7] 蔡木生. Java 程序设计实验实训教程[M]. 广州：华南理工大学出版社，2019.
[8] 唐大仕. Java 语言程序设计[M]. 3 版. 北京：清华大学出版社，2021.
[9] 胡平. Java 编程从入门到精通[M]. 3 版. 北京：人民邮电出版社，2020.
[10] 方腾飞. Java 并发编程的艺术[M]. 北京：机械工业出版社，2017.
[11] 高洪岩. Java 多线程编程核心技术[M]. 北京：机械工业出版社，2021.
[12] 郑莉. Java 语言程序设计[M]. 2 版. 北京：清华大学出版社，2019.
[13] 刘彦君，张仁伟，满志强. Java 面向对象思想与程序设计[M]. 北京：人民邮电出版社，2018.